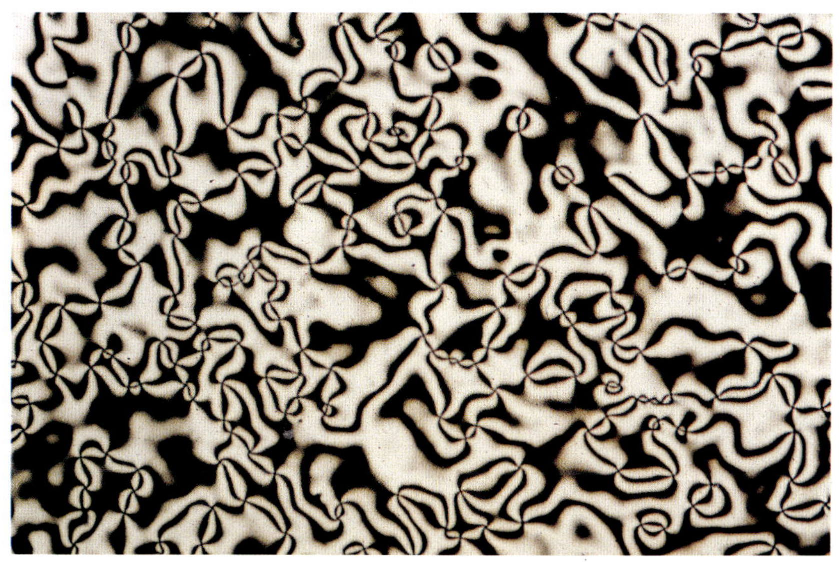

사진 1 네마틱 액정. 서로 직교하는 두 편광자들 사이의 액정시편. 방향자
가 두 편광자의 방향 중 하나와 평행할 때 액정은 어둡게 나타난다. 어두운
부분이 모이는 점들이 전경(disclination)이다. (E. Merck사 제공)

사진 2 카이랄 네마틱 상(그랜젼 조직). 직교하는 두 편광자들 사이에 액
정시편이 있고, 나선축 방향은 그림에 수직이다. 푸른 바탕에 가로질러 있는
흰 선들이 전경이다. (H. Kitzerow 제공)

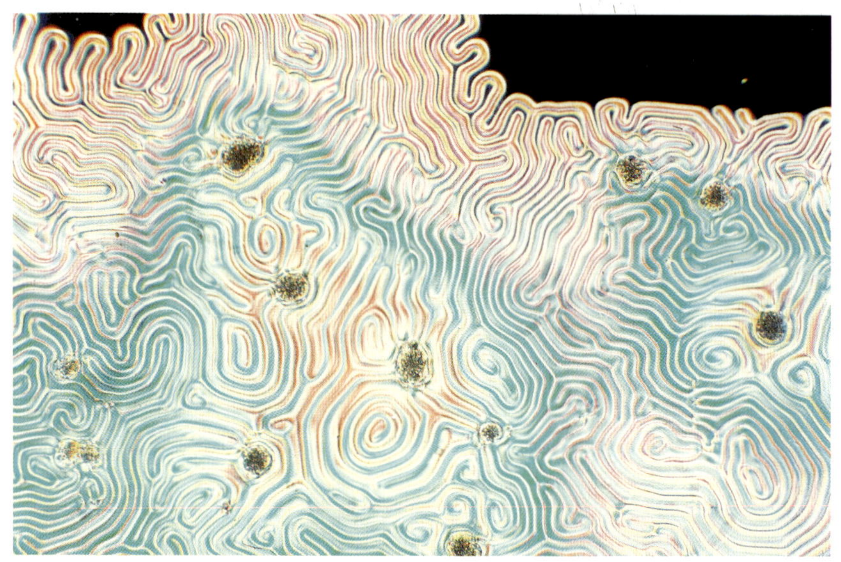

사진 3 카이랄 네마틱 상(지문 조직). 직교하는 두 편광자들 사이에 액정 시편이 있고, 나선축 방향은 그림과 같은 평면상에 존재한다. 나선이 한 바퀴 회전한 지점에 선들이 보인다.

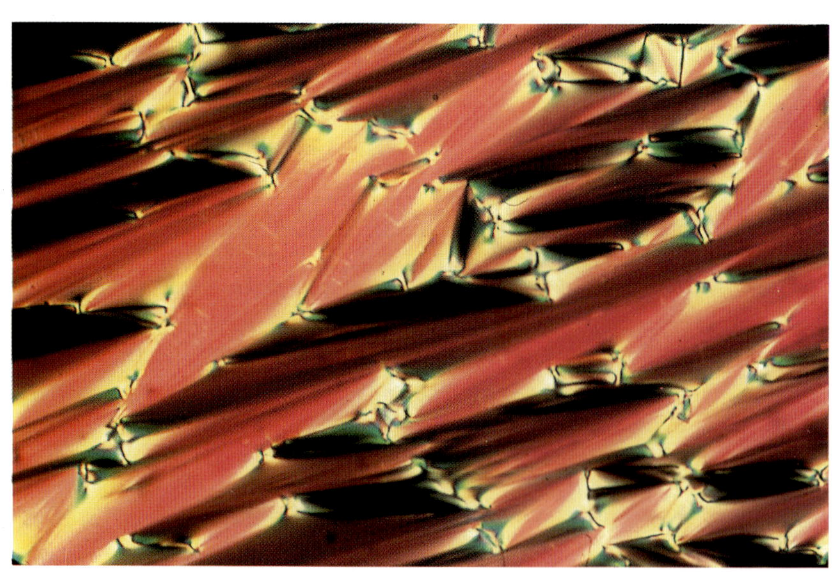

사진 4 스멕틱 A 액정. 액정시편은 직교하는 두 편광자 사이에 있다. (M. Neubert 제공)

사진 5 스멕틱 B 액정. 액정시편은 직교하는 두 편광자 사이에 있다.
(J. Goodby 제공)

사진 6 판상 액정. 액정시편은 직교하는 두 편광자 사이에 있다. 등방성
액체상(어두운 영역)으로부터 액정상(밝은 영역)이 형성되고 있다.
(J. Goodby 제공)

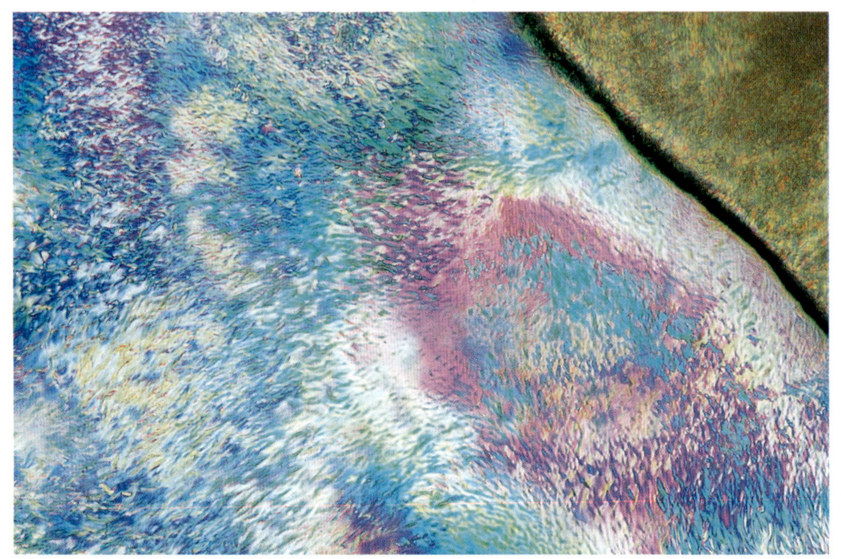

사진 7 고분자 액정. 이 폴리에스터 시편은 직교하는 두 편광자 사이에 있으며 네마틱 상이다. (R. Cai, H. Toriumi, E. Samulski 제공)

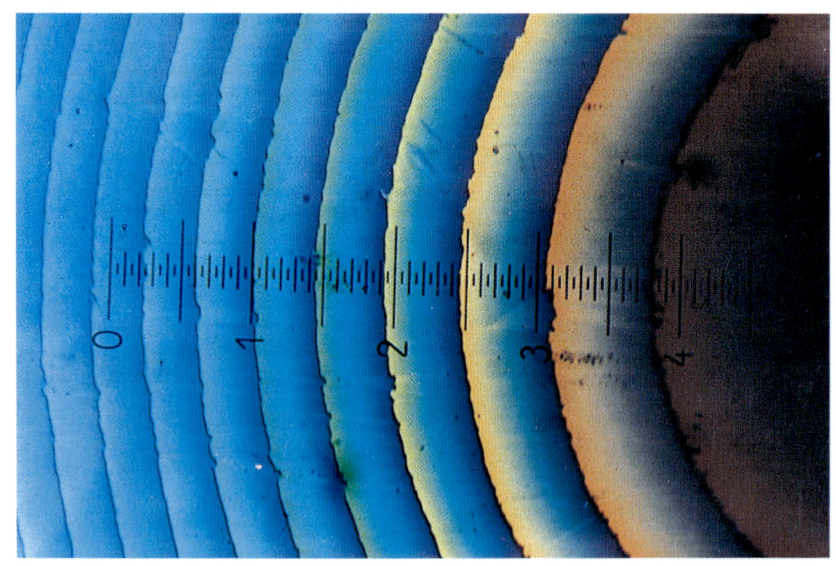

사진 8 카노 쐐기. 여기서 카이랄 네마틱 액정은 평면 유리와 곡면 렌즈 사이에 있고, 이것은 다시 직교 편광자들 사이에 놓여 있다. 그림에서 보이는 동심원들이 전경이다. (A. Feldman과 P. Crooker 제공)

사진 9 광 스위치용 평판. 가운데 평판은 불투명한 상태인 반면 양쪽 평판
들은 투명한 상태이다. (Taliq사 제공)

사진 10 랩탑 컴퓨터의 액정 디스플레이. 이 디스플레이는 최근의 STN 디
스플레이인데 후면에 backlight가 있다. (Tandy사/Radio Shack사 제공)

사진 11 자동차 계기판의 액정 디스플레이. (General Motors사 제공)

사진 12 휴대용 컬러 텔레비전. 이 디스플레이는 능동구동 방식이다.
(Citizen Watch사 제공)

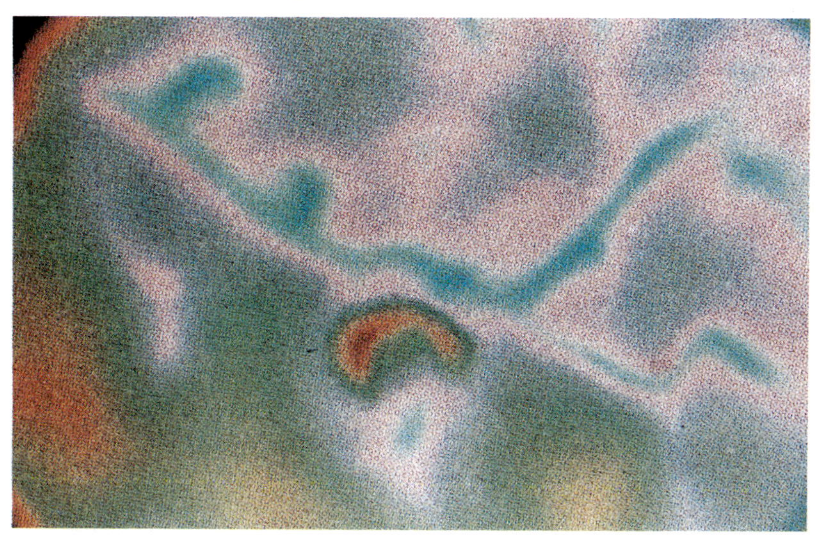

사진 13 열 분석도. 신체 일부분의 체온이 다른 부분은 각기 다른 색상을 나타낸다. (Qmax Technology Group 제공)

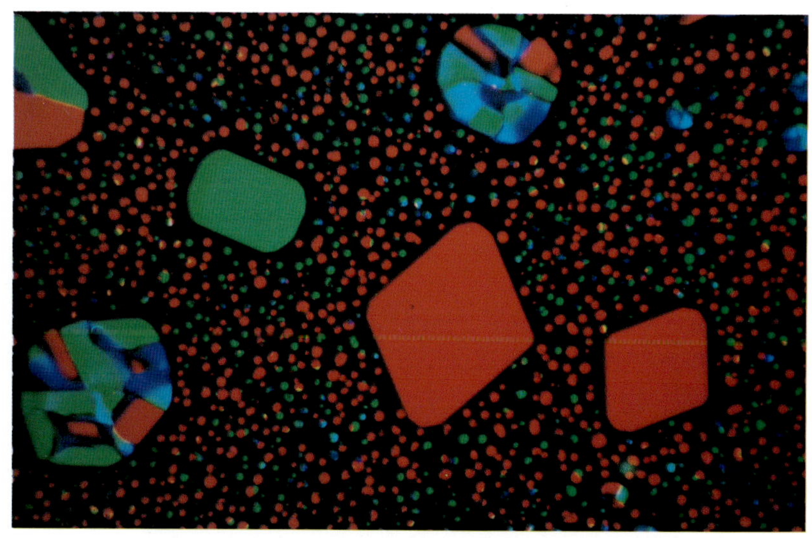

사진 14 청색상 단결정. 청색상은 완전한 유체지만 때때로 평평한 표면을 가지는 적색과 녹색의 결정들이 생긴다. 어떤 경우는 작은 면들이 보이기도 한다. (H. Stegemeyer와 Th. Blumel 제공)

사진 15 그물눈 청색상 단결정. 그물눈은 한 청색상에서 다른 청색상으로 상전이가 일어난 후에 관찰된다. (H. Stegemeyer와 H. Onusseit 제공)

사진 16 청색상 단결정의 코셀선. 이 선들은 어떤 특정한 관찰조건에서 나타나며 단결정의 대칭성을 명확하게 보여준다. (H. Kitzerow와 P. Pieranski 제공)

액정

Liquid Crystals

액 정
Liquid Crystals

자연의 미묘한 상

피터 콜링스 지음
이신두 옮김

전파과학사

액정

자연의 미묘한 상

지은이 피터 J. 콜링스
옮긴이 이 신 두

1994년 11월 20일   1쇄
2006년 1월 10일   중쇄

펴낸이 손영일
펴낸곳 전파과학사
서울·서대문구 연희2동 92-18
등록 1956. 7. 23. 제10-89호
전화 333-8877. 8855
팩시밀리 334-8092

* 잘못된 책은 바꿔 드립니다.
www.s-wave.co.kr

차례

사진 목록

머리말

일반적으로 비과학자들은 과학적인 방법으로 자연을 연구하는 것이 우리가 살고 있는 자연계의 아름다움을 줄이기 쉽다고 얘기한다. 이러한 주장은 과학에 의해 자연의 신비가 벗겨지고 단순화된다는 것이다. 우리가 세포의 내부작용에 대해서 심각하게 고찰해 보거나 우주가 생성된 후 최초 몇 분 동안의 물질에 대해 신중히 고려해 본 사람은 누구나 자연의 정교한 기능적 설계에 경외심을 갖는다. 심지어 오래된 발견도 결코 매혹을 잃지 않는 것처럼 보인다. 새로운 가정이나 실험결과는 그 전에 나타난 모든 것에 때로는 극적으로 가끔은 미묘한 방법으로 영향을 미치고 있다. 자연에 대한 우리의 견해는 예측되거나 예측되지 않은 영역 모두에서 일어나는 새로운 사실과 함께 부단히 솟아나고 있다. 과학자들은 자연에 대해 새로운 것을 알게 됨을 단지 순간적으로 경축하게 된다. 왜냐하면 그러한 새로운 '세계관'은 그들이 알고 있다고 생각하는 것을 항상 변화시키며 또한 그들이 결코 의문이라고 여기지 않았던 질문을 야기시킨다. 자연에 대한 이러한 과학적인 시각은 아름다울 뿐만 아니라 훌륭하나 결코 불가사의한 방식은 아니다. 이것은 사이가 좋은 두 친구의 관계와 상당히 흡사하다. 우정에 더해지는 친밀감은 그 관계에 유해하다기보다는 두 사람 모두를 개개인으로는 불가능한 방식으로 발전시킨다. 그러한 경우가 바로 과학과 자연의 경우이다.

나에게는 액정에 관한 연구보다 더 이러한 견해에 대한 예가 되는 경우가 없다. 내가 16년 이상 액정연구에 종사해 왔으며, 결과적으로 연구를 시작할 때보다도 훨씬 더 많이 액정에 대해 알게 되었다. 하지만 액정은 아직도 나에게 놀라움을 가져다 주고 있다. 나는 어떤 물질이 액정상을 형성하는 것을 본 그 첫 순간을 아주 생생하게 기억하고 있다. 그 이후 나는 몇 달 동안 액정에 대해 배웠으며 많은 성질을 이해하게 되었다. 전에는 단지 상상만 했던 사실을 관찰함으로써 내가 배운 것에 의미를 부여했고 더 많은 것을 배우기를 원했다. 사실은 나는 실험실에서 그와 같은 느낌을 계속 가지고 있다. 내가 현미경을 통해 어떤 물질이 액정을 형성하는 것을 볼 때 가끔 그러하다. 그러나 꽤 자주 액정이 우리가 예측한 대로 행동하지 않는 것을 실험적으로 알게 될 때 더욱 그러한 느낌을 얻게 된다. 내가 생각할 수 있는 전부는 '왜'냐는 것이며 더욱더 배우기를 원한다.

이 책을 쓰면서 이러한 경이나 아름다움과 같은 느낌을 전달하려고 시도하지 않을 수 없다. 가능한 한 많은 배경이 되는 지식을 포함시키려고 노력했으며, 따라서 독자들은 그 개념을 이해하기 위해서 다른 참고문헌을 찾아 볼 필요가 없을 것이다. 이 책을 통해 독자들이 액정에 대해 많이 배울 수 있고 동시에 이 아름다운 물질상을 이해하는 데 즐거움이 있기를 바란다. 또한 생물학, 화학, 물리학의 중요한 영역을 모두 포함시켜 가능한 한 포괄적이 되도록 노력하였다. 이렇게 하면서도, 책 전부를 통하여 과학적인 수준이 서로 일치하도록 시도하였다. 생물학, 화학, 물리학의 기본 개념에 대해 익숙한 독자는 설명과 논증을 따라가는 데 어려움이 없을 것이다. 이 책은 액정의 발견과 초기 역사에 대한 장뿐 아니라, 현재 수행되고 있는 최근 연구와 이론연구 또한 포함되어 있다. 두 장은 액정 디스플레이에 상당한 주안점을 두고, 액정의 많은 중요한 기술적 응용에 대해 논의하고 있다. 마지막으로 고분자 액정, 액정 미세유제, 생물계의 액정에 대한 고무적인 연구에 대해 충분한 지면이 할애되어 있다.

감사의 말

이 책을 쓰는 동안 많은 사람들이 도움을 아끼지 않았으며 이 책을 쓰도록 격려해 준 J. W. Doane과 H. Hakemi에게 감사한다 ; D. Collings, F. Miller, Jr., J. Slonczewski와 O. York는 초고를 꼼꼼하게 읽어 주었으며 T. Greenslade, Jr.는 몇몇 사진들을 다시 제작하여 주었다 ; 그리고 B. Collings는 모든 그림을 그려 주었다. 이 책의 초기 작업이 Kenyon 대학의 Summer Research Fellowship의 보조로 이루어졌음에 감사한다. 마지막으로 이 책을 위해 사진을 제공해 준 아래의 사람들에게 감사한다 : W. Becker(E. Merck Company), P. Crooker, J. Goodby, H. Kitzerow, E. Juge(Tandy Corporation/Radio Shack), M. Neubert, C. Nocka(F. Hoffmann−LaRoche Company), M. Noordhoff (Taliq Corporation), E. Samulski, L. Santacaterina(Qmax technology Group), H. Stegemeyer 그리고 N. Vaz(General Motors Corporation) 등이다.

옮긴이의 말

　　1982년 미국 브랜다이스 대학교의 R. B. Meyer 교수의 연구실에서 처음으로 액정물리학을 연구한 이래 액정에 대한 입문서를 줄곧 찾아 온 보람을 1990년 P. J. Collings 교수가 쓴 이 책에서 발견하게 되었다. 액정은 과학자들에게 많은 흥미를 가져다 줄 뿐만 아니라 현대 정보사회에서 빼놓을 수 없는 '액정 디스플레이(Liquid Crystal Display : LCD)'의 기초를 제공하고 있다. 역설적이기는 하지만 말 그대로 '액체'와 '고체'의 중간상으로서 두 가지 성질을 모두 가지고 있는 액정은 자연의 제4의 아주 미묘한 상이라고 할 수 있다. 이러한 액정상에서 발견되는 새로운 물리학 개념들을 P. J. Collings 교수는 쉽게 설명해 줄 수 있는 천부적인 재능을 타고났다는 사실을 독자들이 이 책을 읽으면서 실감하게 될 것이다. 소개하는 개념자체가 원래 까다로운 것들이어서 수식을 전혀 사용하지 않고 기술하기란 대단히 어렵지만 이 책을 통하여 독자들이 액정에 쉽게 친해질 수 있기를 바란다.

　　옮긴이와의 오랜 교분으로 이 책의 번역을 허락해 준 P. J. Collings 교수와 이 책을 출판하기까지 배려를 아끼지 않은 전파과학사에 감사한다. 아울러 번역과정 내내 수고한 서강대 액정물리학 연구실의 대학원생 서성우, 김재훈, 이계헌, 김영진, 박성식과 94년의 4학년 특수연구팀(한기동, 남위진, 박종진, 한경화) 학생들에게 깊은 사의를 표한다. 또한 항상 조언을 아끼지 않고 열심히 도와준 아내 훈정과 잘 자라준 제원에게 감사한다.

　　끝으로 그 동안 이 책의 번역에 지속적인 관심을 보여준 금

성사, 삼성전자, 삼성전관, 오리온전기, 한국전자, 현대전자(가나
다순)의 LCD 개발에 이 책이 보탬이 되기를 바라며, 조만간 한
국에서도 액정이 학문의 한 분야로 자리잡아 활발한 연구가 시
작되기를 희망한다.

제 1 장

액정이란 무엇인가?

언젠가 유명한 과학자가 액정은 아주 불가사의하다고 얘기했다. 분명하게 그 이름 자체는 혼동을 준다. 무엇보다도, 어떠한 물질이 액체이면서도 결정상태일 수 있을까? 우리는 이 장에서 경우에 따라 아주 흥미로운 절충이 자연계에서 자발적으로 일어난다는 사실과 이러한 절충의 결과를 기술하기 위해서는 그러한 이름이 아주 적합하다는 것을 알 수 있다. 또한 액정이 수많은 형태로 나타나며, 새롭고 흥미로운 현상이 풍부한 연구영역을 만들어 내는 것은 자명한 일이다.

1·1 물질의 상태

우리는 많은 물질이 하나 이상의 상태(state)로 존재할 수 있다는 사실을 알고 있다. 가장 흔한 예가 물이며, $0^{\circ}C(32^{\circ}F)$ 이하에서는 고체, $0^{\circ}C$와 $100^{\circ}C(212^{\circ}F)$ 사이에서는 액체, 그리고 $100^{\circ}C$ 이상에서는 기체이다. 고체, 액체, 기체는 가장 일반적인 물질상태라고 많은 어린이들이 학교에서 배우고 있음에도 불구하고 그 상태들만이 있는 것은 아니다. 이러한 세 개의 물질상태들은 각 상태에서 분자들이 다른 정도의 질서를 갖기 때문에 구별된다. 고체상태는 각 분자들의 배열이 일정한 공간을 차지하고 있기 때문에 분자들이 다소 단단한 배열을 하고 있다. 분자들이 특정한 위치를 점유하여 구속되어 있을 뿐만 아니라 특별한 방법으로 정렬되어 있다. 그 분자들은 어느 정도 진동은 할지 모르지만 평균적으로 이렇게 아주 질서 있는 배열을 유지하고 있다. 공간에 고체의 분자들을 지탱하고 있는 아주 강한 인력이 있다. 왜냐하면, 각 분자들 사이의 힘은 분자배열에 의해 합해지기 때문이다. 그러므로 그 구조를 분열시키는 데는 외부의 큰 힘이 필요하고 따라서 고체는 단단하게 되고 변형되기가 힘들다.

액체상태는 특정한 위치를 차지하고 있지 않을 뿐더러 특정한 방향으로 정렬되지 않는다는 면에서 상당히 다르다. 분자들은 불규칙적으로 자유로이 확산하게 되어 서로 충돌하고 갑자기 방향을 바꾸게 된다. 따라서 액체에서는 질서의 정도가 고체에서보다 훨씬 더 작다. 액체상태에서도 분자간의 인력이 여전히 존재하지만 분자들의 불규칙적인 운동 때문에 개개의 분자들의 힘은 합해지지 않는다. 그 결과 액체상태의 분자들이 서로 지탱하는 힘은 고체상태에 비하여 현저히 작아지게 되지만 그 힘은 분자들을 서로 어느 정도 가깝게 유지하기에는 충분하다. 따라서 액체는 담겨 있는 그릇에 따라 모양이 변하기는 하지만 일정한 밀도를 유지한다. 액체는 고체처럼 단단한 배열을 갖지 못하는 까닭에 꽤 쉽게 변형될 수 있으며, 흐르는 성질을 가지고 있고 외부의 약한 힘에 대해서도 변형된다. 분자들이 어느 정도 가까이 있다는 사실은 액체를 압축해 보면 자명한 일이다. 압축하기 힘든 이러한 성질은 자동차 브레이크의 압력장치와 땅을 고르는 기계에 성공적으로 사용되고 있다.

기체상태에서는 분자들의 운동이 더욱 무질서하기 때문에 분자간의 인력이 상대적으로 약하게 합해진다. 따라서 질서의 정도가 액체보다 작으며 분자 서로간의 힘은 분자들을 가까이 유지하기에는 충분하지 않다. 분자들이 액체에서처럼 같은 경향으로 움직이긴 하지만 기체상태에서는 결국 그릇의 크기에 관계없이 전체가 균일하게 퍼지게 된다. 따라서 액체와 기체는 분자들이 무질서하고 임의적으로 운동한다는 점에서는 매우 유사하다. 그러나 액체상태에서는 분자들이 서로 특정한 평균거리를 유지하는 반면에 기체상태에서는 분자 사이의 평균거리가 분자 수와 그릇의 크기에 따라 결정된다. 이로 인해 기체는 액체보다 더 쉽게 변형되며, 사실상 기체에서는 분자들을 서로 근접시키는 데 훨씬 작은 힘이 들기 때문에 상당히 압축될 수 있다.

고체상태에 대해 위에 기술한 내용은 결정성 고체를 취급하는 데도 적절하다. 액체상태에 있는 어떤 물질들은 차가워지면 결정성 고체보다 무정형의 고체로 변한다. 무정형의 고체에서는 분자들이 공간에 고정되어 있지만 그 배열에 대한 전반적인 형식이 있는 것은 아니다. 그 분자들이 액체상태에서 찍은 순간사진과 흡사하게 다소 불규칙하게 배열되어 있지만, 액체와는 달리 분자들이 물질전체를 통해 확산하지는 않는다. 물질에 따라 무정형 고체상태를 가질 수 있으나 이 책에서 논의하는 몇 물질들은 결정성 고체상태를 갖는다.

왜 서로 다른 물질들이 일정한 상(phase)들을 형성하는지 이해하기 위해서는 온도에 의한 효과를 고려해야만 한다. 온도는 분자들의 불규칙한 운동의 척도로 볼 수 있으며, 온도가 높을수록 더 많은 분자들이 불규칙하게 운동하며 또한 진동하게 된다. 주어진 상태에 있는 어떤 물질에서 분자간의 인력은 온도에 따라 변화가 거의 없기 때문에(비록 분자들의 불규칙한 운동이 온도에 따라 증가하기는 하지만), 분자들간의 인력이 분자배열을 유지하는 정도는 온도가 증가함에 따라 작아져야만 한다. 물의 예를 들어 보자. 0℃ 이하에서는 단단하게 배열된 물 분자들 사이의 인력은 온도에 의해 분자들이 불규칙하게 운동을 하더라도 분자들을 공간에 유지하기에 충분히 강하다. 그러나 0℃ 이상에서 분자들의 운동이 격렬하게 되어 분자들을 공간에 묶어둘 수 없으며 따라서 고체상태가 녹게 된다. 불규칙한 운동에 의해 분자들이 이리저리 돌아다니게 되고 그 결과로 분자간의 힘이 더 이상 고체상태와 같이 합해질 수가 없기 때문에 분자를 결합하는 힘이 감소하게 된다. 그러나 이들 힘은 아직은 분자들이 서로 완전히 돌아다닐 수 없을 만큼 여전히 강하다. 액체상태는 주어진 정도의 공간을 차지한다. 100℃ 이상의 온도에서는 분자들의 운동이 너무 격렬해서 분자들 사이의 인력이 분자들을 서로 근접시키기가 불가능하다. 물은 이제 기체상태이며 분자들 사이의 힘이 더욱 작게 합해지기 때문에 분자상호간의 힘은 액체상태보다 훨씬 약하다. 분자들은 가능한 공간을 가득 채우기 위해 분산된다.

그러면 이제 물질에 관한 논의를 일반화하자. 모든 물질은 어떠한 종류의 분자상호간의 힘을 갖게 되고, 주어진 온도에서는 그 물질은 특정한 상태에서 존재한다. 과학자들은 물질의 특정한 상태를 기술하기 위해 '상(phase)'이라는 말을 사용하며 그 특정한 상을 주어진 온도에서 안정된 상이라고 얘기한다. 예를 들면 20℃(68°F)에서 물은 액체상태에서 안정하다. 이산화탄소는 이 온도에서 기체상태에서 안정하며, 소금은 고체상태에서 안정하다. 이들 세 가지 물질에서 분자상호간의 힘이 다르고 각각의 경우에 같은 온도에서는 서로 다른 상태가 안정하게 된다.

온도가 변함에 따라 주어진 물질상태가 더 이상 안정하지 않게 되면 그 물질은 다른 상태로 변화한다. 그 온도에서는 분자력이 그 상태를 유지하기에 더 이상 충분치 않기 때문에 아주 특정힌 온도에서 상이 변화가 일어난다. 우리는 그 온도에서 '상전이(phase transition)'가 일어난다고 말한다. 이때 상전이에서 일어나는 중요한 변화는 물질의 분자들간의 질서의 정도이다.

대부분의 경우에 이 과정은 가역적이며, 물의 경우 온도가 내려가면 0℃에서 액체로부터 고체로 상전이가 일어난다. 어떠한 물질이라도 특정한 온도구간에서 안정한 상들을 갖는다는 사실은 각각의 물질에 대해 상 거동을 요약하는 하나의 도표로 그릴 수 있다. 가로선은 오른쪽으로 갈수록 높아지는 온도를 표현

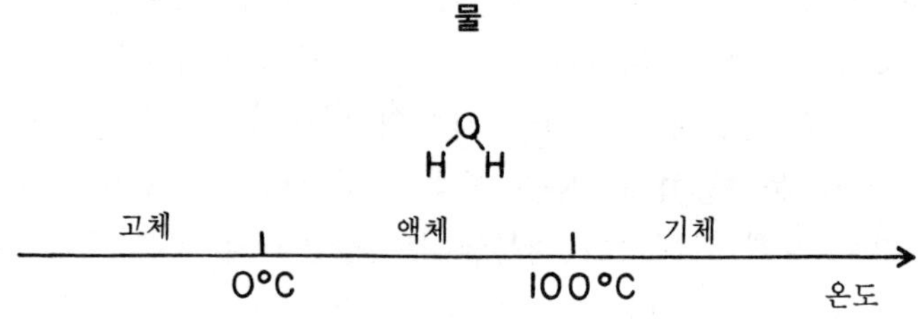

그림 1·1 물의 상 도표. 물의 안정한 상들은 온도축 위에 주어져 있으며, 상전이 온도들은 축 아래에 나타나 있다.

한다. 상전이들은 적절한 온도에서 작은 수직선으로 나타내고, 각각의 물질의 안정한 상들의 이름은 적당한 상전이 선들 사이에 쓸 수 있다. 물에 대한 상도표를 그림 1·1에 나타내었다. 아울러 물분자의 구조적 도식도 묘사되어 있다. 분자들의 도식에서 문자들은 원자들을 나타내고 짧은선은 두 원자들이 전자를 공유하여 서로 결합되어 있는 상태를 나타낸다. 이러한 규칙은 이 책의 전반에 걸쳐 사용될 것이다.

더 자세히 기술하기 전에 잠시 물질의 네번째의 상태라고도 불리는 '플라즈마(plasma)' 상태를 언급하자. 이것은 액정과는 무관하지만 고체, 액체, 기체 상태와 마찬가지로 진정한 물질상이다. 만약 물질이 충분히 높은 온도로(아주 높은 온도로) 가열된다면, 불규칙한 운동이 격렬해져서 대개의 경우 원자들에 구속되어 있는 전자들이 분리되어 나오게 되고 다시 결합할 수 없게 된다. 이러한 물질상은 양의 전하를 가진 이온(하나 이상의 전자들을 잃은 원자)와 음의 전하를 가진 전자들로 이루어져서 정상적으로는 서로 아주 강하게 끌어당기게 되어 이온과 전자들은 결합하게 된다. 그러나 온도가 아주 높은 경우에는 그 물질이 결합되지 않은 이온과 전자들의 상태로 존재하게 된다. 이것은 새로운 물질상이며 보통 별들 주위에 존재한다. 그러한 플라즈마들의 온도는 매우 높아서 과학자들이 이러한 조건하에서 물질이 어떻게 행동하는지에 대해 새로운 사실들을 계속 배우고 있다.

1·2 액정상

이제 한번 더 물질상에 대해 살펴봄으로써 액정을 구체적으로 논의해 보자. 물을 갖고 실험하는 대신 지방산의 일종인 콜레스테릴 미리스테이트라고 불리는 물질의 상들을 조사해 보자. 콜레스테릴 미리스테이트는 대부분이 탄소와 수소 원자들로 구성되어 있는 복잡한 분자이지만, 도처에서 발견되는 상당히 일반적인 물질이다. 이 물질은 우리들의 세포막에서도 발견되고 또한 동맥경화를 유발시키는 성가신 축적물이다. 상온($20℃$)에서는 고체상태인데 천천히 가열을 하면서 무슨 일이 일어나는지 관찰해 보자. $71℃$에서 고체상태가 녹아서 생기는 액체는 물, 알코올이나 식용유와 같은 액체들과는 달리 매우 혼탁한 액체이다. 만약 온도를 계속해서 증가시키면 $85℃$에서 또 다른 변화, 즉 혼탁한 '액체'상태가 맑게 바뀌며 이제는 다른 일상의 액체들처럼 보이게 된다. 그 이후 계속해서 그 물질에 가열을 하여도 더 이상의 변화는 일어나지 않고 사용한 실험기기의 최대온도($200℃$)에 도달하게 된다

앞에서 논의한 바를 토대로 특정한 온도에서 일어나는 갑작스런 변화들은 틀림없는 상전이일 것이다. 만약 그렇다면 혼탁한 '액체'는 고체나 액체상과는 다른 어떠한 상일 것이다. 이러한 견해는 정말 옳은 것이며, 바로 이것을 '액정(liquid crystal)'상이라고 부른다. 액정이 흐를 수 있고 담긴 용기의 모양을 지닌다는 점에서는 액체상태이다. 그러나 혼탁한 성질은 근본적으로 액체

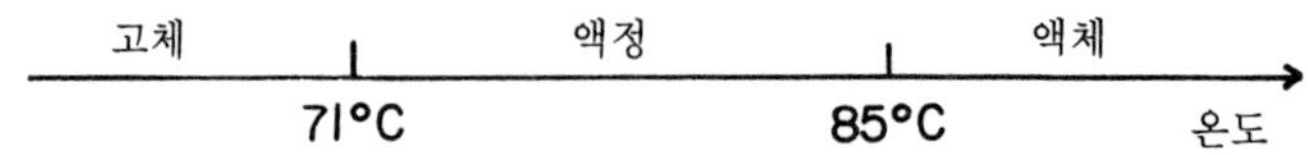

그림 1·2 콜레스테롤 미리스테이트(지방산)의 상 도표. 분자들이 높은 온도에서는 분해되기 때문에 기체상은 보여 주지 않았다.

와는 다르다는 점을 명시하고 있다. 이것은 지난 19세기의 과학자들이 이해하기에는 결코 쉬운 일이 아니었고, 20세기 초반에 와서야 이 새로운 물질상에 대한 적절한 개념이 정립되었다. 그동안 많은 실험과 창의적인 사고를 통하여 액정상에 대한 실용적인 묘사가 가능하게 되었다. 더 이상 언급하기 전에 콜레스테릴 미리스테이트(그림 1·2)가 보여주는 상 도표를 그려보자. 높은 온도에서는 기체상태의 콜레스테롤 미리스테이트가 존재할 수는 있겠지만, 분자들은 이러한 극한 조건에서는 분열되기 시작한다. 따라서 순수 화합물일 경우에는 기체상을 갖는 것이 불가능할지도 모른다.

고체에서는 분자들이 주어진 특정한 위치를 차지하도록 구속되어 있다. 우리는 이러한 상태를 고체상이 '위치질서(positional order)'를 가지고 있다고 한다. 게다가 이러한 특정한 위치에 있는 분자들은 서로 정렬하는 방향으로 구속되어 있다. 따라서 고체상은 또한 '방향질서(orientational order)'를 보유한다고 말한다. 고체가 녹아서 액체가 될 때 위의 두 종류의 질서를 완전히 잃어버리게 되어 분자들이 불규칙하게 움직이고 구르게 된다. 그러나 고체가 녹아 액정상이 될 때 약간의 방향질서는 잔존할지라도 위치질서는 아마 잃게 될 것이다. 액정상에서의 분자들은 액체상태와 아주 똑같은 방식으로 자유롭게 움직이지만, 특

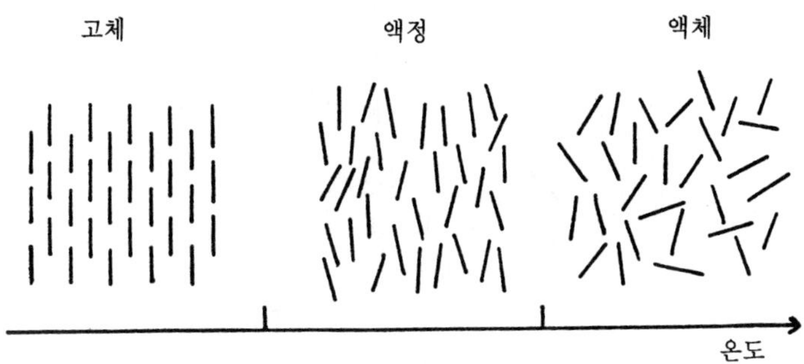

그림 1·3 고체, 액정, 액체상의 구조적 예시. 가느다란 '막대들'은 분자들을 표시한다.

정한 방향으로 정렬하려는 경향은 남아 있게 된다. 이러한 방향 질서는 고체에서처럼 완전하지는 않고, 사실상 액정의 분자들은 다른 방향에서보다 정렬 방향으로 조금 더 많은 시간을 보내게 된다. 이러한 부분적인 정렬은 액체에서는 존재하지 않는 질서도를 나타내며 바로 이러한 상황을 물질의 새로운 상(phase) 혹은 상태(state)라고 부른다. 그림 1·3은 고체, 액정, 액체상에 존재하는 질서를 예시하고 있다. 여기서 가느다란 '막대들'은 분자들을 나타낸다.

어떻게 액정에서 존재하는 방향질서의 정도를 정량적으로 기술할 것인가? 분자들이 고정되어 있지 않으므로 어떤 평균값으로 질서도를 기술해야만 한다. 예를 들면 액정에서 우선적인 분자정렬 방향이 페이지의 위 또는 아래를 향하고 있다고 생각하자. 이 방향은 화살표로 나타낼 수 있으며 액정의 '방향자(director)'라고 부른다. 방향자가 어디를 향하는지는 항상 두 가지의 선택이 있으며, 위의 예에서는 위쪽 혹은 아래쪽일 것이다. 그 두 방향은 서로 동등하며, 어떠한 선택을 하더라도 적절하다.

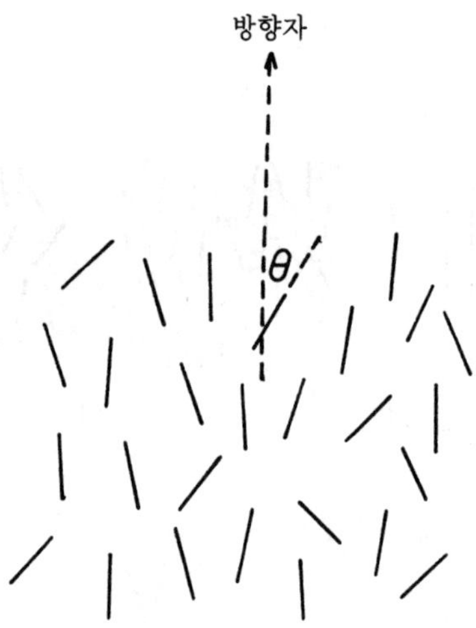

그림 1·4 액정상에서 분자들의 순간사진. 점선으로 된 화살표(방향자)는 우선적인 정렬방향을 보여준다. 각 분자들은 방향자에 대해 각을 이루고 있으며 어떤 한 분자가 θ의 각을 이루고 있다.

평균을 취하는 한 방법은 주어진 특정한 시간에 분자들의 대표적인 집단의 순간사진을 찍는 일이다. 이 사진에서는 각각의 분자들은 방향자에 대해 상대적인 어떤 각도로 향하게 될 것이며 그 순간사진은 그림 1·4처럼 보일 것이다. 우리는 모든 각을 측정할 수 있고 방향질서도의 척도로서 평균각을 계산할 수 있다. 방향질서가 크면 클수록 평균각은 점점 0°에 가까워진다. 방향질서가 없는 액체에서 분자들의 순간사진에서의 각도는 0°와 90° 사이의 값을 가지며 무질서하게 분포된 모든 가능한 방향을 나타내는 각을 의미하게 된다. 이러한 불규칙한 배열이 3차원에서 일어나고 있음을 명심해야 한다. 무수한 방향들이 방향자와 90°의 각을 만들 수 있지만 단지 한 방향만이 0°의 각을 만든다. 그러므로 방향자와 90°의 각을 만드는 분자들이 0°의 경우와 비교하여 더 많이 존재하게 된다. 이러한 측정에 대한 평균을 취하게 되면, 상대적으로 큰 각을 이루고 있는 많은 수의 분자들이 존재하여 45°보다 크게, 정확히는 57°가 된다. 이러한 방법을 사용했을 때에 방향질서가 없다는 것은 평균각이 57°가 됨을 뜻하고 그보다 작은 각이 될 경우는 방향질서가 존재함을 의미한다. 가능한 최대의 방향질서, 즉 완전한 정렬일 경우에는 평균각이 0°의 값을 가진다.

위의 평균과정에 아무런 문제는 없지만 여러 가지 이유에서 다음의 방법이 더 적절하다. 이 새로운 방법에서는 분자들이 방향자와 이루는 각을 평균하는 대신 함수 $(3\cos^2\theta - 1)/2$을 평균하는 것이다. 코사인 0°는 1이기 때문에 모든 각이 0°일 때 완전한 방향질서를 갖는 경우 그 평균값은 1이 된다. 게다가 방향질서가 없는 액체에서는 이 함수의 평균값은 0이다. 이것이 바로 더욱 의미 있는 값의 범위가 되며, 이 함수의 평균값을 액정의 '질서 매개변수(order parameter)'라고 부른다. 이것은 대단히 중요한 양이다. 액정의 질서 매개변수는 온도가 증가할수록 감소하고, 그림 1·5에서 볼 수 있는 것처럼 질서 매개변수의 전형적인 값은 0.3과 0.9 사이에 있다.

또 다른 방법으로 위에 기술한 이 평균을 구할 수 있다. 한 분자를 택하여 일정한 시간간격으로 사진을 찍는다고 생각하자. 이렇게 찍은 각 순간사진들에서 특정분자가 방향자와 이루는 각도를 측정하여 그 평균을 취해 보자. 위의 경우와 비교하여 이러한 방법으로 평균하여 얻은 질서 매개변수의 값이 서로 다를 것으로 예상할 수 있을까? 만약 모든 분자들이 같은 유형의 불규칙한 운동을 한다고 가정하면 그 대답은 '아니오'이다. 이 가정이 참이라면 한 분자가 지금 이 시간 하고 있는 운동은 다른 분자가 어떤 다른 시간에 하고 있는 운동과 같을 것이다. 한 분자의 서로 다른 시간들에 대한 운동의 평균을 취하는 것은 어떤 한

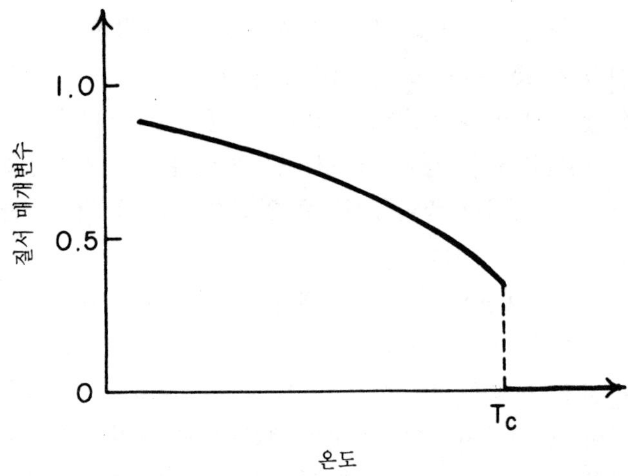

그림 1·5 액정상에서 온도에 따른 질서 매개변수의 변화. Tc는 액체상으로의 전이온도를 나타낸다.

순간에 대해 동시에 많은 분자들의 운동의 평균을 취하는 것과 동등해야만 한다. 흥미롭게도 지난 100년이 넘도록 액정에서 행한 모든 실험에서 어떠한 결과도 이 가정에 모순되지 않았다.

자 그러면 액정이 고체와 액체 어느 것과 더 비슷할까? 이 질문은 상당히 중요하며 명확한 해답이 존재한다. 예를 들어 고체에서 액체로 상전이가 일어날 때, 고체를 아주 질서 있게 배열하여 유지하고 있는 인력을 줄이기 위해 물질에 에너지가 공급되어야 한다. 그 유사성은 두 자석을 당겨서 분리하기 위해 공급하는 에너지와 같다. 만약 얼음을 생각하면 1그램을 녹이기 위해 80칼로리의 에너지를 공급해 주어야 한다. 같은 방법으로 액체에서의 분자를 서로 멀리 당겨 기체상으로 변화시키는 데 에너지가 필요하다. 물 1그램에 540칼로리의 에너지가 공급되면 그 물이 수증기로 변화될 것이다. 상전이를 일으키는 데 요구되는 에너지의 양을 전이의 '잠열(latent heat)'이라고 부르며 콜레스테롤 미리스테이트의 경우 고체에서 액정으로의 상전이 잠열은 65칼로리/그램, 액정에서 액체로의 상전이 잠열은 7칼로리/그램이다. 이들 숫자로부터 위에 제기된 문제에 대한 답을 찾아보자. 액정에서 액체로의 상전이에 대한 잠열이 상대적으로 작다는 것은 액정이 고체보다 액체와 더욱 유사함을 나타내는 증거이다. 고체에서 액정으로 녹을 때 고체가 가지고 있던 대부분의 질서를 잃게 되고 단지 액체가 갖고 있는 것보다는 약간 더 많은 질서를 보유하고 있다. 이 작은 양의 질서는 액정에서 액체로 상전이하면서 잃게 된다. 액정이 액체와 유사하고 단지 작은 양의 추가 질서를 갖고 있다는 사실은 액정을 자연의 미묘하고도 섬세한 물질상태로 만드는 많은 물리적 성질을 이해하는 데 열쇠가 된다.

많은 분자구조들이 액정상을 형성하지는 않지만, 유기화학 전반에 걸쳐 합성된 화합물 200가지 중 1가지 정도는 액정상을 갖는다. 다년간의 실험을 거친 후에 어떤 구조의 분자들이 주어진 온도에서 액정성을 나타내는지 명확해졌다. 우선 분자의 모양이 길어야 하며, 즉 분자 폭보다 길이가 상당히 커야 한다. 둘째, 분자의 중앙 부분이 단단함을 유지해야 한다. 요리한 스파게티 조각처럼 이리저리 움직일 수 있는 분자는 액정상을 갖기가 쉽지 않다. 마지막으로 분자의 끝 부분들이 다소 휘기 쉽다면 유리할 것으로 보인다. 그러므로 전형적인 액정분자의 훌륭한 모형은 짧은 연필의 양쪽 끝에 요리한 스파게티 조각을 붙인 것이다. 왜 이러한 모형이 성공적인지 이해하기는 어렵지 않다. 길게 늘어난 분자들은 보통 서로 평행하게 배열되었을 때 더 강한 인력을 갖는다. 게다가 긴 분자들이 서로 같은 방향으로 향하고 있을 때 충돌이 작아지고, 따라서 배열된 상들이 안정하게 된다. 휘기 쉬운 끝부분의 중요성은 다소 더 미묘하다. 끝 부분의 휨성은 어떤 하나의 분자가 불규칙적으로 혼란하게 운동하는 다른 분자들 사이에 더 쉽게 위치할 수 있도록 한다.

비록 부피시편에서 액정을 관찰하고 확인하는 것이 가능하지만, 가장 유용하고 뛰어난 방법들 중의 한 가지는 (편광)현미경으로 액정상을 관찰하는 것이다. 우선 액정을 두 유리조각 사이에 놓는다. 보통 액정시편의 두께는 얇게 유지하여 빛이 쉽게 통과할 수 있도록 한다. 그때 액정시편은 직교하는 두 개의 편광자 사이에 위치하도록 한다. 이렇게 배열하면, 정상적으로는 빛이 눈에 도달하지 못하게 되지만 액정의 방향질서 때문에 빛이 통과하여 눈에 도달하게 된다. (편광된 빛에 대해서는 나중에 논의하자.) 그 결과는 사진 1에서처럼 곡선들의 집합을 볼 수 있다. 현미경을 통해서 본 이러한 선들은 액정내의 결함들에 기인한 것이다. 이것 또한 나중에 논의할 것이다. 이들 결함선들을 보고 액정상을 명명하게 되었으며, 이전의 섬유학자들을 연상하게 된다. 논리적으로 '네마틱(nematic)' 액정은 섬유라는 그리스 말에서 유래되었다.

과학에서는 종종 여러 가지 사실들이 발견 당시보다 더 복잡한 것으로 판명되곤 한다. 분자 상호간의 힘이 존재하여 서로 평행을 유지하는 분자들은 여기서 기술한 바와 같은 네마틱 액정을 형성한다. 분자들간의 배열이 서로 작은 각도를 선호하는 분자력을 갖고 있는 분자들은 약간 다른 액정상을 형성한다. 이러한 액정상에서는 방향자가 네마틱 상에서처럼 공간에 고정되어 있지 않고 시편전체를 통해 회전하게 된다. 이 상은 그림 1·6에 표현되어 있고, 가는 '막대들'이 분자들을 나타낸다. 그림에서 '막대들'이 어떤 점들에서 짧게 나타나 있는데, 그 이유는 정면에서 내려다 보고 있기 때문이다.

방향자가 방향을 변화하여 형성된 방향자를 가시화할 수 있

그림 1·6   카이랄 네마틱 액정상에서 분자들의 순간사진. 우선적인 배열방향(방향자)이 수평축에 대해 회전하고 있다. 그 피치는 완전히 한 바퀴 도는 거리이다.

는 가장 좋은 방법은 너트를 돌려서 볼트에 끼우는 운동을 생각하는 것이다. 너트를 계속해서 돌리게 되면 너트는 볼트의 축을 따라서 움직인다. 이것이 바로 정확히 이 액정상에서 방향자가 하는 것이다.

너트가 볼트의 축을 따라 완전히 한 바퀴 돌게 되면 어떤 일정한 거리를 움직이는 것과 같이 방향자도 완전한 한 바퀴를 회전하게 되면 어떤 거리를 가게 된다. 이 거리를 액정의 '피치(pitch)'라고 부른다. 실제 거리에 따른 비틀린 구조는 반 피치마다 반복되는데, 그 이유는 방향자는 우선적인 방향을 따라 양쪽의 어느 한 방향으로 항상 정의될 수 있기 때문이다. 이 사실은 어떻게 빛이 이러한 비틀린 액정구조와 상호작용을 하게 되는지 논의하는 경우에 대단히 중요하다.

이러한 상을 형성하는 분자들의 가장 일반적인 예들은 콜레스테롤과 밀접한 관련이 있다. 그래서 이들을 '콜레스테릭(cholesteric)' 액정이라고 부른다. 바로 콜레스테릴 미리스테이트가 콜레스테릭 액정상을 갖는다. 그러나 콜레스테롤과 아무런 연관이 없는 많은 콜레스테릭 액정들이 존재하기 때문에 콜레스테릭이라는 이름은 별로 좋지가 않다. 이 상에 대한 더 적절한 이름은 '카이랄 네마틱(chiral nematic)' 액정일 것이며, 카이랄이란 말은 단순히 비틀려 있다는 것을 의미한다. 카이랄 네마틱 액정에서 존재하는 비틀림은 멋진 광학적인 성질을 만들어 낸다. 나중에 논의할 것이지만 몇몇 이러한 성질들은 카이랄 네마틱 액정이 현미경을 통해서는 아주 다르게 나타난다.

사진 2에서 현미경으로 본 카이랄 네마틱 액정의 예를 보여준다. 여전히 결함선들이 보이지만 그 형태는 시편에 원래 존재하는 비틀림 때문에 보통의 네마틱상과는 달라진다. 사진 2에서 액정은 나선축이 바라보는 방향으로, 즉 지면에 수직으로 향하고 있으며, 이것을 프랑스 과학자인 F. Grandjean을 따서 '그랜젼(Grandjean) 조직'이라고 부른다. 그는 1920년경에 이와 유사한 시편에 대한 연구를 수행하였다. 사진 3은 카이랄 네마틱 액정의 또 다른 사진이며, 이 시편에서는 나선축이 바라보는 방향에 수직이다. 이 액정의 피치는 충분히 길어 현미경으로 식별할 수 있다. 그래서 사진에 있는 모든 선들은 방향자가 회전하여 같은 위치로 되돌아가는 점들로 구성되어 있다. 이 경우에 생기는 것을 '지문조직(fingerprint texture)'이라고 부른다.

어떤 물질은 네마틱 액정상이나 카이랄 네마틱 액정상 둘 중 하나를 가지거나 아예 둘 다 갖지 않을지도 모른다. 그러나 또 다른 형태의 액정상이 있을 수 있으며 이것은 물질이 갖고 있는 유일한 액정상일 수도 있고 네마틱이나 카이랄 네마틱 상보다 낮은 온도에서 존재한다. 이 세번째 액정상은 '스멕틱(smectic)' 상으로 불리며, 그리스 단어로 비누를 의미한다. 이전의 연구가들은 이 액정상들이 비누와 같은 역학적 성질을 갖는다는 사실을 알았다. 사실상 대개 비눗갑 바닥에서 발견되는 진하고 '끈적거리는 것(goo)'이 바로 이 스멕틱 액정상의 성질을 가지는데, 나중에 자세히 논의할 것이다. 스멕틱 상에서는 어느

스멕틱 A

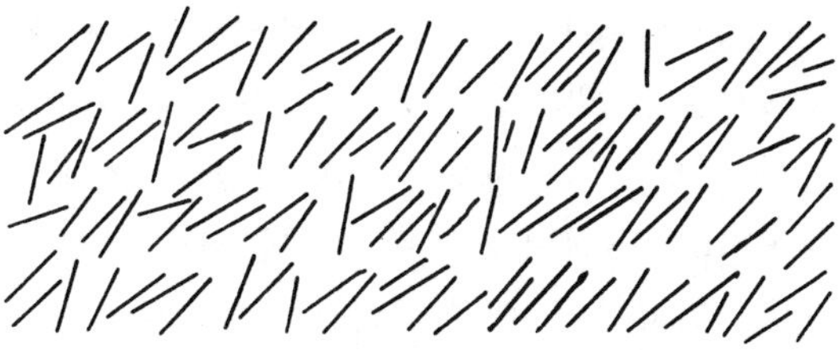

스멕틱 C

그림 1·7 두 가지 유형의 스멕틱 액정상에서 분자들의 순간사진. 스멕틱 A상에서는 층들이 방향자에 수직이나 스멕틱 C상에서는 90°와는 다른 각도를 이루고 있다.

정도의 방향질서뿐 아니라 위치질서도 함께 가지고 있다. 여전히 분자들이 상당히 불규칙하게 자유로이 움직이지만 이 상에서는 분자들이 방향자를 향하게 되고 스스로 층(layer)으로 배열하려고 한다. 좀더 정확하게 표현하면, 시간에 따른 순간사진에서 분자들의 수가 규칙적인 공간 평면 사이에서보다 평면상에 더 많이 위치하게 된다. 다시 말하면, 하나의 주어진 분자가 이러한 평면 사이에서보다 평면상에서 더 많은 시간을 보내는 것을 나타낸다. 그림 1·7은 이러한 방향 및 위치질서의 정도를 예시하고 있다. 약간 다른 두 가지의 스멕틱 상들이 존재하게 되는데, 스멕틱 C 상에서는 방향자가 층 평면과 90°와는 다른 각도를 만드는 반면에 스멕틱 A 상에서는 방향자가 층 평면과 수직을 이룬다. 현미경으로 본 스멕틱 액정들은 독특한 모양을 가지게 되며 사진 4에서 그 예를 찾아볼 수 있다.

스멕틱 A와 C 상 모두에서 분자들은 각 층 평면내에서 불규칙하게 확산한다. 각각의 층 평면내에서는 위치질서가 존재하지 않으며, 어떤 의미로는 단지 1차원에서만 위치질서가 있다. 달리 말하면, 층 평면을 통하여 확산하는 분자는 다른 위치에서보다 어떤 특정한 위치에서 더 많은 시간을 보내게 된다. 이제 3차원의 위치질서를 고려하자. 그러면 특정한 위치에서 다양한 배열들이 가능하게 되고 이 상들은 스멕틱 B나 스멕틱 E와 같은 이름으로 주어진다. 스멕틱 상들을 문자순서로 지정한 것은 물리적이라기보다는 역사적인 데 원인이 있으며, 새로운 스멕틱 상이 발견될 때마다 추가로 하나씩 문자를 사용하였다. 최근까지의 스멕틱 상들은 A에서 K까지다. 이들 스멕틱 상을 현미경으로 보면 추가로 존재하는 질서 때문에 상당히 다르게 나타난다. 사진 5는 스멕틱 B 상에 대한 사진이다.

많은 화합물들이 단 한 가지의 액정상을 나타낸다고 해도, 단일물질이 한 가지 이상의 상을 갖는다는 것이 이상한 일은 아니다. p-azoxyanisole(PAA)라고 불리는 화합물은 유일하게 네마틱 상만을 갖는다. 이 물질의 상들은 PAA 분자의 구조와 함께 그림 1·8에 나타나 있다. 간단하게, 몇몇 탄소 원자들은 하나 혹은 그 이상의 (결합을 표현하는) 선들이 만나는 점들로 표시되어 있다. 이들 탄소원자들에 속박되어 있는 수소원자들 또한 생략되어 있다. 모든 탄소원자들은 4개의 전자를 공유해야 한다는 점을 감안하면 어디에 수소원자가 존재하는지 말할 수 있다. 따라서 탄소원자 하나에 속박되어 있는 수소원자들의 수는 4에서 이미 탄소원자에서 나와 있는 결합선의 수(다른 결합에 사용된 수)를 뺀 값이다.

PAA

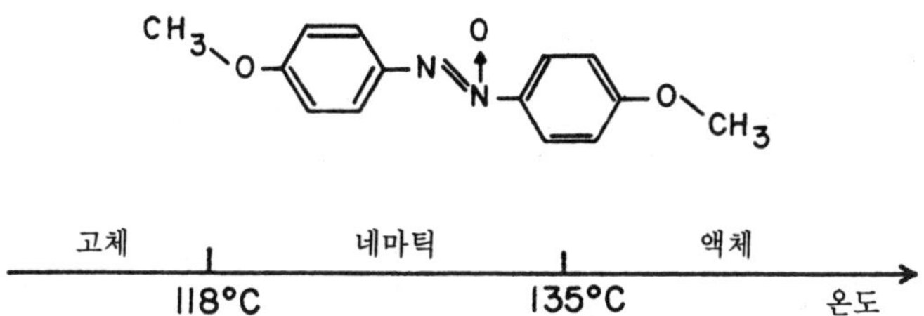

그림 1·8 *p*-azoxyanisole(PAA)에 대한 상 도표. 이 분자의 상 도표에서 (화학결합을 나타내는) 교차하는 선들은 탄소원자늘을 나타낸다. 간단하게, 이들 탄소원자에 속박되어 있는 수소원자들은 생략되어 있다.

$\overline{10S5}$

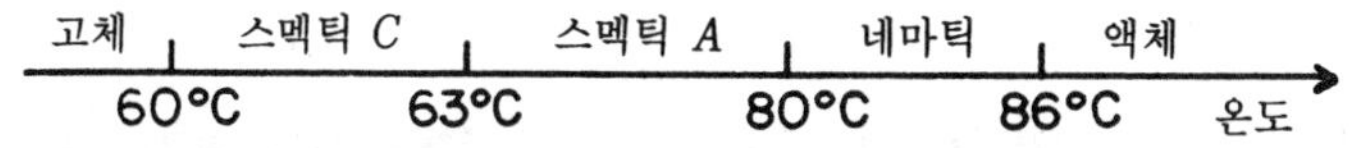

그림 1·9 4-*n*-pentylbenzenethio-4′-*n*-decyloxybenzoate($\overline{10S5}$)의 상 도표와 분자구조

PAA와는 약간 다른 화합물인 4-*n*-pentylbenzenethio-4′-*n*-decyloxybenzoate(줄여서 $\overline{10S5}$)라 불리는 물질을 보자. 이 물질은 그림 1·9에서 보는 것처럼 세 개의 액정상들을 보유한다. 콜레스테릴 미리스테이트는 카이랄 네마틱과 스멕틱 A 상을 모두 가지며, 상 도표는 그림 1·10과 같다.

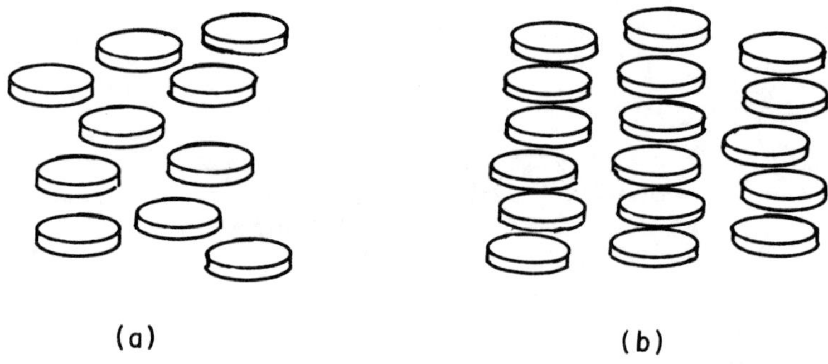

그림 1·10 콜레스테릴 미리스테이트(지방산)의 구조와 완전한 상 도표

그림 1·11 (a) 네마틱과 (b) 추상 판상 액정의 그림. 평평한 원판은 분자
를 나타낸다.

1·3 판상 액정들

지금까지는 긴 막대모양의 분자들이 형성하는 액정상들에
대해 전반적으로 논의하였다. 이러한 상들이 가장 일반적으로 잘
알려져 있다. 그러나 1977년에 인도의 연구가들은 원판모양의
분자들 또한 액정상들을 형성하여 분자면에 수직한 축이 특정한
방향으로 향하고 있다는 것을 발견하였다. 이러한 유형의 상을
'판상(discotic)' 액정이라고 부른다.

가장 간단한 판상은 역시 네마틱 상이라고 부르는데, 그 이유는 방향질서만 있고 위치질서는 없기 때문이다. 그 상이 그림 1·11(a)에 나타나 있고 분자들은 평평한 원판으로 그려져 있다. 분자들이 상당히 불규칙하게 움직이지만 평균적으로 분자 평면에 수직인 축은 방향자라 불리는 특정한 방향을 따라 배열한다. 그림에서도 명백히 알 수 있듯이 동전을 쌓아 놓은 것처럼 보인다. '주상(columnar)' 혹은 '스멕틱' 판상이 그림 1·11(b)에 나타나 있다. 네마틱 판상에서 존재하는 방향질서뿐 아니라 대부분의 분자들이 스스로 기둥내에 위치하려고 한다. 이 기둥들은 육방격자로 배열되어 있다. 이 상에 대한 꼭 알맞는 비유는 쌓아 놓은 동전들의 집합과 유사하며, 이때 쌓아 놓은 동전더미들의 위치는 서로 연결한 육각형의 중심과 꼭지점들에 있다고 할 수 있다. 그러나 주목해야 할 점은 동전더미인 경우에 대단히 큰 위치질서가 존재한다. 즉 동전들 사이의 거리가 고정되어 있고 모든 동전에 대해서도 같다는 것이다. 반면에 주상 또는 스멕틱 판상 액정의 분자들은 다소 불규칙하게 더미에 위치하고 있다. 그러므로 이 상에서는 2차원적 위치질서가 존재하게 된다. '카이랄 네마틱' 판상 액정 또한 존재하며, 이 경우에는 방향자가 막대모양의 분자로 구성된 카이랄 네마틱 상과 마찬가지로 시편 전체를 나선형으로 회전한다. 판상 액정을 갖는 분자구조와 함께 온도에 따른 상 도표를 그림 1·12에서 보여 준다. 이 분자들은 꽤 단단하고 모든 방향으로 탄화수소 고리를 방사하는 평면 중심을 가지고 있다. 이러한 특징들은 모든 판상 액정들이 갖고 있는 공통점이다. 비록 판상 액정의 구조가 다른 유형의 액정과 상당히 다르다 해도 현미경으로 본 모습은 비슷하다. 사진 6은 등방상 액체로부터 형성된 판상 액정의 '결정(crystal)'을 보여 준다.

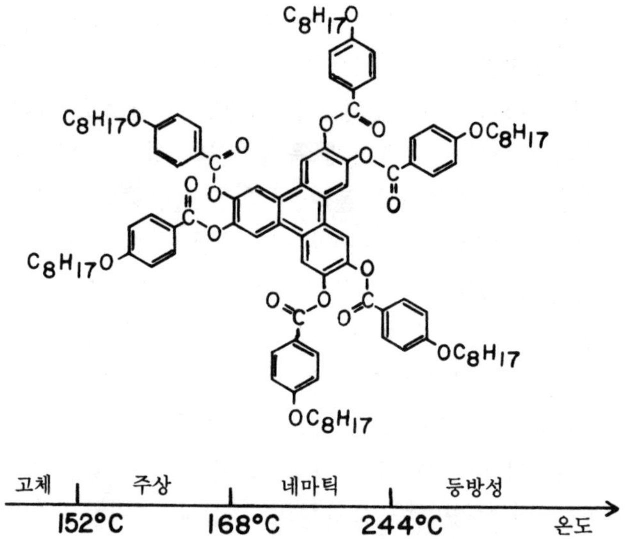

그림 1·12 전형적인 판상 액정의 상 도표와 분자구조

1·4 다른 유형의 액정들

액정상들을 다루는 현대기술의 한 분야는 '고분자중합체' 혹은 줄여서 '고분자(polymer)' 산업이다. 고분자들은 화학반응을 통해 짧은 분자들을 서로 연결시켜 형성한 매우 길고 가는 분자들이다. 고분자에 대한 아주 좋은 예는 요리된 스파게티와 같다고 할 수 있다. 크게 두 가지 유형의 고분자들이 액정상을 생성한다.

첫번째는 상당히 단단한 부분이(액정분자의 중앙부분과 같은) 양쪽 끝에 있는 휠 수 있는 부분들(액정 분자의 끝 부분과 같은)에 의해 서로 연결된 구조이다. 이러한 긴 고분자들이 액정상에서 움직이면서 다른 분자들과 충돌하더라도 단단한 부분은 여전히 한 방향으로 향하게 된다. 두번째 유형의 고분자는 하나

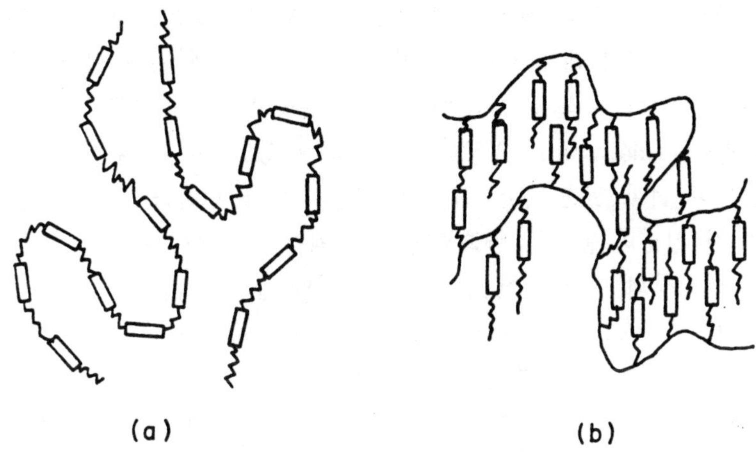

그림 1·13 액정 고분자에서의 방향질서에 대한 예시. (a) 주사슬(main chain)인 경우와 (b) 측사슬(side chain)인 경우이다. 사각형은 단단한 부분을 나타내며 지그재그 선들은 고분자의 휠 수 있는 부분을 표현한다.

의 완전히 휠 수 있는 고분자 사슬을 따라 또 다른 단단한 부분들이 짧고 휠 수 있는 연결부분에 의해 매달려 있는 구조이다. 이렇게 형성된 고분자 액정상에서는 길고 휠 수 있는 고분자 사슬은 어떠한 방향질서나 위치질서도 갖지 않고 물질 전체를 통해 누비며 휘감기게 된다. 그러나 거기에 매달려 있는 단단한 부분들은 액정상에 전형적인 방향질서를 가지고 있다. 그림 1·13은 위의 두 가지 고분자 액정들을 예시하고 있다. 네미틱, 가이랄 네마틱, 스멕틱 상들이 고분자들에서 발견되었고, 물질에 따라 하나 이상의 액정상을 보유한다. 현미경으로 본 모습은 여러 가지 면에서 다른 액정들과 유사하다. 네마틱 고분자 액정의 사진을 사진 7에서 보여 주고 있다. 액정 고분자들은 각광받고 있는 현대기술의 새로운 분야이며 9장에서 깊이 있게 다룰 것이다.

액정상들에 대한 소개를 마치기 전에 그들의 존재가 중요한 역할을 하는 다른 종류의 화합물에 대해 언급하자. 지금까지는 순수한 물질에 대해 이야기하였고 온도의 변화에 의해 액정상들이 생기거나 사라지게 되었다. 이런 유형의 액정물질은 '온도전이형(thermotropic)' 액정이라고 알려져 있다. 서로 다른 두 물질들이 섞여 있는 경우 그 혼합물은 온도가 변화하거나 혼합물의 한 성분의 농도가 변화하면 다른 액정상을 보이게 된다. 이렇게 액정상의 변화가 한 성분의 상대적인 농도에 의존하게 될 때 이것을 '농도전이형(lyotropic)' 액정이라고 부른다.

농도전이형 액정 혼합물을 만드는 가장 손쉬운 방법은 구성분자의 양쪽 끝 그룹이 서로 다른 성질을 갖도록 하는 것이다. 예를 들면 분자의 한쪽 끝은 물과 친화성을 갖고 있고 다른 끝은 물과 배타적인 경향을 갖도록 한다. 그러한 분자들을 물속에 넣게 되면 물과 배타적인 끝들은 스스로 함께 배열하고 반면에 분자들의 다른 끝들은 물과 접촉하려고 한다. 결과적으로 이 효과는 분자들 스스로 매우 다양한 구조들(일반적으로 공이나 원기둥 모양)을 형성하게 되고 아주 특정한 배열을 하게 된다. 여기서도 여전히 분자들은 떠돌아 다닐 수 있지만 방향질서 및 위치질서가 존재할 수 있고 따라서 적절한 액정상을 형성한다. 그러한 형태의 분자는 각각 (물에 배타적인) 꼬리에 연결된 원으로 나타낼 수 있고, 그 분자들이 형성하는 여러 가지 구조들 중 두 가지가 그림 1·14에 나타나 있다.

위에서 기술한 것처럼 분자들이 행동하는 중요한 두 가지 예를 들 수가 있다. 첫번째는 비누분자이고 비누가 기름과 먼지를 용해시키는 능력은 물 속에서 갖게 되는 비누분자들의 정렬구조와 직접적인 관계가 있다. 두번째 예는 '인지질(phospholipids)'이라고 불리는 생물학적으로 중요한 분자들이다. 이 분자들이 형성하는 정렬구조는 생물계 어디에서도 발견할 수 있으며

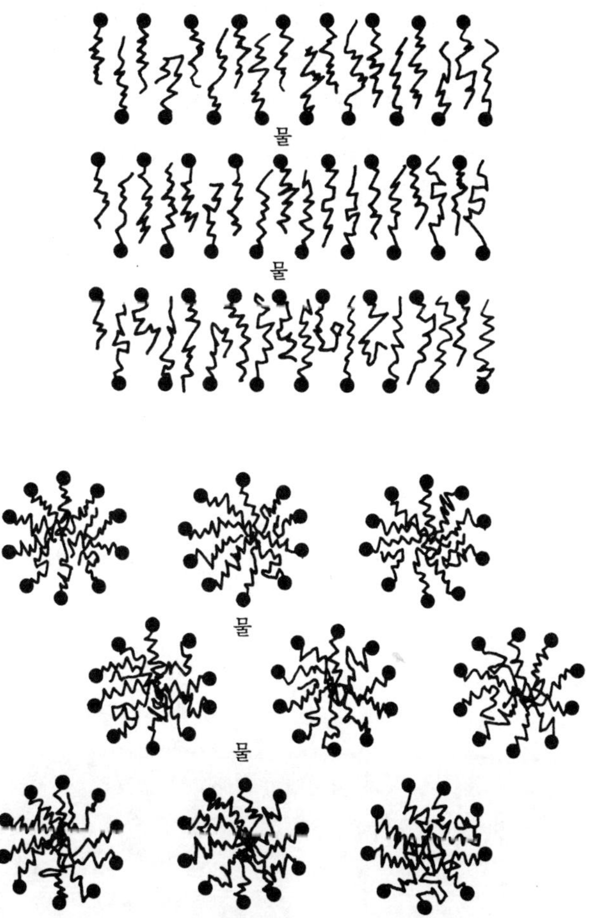

그림 1·14 층(위의 경우) 및 육방구조(아래의 경우) 농도전이형 액정의 단면적. 각 분자의 (물을 좋아하는) 둥근 끝은 '친수성' 그룹이며 반면에 (물을 싫어하는) 지그재그 선은 '소수성' 그룹을 나타내고 있다.

세포막 그 자체를 포함하고 있다. 이 두 가지 유형 모두의 분자들은 한쪽 끝이 전기를 띠고 있어 물과의 친화력이 존재하고, 반면에 다른 끝은 대부분이 물을 배제하려는 탄소와 수소로 이루어져 있다. 농도전이형 액정은 생물학적 중요성뿐 아니라 계면활성제로서 사용되어 산업적으로도 중요하다. 8장에서 이 두 가지 영역 모두를 취급할 것이다.

제 2 장
액정의 역사적 이야기

1988년 여름 1주일 동안 31개국으로부터 700여 명이 넘는 과학자들이 제12회 국제액정학회에 참석하기 위하여 독일의 Freiburg라는 도시로 모여 들었다. 이 학회에 참석한 수많은 연구가들은 오늘날 세계에서의 액정연구와 기술의 중요성을 입증했다. 이 학회의 한 특별한 국면은 액정 '발견(discovery)'의 100년째 기념일을 축하하는 것이었다. 어떻게 액정에 대한 관심이 고조되었고 쇠퇴하게 되었는지, 또 어떻게 이 분야가 20년 전에 다시 꽃피우게 되었는지 지난 100년간의 이야기는 진실로 흥미로운 것이다.

우리가 액정에 대해 알고 있는 초기 과학적 업적의 대부분은 Frankfurt 대학의 H. Kelker에 의한 것이었다. Freiburg 학회의 100번째 기념일 축하 중의 한 부분은 Kelker 박사가 행한 액정 '발견'에 대한 강연이었다.

2·1 액정 '발견' 이전의 이야기

과학자 개개인들이 자주 중요한 과학적 발견에 대한 명예를 받고는 있지만 많은 경우에 있어 상당한 명예를 받을 자격이 있는 다른 과학자들도 있다. 보통 이 사람들도 '발견자(discoverer)'와 매우 흡사한 실험을 하거나 새로운 개념들을 소개하였다. 그러나 이 연구가들은 한 가지 혹은 또 다른 이유들 때문에 그들의 결과들과 도입한 개념들을 새로운 일의 중요성을 완전히 포착하는 방법으로 결합하지는 못했다. 때때로 발견자들은 이 새로운 일의 의미를 깊이 인식하고, 명확한 방법으로 진정한 의미를 보여주는 상당한 실험을 수행한 과학자들이었다. 따라서 '발견자'들로부터 '나는 바로 그 시간에 그 장소에 있었다'라는 것과 비슷한 논평을 듣는 것은 놀라운 일이 아니다.

액정에 대한 이야기는 어떤 새롭고 흥미로운 현상을 관찰하던 몇몇의 유럽 연구가들로 시작된다. 그러나 그들은 그들의 실험에서 일어나고 있었던 것들이 정확히 무엇인가를 완전하게는 깨닫지 못하였다. 이들 초창기 과학자들은 비록 현재 우리가 그들이 실험실에서 액정상을 발견했다고 확신할 수 있다 해도, 액정 발견에 대한 명예는 주어지지 않았다. 실제로 그 사람들의 이름이 종종 역사적인 기술에서 빠지곤 한다.

초기 연구의 시간대는 1850년에서 1888년이고, 세 가지 유형의 서로 다른 실험들이 관련하고 있다. 첫번째 유형은 현미경을 사용한 어떤 생물학적인 시편의 연구에 대한 것이었으며, 그것은 신경섬유를 덮고 있는 외피를 물 속에 두었을 경우 부드럽고 유동적인 형태가 만들어짐을 알게 된 것이다. 또한 이 형태는 편광된 빛을 사용할 때 특이한 효과를 만들어 낸다는 사실이 관찰되었다.

유럽 과학자 중의 한 사람인 R. Virchow는 그의 옛 기록 중에 실험에 대한 논문을 남겨 놓았다;독일의 안과의사인 C. Mettenheimer는 과학 출판물에 그의 발견들을 보고하였다 ; 그리고 생물학적 물질들에 대한 편광 현미경의 결과를 요약한 G. Valentin의 짧은 전공 논문이 Leipzig에서 출판되었다. 왜 이들 과학자들이 그 발견된 결과들이 흥미롭다고 하는지 이해하기는 쉽다 ; 액체는 편광된 빛을 사용할 때도 특이한 효과들을 보이지 않지만 고체는 그러한 효과를 만들어 낸다. 생물학적 시편은 고체가 아님에도 불구하고 여전히 편광효과들을 보인다. 이들 시편들을 사용하는 연구에 대한 더 많은 진보는 생물학적인 시편들이 복잡한 구조를 갖고 있어 발견된 현상을 분석하기가 상당히 어렵다는 점 때문에 아마 늦어지게 되었을 것이다.

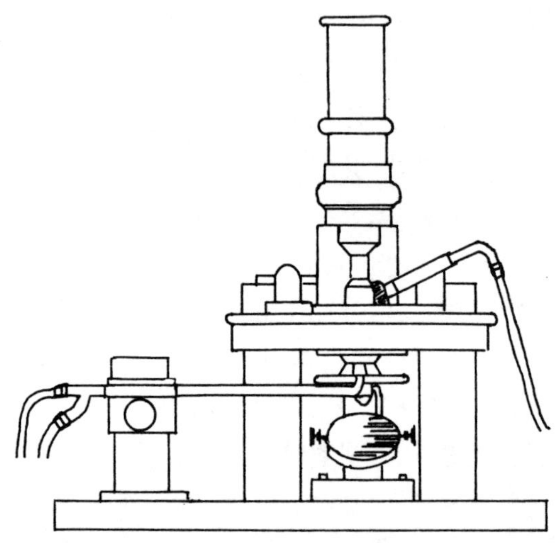

그림 2·1 레만의 현미경과 열판. 열판 아래의 버너 불꽃이 열판을 가열하고 열판위의 관에서 나오는 공기가 냉각한다. 이 두 가지 기기들을 잘 조절하여 시편의 온도를 정밀하게 제어한다.

초기 실험의 두번째 유형으로는 어떻게 물질이 결정화하는가에 대한 연구가 이에 속한다. Karlsruhe에서 독일의 과학자인 O. Lehmann은 그의 시편의 온도를 서서히 낮추면서 어떻게 물질이 결정화하는가를 관찰할 수 있도록 현미경용 열판을 구성하였다. 비록 이 당시 생물학자들과 의학자들이 생물학적 시편을 관찰하기 위해 편광된 빛을 사용하기는 했었지만, Lehmann이 나중에 열판 현미경에 편광자를 부착하여 편광 현미경을 사용한 최초의 물리학자들 중의 한 사람이 되었다. 이 기기는 후에 Lehmann이 액정 분야에 가장 중요한 초창기 공헌자들 중의 한 사람이 되도록 한 중요한 기술적 진보였다. 그가 구성한 기기의 대략적인 모습은 그림 2·1에 나타나 있다. 더 많은 과학적 지식을 증진시키는 데 성공한 Lehmann의 현미경은 어떻게 기술적 진보가 극적으로 과학의 발전과정에 영향을 끼칠 수 있는지를 보인 아주 좋은 예이다. 이 새로운 기기를 가지고 과학자들은 시편의 환경을 제어할 수 있고 현미경을 통해 그들의 거동을 관찰할 수 있게 되었다. 이 기기는 과학자들이 전에는 불가능했던 실험을 수행할 수 있도록 하였고 과거에 연구자들의 눈에 숨겨져 있던 현상을 관찰할 수 있도록 하였다. 이제 액정에 대한 연구는 결코 전과 같지 않다. 사실, 정확하게 온도제어가 가능한 열판이 부착된 편광 현미경은 현대장비의 표준이라고 할 수 있다 ; 오늘날 이러한 장비가 없는 액정실험실은 없다.

　Lehmann은 어떤 물질은 맑은 액체로부터 곧바로 결정화하는 것이 아니고 대신 비정형(amorphous)으로 바뀌고 나서 결정화한다는 것을 알았다. 그는 이때 새로운 상이 관찰되고 있다고 인식하지 못하고, 단지 그것이 액체상에서 고체상으로의 전이와 다소 관련이 있는 것으로 추측했다. 왜 Lehmann이 이렇게 생각하게 되었는지를 이해하기는 쉽다. 상전이들은 항상 이상적인 방법으로 일어나지는 않는다. 예로 들어, 불순물이 존재하게 되면 두 개의 상들이 공존하는 좁은 온도영역에서 일어난다. 분명히 Lehmann은 현미경을 통해서 많은 상전이들을 관찰했고 그들이 물질에 따라 한 물질에서 다른 물질로 두드러지게 변한다는 것을 알고 있었다. 그가 현미경을 통해 관찰한 비정형은 아마도 액체상으로 전이하는 덜 이상적인 고체상으로 생각되었을 것이다.

　이 기간 동안 수행되었던 세번째 유형의 실험은 콜레스테롤로부터 합성한 화합물에 대한 것이었다. 구 소련의 일부인 Lvov 도시의 P. Planer, 독일의 화학자인 W. Lobisch, 그리고 Paris 의 B. Raymann은 모두 이러한 화합물이 식어감에 따라 매혹적인 색들이 나타난다고 보고하였다. 비록 이것이 특이한 현상임에는 분명하지만 어느 누구도 이 색들이 고체나 액체 상과는 다른 물질상에서 나오는 것이라는 생각을 갖지 못했다.

이 시대에서 언급해야 할 또 다른 하나의 연구가 있다.

1850년경에 자연적인 지방(fats)을 연구하던 화학자인 W. Heintz가 스테아린(stearin)이 녹을 때 특이한 거동을 보인다는 사실을 보고하였다. 이 물질은 52℃ 부근에서 탁하게 변하고, 58℃까지는 완전히 불투명하고, 62.5℃에서는 맑게 변한다. 그와 동료들은 62.5℃를 제2의 용융점이라고 언급하였다. 다음 절에 서 명백히 알 수 있듯이 이러한 결과는 40년 후 액정의 '발견'을 직접적으로 인도한 실험과 지극히 유사하다.

2·2 액정 발견에 대한 이야기

일반적으로 액정을 '발견'한 것으로 명예가 주어지는 사람은 F. Reinitzer라는 오스트리아의 생물학자이다. Reinitzer의 주된 관심은 식물에서 콜레스테롤의 기능이었다. 물론, 콜레스테롤의 구조가 그 당시에는 알려져 있지 않았다. 1888년에 Reinitzer가 콜레스테롤과 연관된 유기물질이 녹는 거동을 관찰한 결과 이 물질이 두 개의 녹는 점을 가지고 있다고 기술하였다. 그것은 145.5℃에서 녹아서 탁한 액체가 되고, 178.5℃에서 이 탁한 액 체가 맑은 액체로 변하게 된다. 또한 그는 콜레스테롤 파생물을 연구했던 초기의 과학자들에 의해 보고된 것과 같은 색채현상 중의 일부를 기술하였다 ; 청색은 맑은 액체가 탁하게 변했을 때 온도를 내리는 과정에서 잠깐 나타나고 청보라색은 탁한 액체가 결정화되기 바로 직전에 나타난다.

초기 과학자들이 이러한 종류의 특이한 거동을 결정화 과정 과 빈번하게 연관시켰던 반면, 왜 Reinitzer는 그 물질이 두 개의 녹는 점을 갖는 것 같다고 이야기했는지는 과학사에서 종종 일어나는 대단히 호기심을 자극하는 질문들 중의 하나이다. 그는 Heintz의 업적을 알고 있었을까? 어느 누구도 확신할 수는 없다. 우리가 알고 있는 바로는 20년 후 그가 O. Lehmann에게 보낸 편지에서 Heintz의 실험을 언급했다는 사실이다. Reinitzer가 그 물질이 두 개의 녹는 점을 갖는 것으로 기술한 첫번째 사람이건 아니건 상관 없이, 중요한 것은 콜레스테롤 파생물에 대한 그의 표현은 매우 결실이 있다고 판명된 질문을 던졌다. 만약 고체상 이 145.5℃에서 녹았다면, 178.5℃에서 녹는 것은 무엇일까? 이 것은 아마도 고체나 액체 상과는 다른 형태의 물질이 아닐까? 그가 보았던 것을 미래의 연구가들에게 올바른 질문을 내놓도록 기술하였기 때문에 Reinitzer는 보통 액정을 '발견한 사람(발견 자)'라고 불린다.

Reinitzer가 관찰한 물질은 사실 콜레스테릴 벤조에이트(be-nzoate)인데, 수년에 걸쳐 많은 연구대상이었던 카이랄 네마틱 액정이다. Reinitzer는 동식물에서 발견되는 천연물질인 콜레스 테롤에서 이 화합물을 만들었다. 아주 흥미롭게도, 시편이 맑은 상태에서 막 탁하게 변하는 순간 Reinitzer가 보았던 청색은 1980년대에 응집 물질(condensed matter)을 연구하는 물리학자 들에게 매우 중요한 문제를 제공하게 되었다 ; 그러나 이것에 대 한 논의는 나중의 장까지 미루고자 한다.

Reinitzer는 Lehmann의 연구를 알았고 그의 결과와 Leh-mann이 발견한 것과의 연관성을 이해하였다. 따라서 그는 그 당 시 독일의 자연철학(물리학) 교수였던 O. Lehmann에게 그러한 시편들의 일부를 보냈다. Lehmann은 열판이 부착된 현미경을 가지고 이 물질들에 대한 많은 실험을 수행하였다. 한 보고서에 서 Lehmann은 사진 2에 있는 카이랄 네마틱의 사진과 아주 흡사한 그림을 실었다. Lehmann은 이 기간 동안 여러 가지 방법으로 다른 연구가들로부터 받은 물질들과 함께 Reinitzer의 물질에 대해 기술하였다. 처음에 그는 그 물질들이 거의 액체라는 의미로 부드러운 결정(soft crystals)이라고 불렀고, 다음에는 유동하는 결정(floating crystals)이라는 용어를 사용하였고, 이것은 후에 결정성 유체(crystalline fluids)라는 이름으로 대체되었다. 그는 점차로 혼탁한 액체가 균일한 유체상이나 액체와 달리 전형적인 고체결정처럼 편광된 빛에 의해 영향을 받는 것을 확신하게 되었다. 이렇게 액체와 같이 흐르는 성질과 고체와 같은 광학적 특징을 보유하기 때문에 마침내 Lehmann은 이들 물질을 액정(liquid crystals)이라고 부르게 되었다. 이 명명법에 대해 많은 논쟁이 있었음에도 불구하고 이것이 결국 그 이름으로 남게 되었다.

나는 Reinitzer가 그의 시편을 Lehmann에게 보낸 것에 대한 상징적인 의미를 부여하고자 한다. Reinitzer는 오스트리아 식물학자이고 Lehmann은 독일 물리학자인 점을 감안하면, 이것은 바로 두 가지 과학적 학문분야와 서로 다른 두 나라를 대표하는 과학자들간의 공동연구를 표현하고 있다. 따라서, 초창기부터 액정연구는 국제적이고 여러 학문분야에 걸쳐 있었으며, 이 사실은 해가 거듭할수록 더욱 명백해지게 되었다. 세계의 거의 모든 산업화된 나라들의 화학자, 물리학자, 생물학자, 공학자, 그리고 의사들이 액정연구에 참여하고 있다. 그들은 동일한 과학적 모임에 참석했고 서로 다른 실험실에서 시간을 보내는 방문 과학자의 역할을 하게 되었다. 위에서 얘기한 초창기의 액정 연구가들이 보여준 국제적이고 여러 학문분야에 걸친 공동연구의 정신은 여전히 이 분야에서의 두드러진 증표이다.

2·3 액정 발견 이후의 이야기

Lehmann은 그 당시 세기의 전환 무렵에 액정연구에서 현저한 모습을 남겨 놓았다. 그는 독일의 두 화학자인 L. Gattermann과 A. Ritschke가 합성한 최초의 네마틱 액정을 가지고 실험을 하였다. 이 화합물 또한 천연물에 기초하지 않은 첫번째 액정이다. 사실 Gattermann과 Ritschke는 일련의 물질을 Lehmann에게 제공했고, 어떤 액정들은 서로 다르게 행동한다는 것을 알게 되었다. 그는 그 액정들을 기술하는 데 다른 단어들을 사용했으나, 두 개의 서로 다른 유형의 액정들이라고 부르지는 않았다. 지금은 네마틱과 스멕틱으로 알려져 있다. Lehmann은 또한 액정성 물질과 접촉하고 있는 고체 표면이 액정을 어떤 한 방향으로 정렬시킨다는 것을 알았다. 이러한 생각은 현대의 과학자들이 액정 디스플레이로 실험을 시작하게 되었을 때 무엇보다 우선하여 중요한 것이다.

Lehmann의 생각 전부가 다른 연구가들에게도 수용된 것은 아니다. 고체화학자인 G. Tammann과 물리학자인 W. Nerst는 그 특이한 현상들은 물질이 서로 다른 두 가지 혼합물이나 유제 또는 상들에 의해서도 설명이 가능하다고 주장하였다. Lehmann은 물리화학자인 R. Schenk의 결과와 함께, 자신의 실험 결과들을 사용하여 단일상이 관계하고 있다고 점점 확신하도록 주장하였다.

그 당시 또 다른 공헌자는 현재 독일에 있는 Halle에서 일하고 있었던 화학자 D. Vorlander였다. 그의 연구소에서 일하고 있던 여러 사람들이 많은 새로운 액정성 물질을 합성하였고, 단일 물질이 하나 이상의 액정상들을 보유한다는 것을 관찰한 효시가 되었다. 이 일로부터 Vorlander는 어떠한 종류의 물질들이 액정성을 갖게 되는지 확인할 수 있었다. 이러한 확인작업은 분명히 실질적으로도 중요하겠지만, 한편 선형적인 분자모양이 중요하다는 그의 추측은 다가오는 수년 동안의 이론과 실험 연구에 커다란 영향을 끼쳤다. 시간이 지남에 따라 새로운 액정에 대한 더 많은 결과들이 Vorlander 그룹에서 쏟아져 나와, 1901년과 1934년 사이에 액정에 관한 80여 편의 박사학위 논문들이 쓰여졌다. 오늘날 Halle에 있는 Martin Luther 대학은 여전히 중요한 액정연구소임을 자랑한다. 사실 Halle에서는 약 1900년에서 현재까지 액정에 대한 연구가 끊임없이 계속되어 왔다.

어떤 종류의 물질들이 쉽게 액정의 성질을 갖게 되는가에 대한 Vorlander의 추측은 물리학자인 E. Bose의 실험과 이론적 업적에 지대한 영향을 미쳤다. Bose는 분자구조에 기초를 둔 완전한 액정이론을 만들고자 시도하였다. 이것은 매우 중요한 공헌인데, 그 이유는 이제까지 질서단위가 무엇이며 상전이에서 일어나는 화학적이나 물리적인 변화들은 무엇인가라는 Lehmann의 이론에 대해 상당한 혼란이 있었기 때문이다. 또한 Bose의 이론적 업적은 액정이 어떤 종류의 유제에서 기인한다는 가설에 반대되는 강한 주장을 피력하고 있다. 그 후 10년이 채 못되어, M. Born은 액정상을 유발하는 선형 분자들간의 기본 상호작용은 분자들에 있는 양전하와 음전하가 다소 분리되기 때문이라고 제안했다.

Lehmann 자신은 프랑스에서 액정연구에 대한 소개를 일부 담당하고 있었으며, 1909년 Paris에서 열린 학회에 초대되었다. 프랑스에서 계속된 연구의 절정은 1922년 G. Freidel이 다른 액정상들을 기술한 논문을 발표한 것이었다. 이 논문에서 Freidel은 네마틱, 스멕틱, 콜레스테릭이라는 말들을 사용하여 분류화 체계를 제안하였다. 액정상을 기술하는 데 채택된 표현은 현재 액정성의 근원에 대한 수많은 다른 제안들을 잠재우고 분자 질서의 개념을 포함하고 있다. 또한 그는 현미경으로 액정상들에서 관찰되는 선들은 결함구조들이며, 바로 이들은 정렬방향의 위치에 따른 심한 변화들이라고 설명했다. 이러한 결함구조들을 주의 깊게 분석함으로써, Freidel은 스멕틱 액정들이 층 구조를 갖고 있다고 정확하게 유추하였다. 더군다나 그는 액정이 전기장에 의해 정렬될 수 있다고 분명하게 이해하였다. 전기장이나 자기장이 액정에 미치는 효과는 후에 대단한 관심을 끄는 주제가 되었다.

1922년과 제2차 세계대전 사이의 기간은 많은 나라의 과학자들에 의해 몇 개의 다른 영역에서 발전이 있었다고 특징지을 수 있다. 액정들의 탄성적 성질에 대한 이론적 연구는 스웨덴의 C. Oseen의 업적으로부터 시작하여 영국의 F. C. Frank의 '연속이론(continuum theory)'으로 결실을 맺었다. 이러한 새로운 이론적인 개념을 이용하여, 이들 과학자들은 왜 액정들이 다양한 방향적인 배치들을 채택하는가를 설명하였다. 프랑스와 독일에서 행한 X선 실험들은 액정들이 액체보다는 많고 고체보다는 적은 질서를 갖는다는 사실을 가장 분명한 방법으로 보여 주었다. 주로 네덜란드와 구 소련에서 수행한 실험들의 결과로 전기장이나 자기장이 액정에 미치는 영향이 이해되기 시작하였다. 마지막으로 액정들의 광산란에 대한 성질에 대한 이해가 이루어지면서, 왜 액정들이 혼탁하게 보이는지 설명하게 되었다.

전쟁기간 중에는 진보가 상당히 느렸지만, 성공적이었던 두 가지 새로운 영역을 지적하고자 한다.

첫째, 높은 전기나 자기장에서 액정의 유체적 성질이 연구되었고, 둘째, '질서도(degree of order)'가 다음의 질서 매개변수에 의해 기술되었다.

$$S=\{(3\cos^2\theta-1)/2\}\text{의 평균}$$

이러한 질서 매개변수의 선택은 아마도 중요하지 않은 것처럼 보이겠지만, 질서도를 기술하는 문제는 대단히 중요하다. 우리는 현재 이론이나 실험결과들을 조합해 보면 액정에 존재하는 방향질서를 완전하게 기술한다는 것이 아주 어려운 일이라는 것을 알고 있다. 다행히 위에 정의한 질서 매개변수가 다른 어떤 하나의 매개변수보다 가장 실제에 가까운 방향질서를 기술하고 있다. 1940년대의 과학자들은 이 결과가 바로 그러한 경우라고 짐작했고 거의 모든 미래의 연구는 이 질서 매개변수를 사용한 표현에 기초를 두었다.

2·4 최근의 발전에 대한 이야기

제2차 세계대전이 지나면서 액정에 대한 관심이 거의 사라졌다. 이러한 관심의 결여에 대해 1958년에 F. C. Frank는 너무 많은 사람들이 액정에 관련된 모든 중요한 문제들이 해결됐다고 느꼈기 때문일 것이라는 가능성 있는 이유를 언급했다. 주어진 또 다른 이유는 이 기간 동안에 화학이나 물리학 교재의 저자들이 액정상을 논의하지 않았기 때문에 많은 과학자들은 어떤 특이한 용융현상들이 바로 완전히 다른 물질상과 연관이 있다는 사실을 알지 못했다. 액정 디스플레이 발전에서 개척자 중의 한 사람인 J. Fergason은 이렇게 잠잠한 기간이 지속된 이면에 존재하는 중요한 힘은 액정에 대한 실질적인 응용의 부재였다고 느꼈다. 제2차 대전 직후 관심의 결여에 대한 원인이 무엇이든 간에 이 상황은 1960년 직전에 변화하기 시작하였다. 이때 몇몇 연구가들은 액정의 분자구조, 광학적 성질, 기술적인 응용 가능성들에 대해 좀더 배울 희망으로 액정에 대한 일반적인 재연구를 시도하였다.

1957년 미국의 화학자인 G. Brown은 액정상을 재조명하는 논문을 출판했으며, 1958년 London의 Faraday학회는 액정에 대한 회의를 개최하였다. 거의 동시에 Westinghouse 연구소의 과학자들은 액정에 초점을 맞춘 연구과제를 시작했으며, I. G. Chistiakoff가 이끄는 구 소련의 한 그룹도 연구를 시작했고, 1962년 영국의 화학자 G. Gray는 액정의 분자구조와 성질을 기술하고 있는 전반적인 책을 출판하였다. Brown은 Kent 주립대학에 있는 액정연구소의 창립에 진력하였고, 또한 오늘날까지 계속 이어지고 있는 일련의 국제액정회의의 첫모임을 발기하였다. Freiburg의 회의가 바로 이 일련의 회의중 일부이다.

즉각적인 진보는 액정을 형성하는 화합물들의 분자구조를 이해하는 데에서 이루어졌다. 두 독일 물리학자인 W. Maier와 A. Saupe가 액정상의 형성에 대해 분자들의 전하가 분리되어 있다는 가정이 없는 미시적인 이론을 제창하였다. 이 마지막 결과의 중요성은 강조되어야 할 것이다. 액정 연구가들은 처음으로 각 분자들의 실제 특성을 출발점으로 하여 액정상의 거동을 예측할 수 있는 이론을 가지게 되었다. 또한 액정성 물질이 온도, 역학적 변형, 전자기 복사나 화학적 환경에 있어 극히 작은 변화를 감지할 수 있는 능력을 갖는다는 것이 분명하게 되었다 ; 따라서 수많은 가능한 응용을 위한 문이 열리게 되었다. 1968년 RCA의 두 과학자들은 액정의 얇은 층이 전압이 인가되었을 때 혼탁한 상태에서 맑은 상태로 전환(switching)하는 능력이 있다는 것을 보여 주었다. 비록 이것이 최초의 액정 디스플레이(liquid crystal display: LCD)기는 하지만, 아주 높은 전압이 요구되고 많은 전력을 소비하여 디스플레이의 질은 별로 좋지 않았

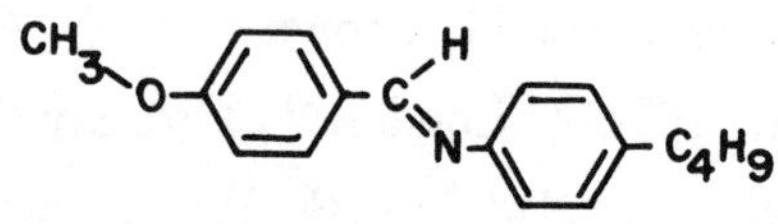

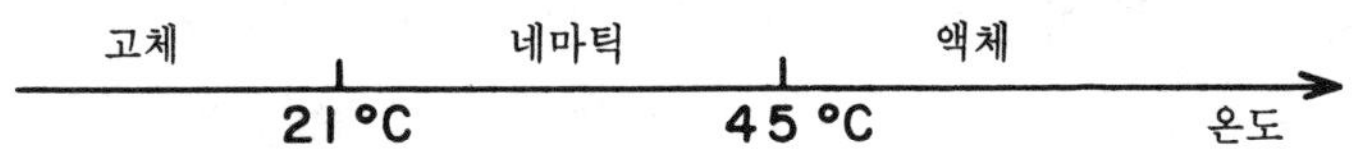

그림 2·2 상온에서 상당히 안정한 최초의 액정인 *p*−methoxybenzylidene −*p*−*n*−butylaniline(MBBA)의 상 도표와 분자구조

다. 그 바로 3년 후 스위스에서 일하던 두 과학자들과 미국의 한 과학자는 전압을 인가하면 액정시편(cell)이 맑은 상태에서 어두운 상태로 변할 수 있다고 보고하였다. 낮은 전력 소비와 함께 이 디스플레이의 향상된 질로 인해 응용가치가 있게 되었다. 그 후 10년이 못미처 극히 적은 전력을 요구하는 액정 디스플레이들이 손목시계나 계산기와 같은, 전지로 작동되는 장비의 제조업자들에 의해 사용되었다.

아마도 이 기간 중의 가장 중요한 진보는 상온에서 상당히 안정한 최초의 액정물질인 *p*−methoxybenzylidene−*p*−*n*−butylaniline(MBBA)의 합성이다. 이 MBBA의 상들은 그 분자구조와 함께 그림 2·2에 나타나 있다.

기초과학의 진보와 새로운 기술적 개념이 결합하게 되어 이 분야에서의 연구가들의 수가 폭발적으로 증가하게 되었다. LCD만의 영역에서 적어도 ·서로 다른 여섯 가지 유형의 디스플레이들이 개발되었고, 그중 일부는 카이랄 네마틱과 스멕틱 액정들을 포함하고 있다. 해마다 연구논문들이 간행물들로 가득 차기 시작했고, 새로운 응용들이 정기적으로 나타났다. 액정연구에 대한 학회의 참석자가 1960년대 초기에는 약 50명 수준이었으나 1980년대 후반에는 거의 700여 명에 이를 정도로 성장했다. 액정을 연구하는 물리학자, 화학자, 공학자들의 그룹들이 세계 전역에 걸쳐 주요 대학과 기업 연구소에 형성되었다. 이 기간은 분명하게 액정연구에서 가장 흥분된 시기였으며 액정에 대한 상세한 지식의 많은 부분이 이때 이루어진 연구에서 축적되었다.

액정의 연구는 분자들이 어떻게 집합적으로 행동하고 분자구조가 어떻게 이러한 행동에 영향을 미치는가에 대해 우리가 점차 이해하는 데 중요한 역할을 해오고 있다. 새로운 액정 화합물들을 합성하는 화학자들은 일반적으로 유기합성에 대한 우리의 이해를 도와주었다. 액정은 다른 물질들을 면밀히 조사하기 위한 용매나 매질로서도 사용되어 왔다. 이러한 집중적인 연구활동은 손목시계, 계산기, 탁상시계, 전화기, 카메라, 사무용 기기, 개인용 컴퓨터, 소형 텔레비전, 자동차 계기판, 맑은 상태에서 불투명한 상태로 변할 수 있는 유리창 등에 사용되는 액정 디스플레이를 만들어 내었다. 다른 응용들로는 액정 온도계와 온도 감지 필름, 고강도 액정 중합체, 원유 채굴 산업용 활성제 등을 포함하고 있다. 또한 액정상에 대한 우리의 이해가 진보함에 따라 세포막, 겸상세포(sickle-cell) 빈혈증, 동맥 경화증과 같은 질병에 대한 이해에도 공헌하고 있다. 이러한 많은 중요한 공헌들에 대해서는 앞으로의 장들에서 충분히 논의할 것이지만 더욱 많은 새로운 발전들이 미래의 과학자들과 공학자들에 의해 이루어질 것으로 확신한다.

제 3 장
전기장과 자기장에 의한 효과

전기장과 자기장에 대한 액정의 반응은 아마도 미묘한 자연의 물질상을 가장 잘 예시한 것일지도 모른다. 고체, 액체, 그리고 기체들은 전자기장에 대해 반응을 하기는 하지만, 매우 강한 세기의 장이 인가되어도 아주 작은 반응을 보일 뿐이다. 그에 비하면, 액정은 비록 전자기장이 작더라도 상당한 구조적 변화를 가지고 반응한다. 이 장에서는 먼저 액정이 전자기장에 대해 미묘하게 반응하는 이유를 기술하여 그 효과들을 살펴보고, 더 나아가 이러한 반응을 초래하는 많은 방법들을 논의할 것이다.

3·1 비등방성

액정이 비록 유체라 할지라도, 분자들이 평균적으로 공간에서 어떤 일정한 방향으로 정렬한다는 사실은 이 상의 성질에 엄청난 효과를 가지고 있다. 이것을 이해하기 위한 가장 좋은 방법으로 먼저 액체의 경우를 생각하자. 액체상(혹은 기체상)에서 완전히 무질서한 분자운동은 공간에서의 모든 방향이 동등한 상을 만들게 된다. 다시 말하면, 공간의 어떠한 방향에서 관측된 물리적인 양은 또 다른 방향에서 관측되었을 때와 동일한 값을 가진다는 것이다. 예를 들어, 음파가 액체 속을 진행한다고 가정하자. 만약 액체 속을 통해 음파가 나아갈 때 어떻게 그 세기를 잃게 되는지 측정하면, 음파의 진행방향에 무관하게 동일한 해답을 얻게 된다. 방향에 무관하게 동일한 결과를 얻게 되는 그러한 성질을 '등방성(isotropy)'이라고 부르며, 이러한 성질을 가지는 상을 '등방상(isotropic phase)'이라고 한다. 모든 액체와 기체들은 등방적이다.

액정상에 대해 상상해 보면, 그 상은 등방적이지 않다는 사실을 쉽게 깨달을 수 있다. 한 액정 내의 각 점에서 분자들은 다른 어떤 방향보다도 어느 특정한 한 방향을 따라 더 많은 시간을 보냄으로써 그 주어진 방향을 정의할 수 있다. 액정에서 이러한 방향, 즉 '방향자(director)'를 따라 진행하는 음파는 그 진행 방향을 따라 배열되려는 분자들을 만나는 반면, 다른 방향으로 진행하는 음파는 그 진행 방향에 평균적으로 어떤 각을 이루고 있는 분자들을 만나게 된다. 각각의 분자집단은 분자들의 장축 방향에 대한 상대적인 음파의 진행방향에 따라 서로 다르게 반응하기 때문에, 방향자를 따라 진행하는 음파는 다른 방향으로 진행하는 음파와는 다른 방법으로 그 세기를 잃게 될 것이다. 이러한 두 가지 경우에 있어서 어떻게 음파가 그 세기를 잃는지는 액정을 구성하고 있는 실제 분자에 달려 있다. 전형적으로 음파가 방향자와 같은 방향으로 진행할 때 더 짧은 거리에서 그 세기를 잃게 된다. 이러한 성질을 '비등방성(anisotropy)'이라고 부르고, 따라서 액정상은 '비등방적(anisotropic)'상이라고 불린다.

　　대부분의 사람들에게 고체와 액체의 차이는 명확하다. 고체는 '단단한' 것이고, 액체는 흐를 수 있다는 것이다. 이러한 구별만큼 간단하게 한 범주나 다른 범주에 쉽게 둘 수 없는 물질도 있다. 예를 들어, 어떤 플라스틱들은 아주 천천히 흘러서 짧은 시간 동안의 관측으로는 그것이 흐르지 않는다는 결론에 도달할 수도 있나. 그러나 그것을 고체로 구분하는 것은 잘못이다. 비등방성은 액체와 고체를 구별하는 데 이용되는 하나의 성질이다. 비등방적인 액체는 없기 때문에 비등방 물질은 (액정이 아니라면) 모두 고체라야만 한다. 그러나 등방적인 고체도 있기 때문에 비등방성과 고체 사이의 대응이 완벽하게 일치하지는 않는다. 한 물질이 액체인지 고체인지를 구분하는 몇 가지 기준을 사용함으로써, 과학자들은 정상적으로 행동하지 않는 그러한 물질들을 더

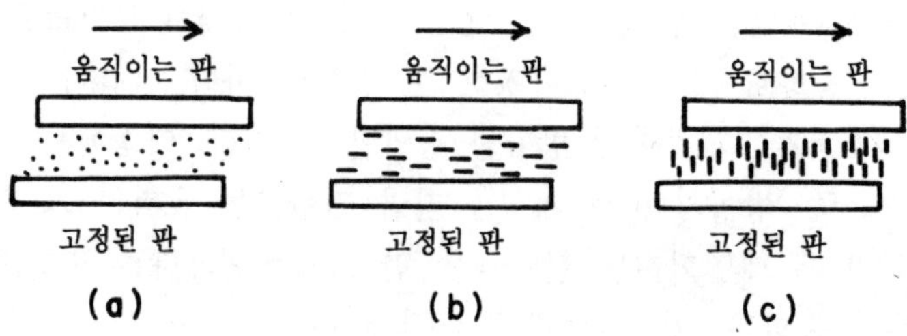

그림 3·1 액정의 비등방성 실험. 액정을 사이에 둔 두 개의 판들 중 윗판
이 아래 판 위로 미끌어지는 데 요구되는 힘은 방향자가 지면을 향하고 있
는 (a)의 경우나 운동방향과 나란한 (b)의 경우가 방향자가 위나 아래로
향하는 (c)의 경우보다 작다.

욱 성공적으로 취급할 수 있다. 비등방성은 액정과 고체 모두가
공유하는 가장 중요한 특성이다. O. Lehmann은 빛이 이 '새로운
물질(new subtance)'이 마치 비등방 고체처럼 상호작용하는 것
에 주목하여 이 사실을 인식하게 되었다. 어떠한 액체도 그와 같
은 행동을 할 수가 없다.

그 비등방성 자체는 많은 물리적 성질들을 보면 분명해진다.
외부의 전기장 또는 자기장이 액정에 인가되었을 때 이 액정상
은 그 외부의 장이 방향자와 평행한지 혹은 어떤 각을 갖는지에
의존하여 달리 반응한다. 빛은 전자기파기 때문에 어떻게 빛이
액정을 통해 전파되어 가는지도 방향자의 상대적인 방향에 달려
있다. 한 가지 아주 다른 예가 액정의 역학적 성질에 대한 것이
다. 어떤 액정을 두 개의 평평한 판 사이에 두고, 한 개의 판이
다른 판 위를 미끄러지는 데 필요한 힘을 측정한다고 상상해 보
자. 그림 3·1에 보여주듯이, 액정의 방향자는 판과 운동방향에
상대적인 세 가지 서로 다른 방향으로 향할 수 있다. 그 판들이
서로 미끄러지는 데 필요한 힘은 각각의 경우가 서로 다르며,
(a)와 (b)의 경우는 거의 같은 반면, (c)의 경우는 훨씬 더 크

다. 그러한 효과는 두 개의 판 사이에 있는 액체의 경우에는 존재하지 않는다. 만약 이러한 상황이 여러 개의 통나무가 좁은 강을 흘러 내려갈 때 일어나는 현상과 유사하다는 것을 인식한다면, 위의 결과를 납득하는 것이 그리 어렵지 않다. 통나무들이 강 하류로 향해 있다면, 그들이 강을 가로질러 흐를 때 생기는 문제들을 전혀 겪지 않고 흐를 것이다. 이 두 경우들이 바로 액정에서는 (b)와 (c)라고 볼 수 있다. 액정에서 (a)의 경우에 대한 비유는 불가능하며 그 이유는 물에 떠다니는 통나무들이 스스로 수직하게 정렬하는 경우는 거의 없기 때문이다.

3·2 전기장

전기란 대전된, 즉 전하를 가진 물체들과 연관된 현상이다. 우리 모두가 알고 있듯이 그러한 물체들의 전하는 두 가지 종류 (양과 음)로 나타난다. 반대의 전하끼리는 서로 당기고 같은 전하끼리는 서로 밀어낸다. 대전된 두 물체가 이러한 힘을 경험하기 위해 접촉해 있어야 할 필요는 없다; 어느 정도 거리를 두고 떨어져 있는 대전된 두 물체는 서로 당기거나 밀게 되는데, 이때 두 물체 사이의 거리가 증가할수록 그 힘의 세기는 감소한다. 과학자들은 하나의 대전된 물체가 또 다른 대전된 물체에 의혜 힘을 받는다는 사실을 기술하기 위해서 '전기장(electric field)'의 개념을 사용한다. 이 전기장의 개념은 상당히 간단하다. 공간의 한 점에 있는 대전된 단일 물체를 생각하자. 만약 대전된 두번째 물체를 그 물체에 가까이 두게 되면, 두 물체들 사이에 전기력이 발생한다. 대전된 첫번째 물체의 존재로 인해 그 주위 공간이 어떠한 형태로든 바뀌게 된다. 그 이유는 대전된 두번째 물체가 그

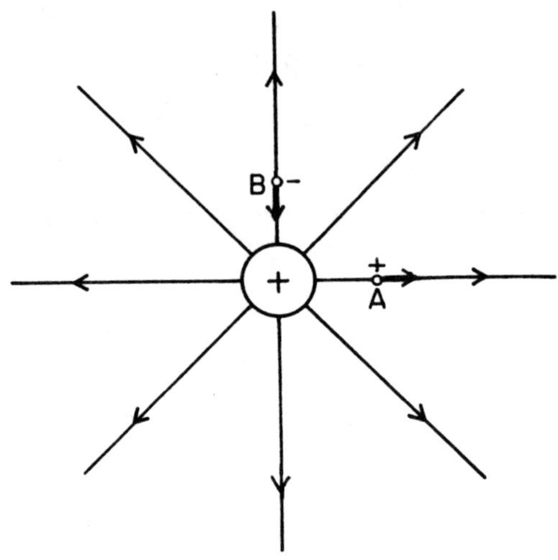

그림 3·2 양으로 대전된 물체 주위의 전기장. 전기장 선들은 바깥쪽으로 뻗어 있는 반면 가까이 있는 대전된 물체에 작용하는 힘은 전기장 선들을 따라서(양으로 대전된 물체에 대해서는 바깥쪽으로, 음으로 대전된 물체에 대해서는 안쪽으로) 존재한다.

공간에 놓여 있다면, 첫번째 물체의 존재여부에 따라 다르게 행동하기 때문이다. 공간이 변화된다는 사실을 기술하기 위해서 대전된 첫번째 물체가 그 주위에 전기장을 형성한다고 말한다. 대전된 두번째 물체가 이 전기장 속에 위치할 때 힘이 작용하게 된다. 따라서 우리는 이 현상을 두 단계로 나누어 생각할 수 있다. 우선 대전된 첫번째 물체가 전기장을 형성하게 되고 바로 이 전기장이 대전된 두번째 물체에 힘을 미치게 된다. 전기장의 개념이 상당히 인위적인 것처럼 보일 수도 있지만, 어떤 조건하에서는 대전된 물체를 제거한 후에도 생성된 전기장이 계속 존재하기도 한다. 그러므로 전기력이 가시화되는 것 이상으로 전기장의 개념 또한 어떤 타당성을 갖게 된다고 결론을 지을 수도 있다. 사실상 이러한 (장과 힘을 연관짓는) 접근방법은 전기력만 아니라 자연의 모든 기본적인 힘들을 성공적으로 기술함으로써, 지난 100여 년 동안 대단히 유용하게 사용되었다. 주목해야 할 점은 전기력이 거리에 따라 약해지기는 하지만 영(0)이 되지는 않기 때문에 대전된 단일 물체에서 생성되는 전기장은 무한대로까지 확장된다. 따라서 우리 모두는 우주 전체를 통해서 대전된 물체들에 의해 생성된 전기장 속에서 살고 있는 것이다.

공간상의 어떤 한 점에서의 전기장은 그와 연관된 방향성을 가지게 된다. 관습상 그 방향은 양으로 대전된 '시험(test)' 물체가 경험하게 되는 힘의 방향으로 정의된다. 전기장과 평행한 선들을 그린다면, 전기장을 묘사하는 도식적인 그림을 그릴 수 있다. 그러한 도식이 그림 3·2에 나타나 있다. 전기장의 방향이 가는 선들 위에 있는 화살표로 표현되어 있다. 점 A에 있는 양의 전하와 점 B에 있는 음의 전하가 경험하는 힘의 방향이 두 개의 굵은 화살표로 나타나 있다. 따라서 여러 가지의 전기장이 대전된 물체들을 서로 가까이 가져옴으로써 공간의 한 부분에 생성될 수가 있다.

3·3 전기장 내에서의 분자들

전기장이 분자들에 인가되었을 때, 서로 다른 종류의 분자들은 서로 다른 힘들을 경험하게 된다. 분자가 양으로 대전된 경우는 전기장과 같은 방향으로, 음인 경우 전기장과 반대 방향으로 힘을 받게 된다. 이 힘은 그 두 가지 방향들 중 하나를 따라서 분자들을 움직이려는 경향이 있다.

대부분 액정 분자들은 중성원자로 이루어져 있기 때문에 대전

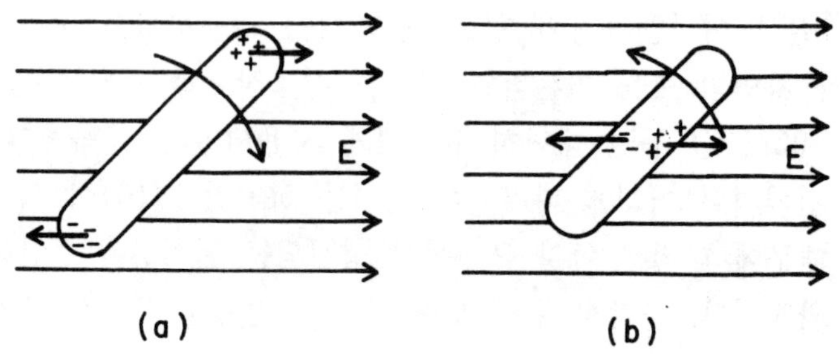

그림 3·3 전기장에 의한 전기 쌍극자의 배열. (a)의 경우는 쌍극자가 분자의 장축으로 향하는 반면 (b)의 경우는 장축에 수직이다. 전기장의 존재로 인해 분자가 회전하게 되고 휘어진 화살표들로 보여주고 있다.

되어 있지 않다. 그러나 때때로 분자를 이루는 원자들 사이의 결합은 분자의 한 부분을 약간 양으로, 다른 부분은 같은 정도로 약간 음으로 만든다. 이렇게 양전하와 음전하가 조금 분리된 것을 '영구 전기 쌍극자(permanent electric dipole)'라고 한다. 전기장이 인가되어 있지 않으면 비록 액정의 방향질서도가 존재한다 할지라도 액정 분자상의 영구 전기 쌍극자는 정렬되지 않는다. 왜냐하면, 이러한 분자는 방향자를 따라서 양으로 대전된 끝이나 음으로 대전된 끝이 모두 같은 확률을 가지고 정렬하려는 경향이 있기 때문이다. 이 경우는 바로 분자를 따라 전하가 분리되어 있으며, 전기장이 없을 때는 주어진 방향으로 향하는 양과 음의 끝을 가진 분자의 개수가 서로 동일하게 존재한다. 마찬가지로 분자를 가로질러 존재하는 영구 전기 쌍극자의 경우에는 방향자에 수직한 어떤 방향으로도 향할 수 있을 것이다.

그러나 전기장이 인가되면 상황은 매우 달라진다. 그림 3·3에서 볼 수 있듯이, 분자의 대전된 부분들은 서로 반대의 힘을 받게 된다. 하나의 분자에 작용하는 그 두 가지 힘들은 분자를 한 방향으로 움직이도록 하는 것이 아니라 오히려 양과 음의 부분들이 전기장과 나란히 정렬할 때까지 분자를 회전시키려고 한다. 이것이 바로 분자 내에서 전하의 분리가 어떠한 형태로 일어나는가에 따라 분자가 전기장에 평행하게 또는 수직하게 정렬하는지를 말해 주는 것이다. 전기장의 세기가 증가할수록 특정한 방향으로 분자를 정렬하려는 힘 또한 증가한다.

많은 액정 분자들에 있어서, 원자의 결합은 어떤 형태로든 전하의 분리가 전혀 일어나지 않는다. 이러한 분자들은 전기장에 대해 또 다른 세번째의 방법으로 반응한다. 전기장이 모든 원자의 전하(양의 핵들와 음의 전사들)에 힘을 가하기 때문에, 전기장에 의해 양의 전하들은 어떤 한 방향으로, 음의 전하들은 또 다른 (반대)방향으로 약간 이동하는 일이 가능해진다. 이것이 전기 쌍극자를 만들게 되지만 전기장이 있을 때에만 존재한다. 그러한 쌍극자를 '유도 전기 쌍극자(induced electric dipole)'라고 부르며 영구 전기 쌍극자에 비해 훨씬 약하다. 그러나 유도 전기 쌍극자는 전기장 내에서 영구 전기 쌍극자와 마찬가지의 힘을 받게 되고 따라서 분자의 양과 음의 부분들이 전기장을 따라 정렬하려고 한다.

일반적으로, 액정 분자들은 분자의 장축에 평행하거나 수직한 방향으로 영구 혹은 유도 전기 쌍극자들을 보유할 수 있다. 이러한 분자는 위의 두 가지, 즉 평행하거나 수직한 전기 쌍극자들 중 큰 쪽이 전기장을 향하는 방법으로 정렬하게 된다.

3·4 전기장 내에서의 액정 분자

각 분자들 하나하나가 전기장에 어떻게 반응하는가를 안다면, 액정상에서의 분자들이 어떻게 행동할 것인지를 이해하기는 어렵지 않다. 만약 개개의 분자가 전기장을 따라 분자의 장축방향으로 정렬하게 된다면, 전기장은 액정의 분자들을 전기장과 평행하게 만들 것이다. 이때 방향 질서도는 전기장이 없을 때보다 특별히 더 크지는 않고, 단지 차이가 있다면 전기장의 방향으로 액정의 방향자의 방향이 바뀌었다는 것뿐이다. 각 분자가 전기장에 수직하게 정렬하려는 성질을 가지고 있다면, 전기장은 액정의 방향자를 전기장에 수직한 방향으로 바꿀 것이다. 액정의 방향자는 보통 어느 방향으로 향해 있어도 상관이 없기 때문에 액정의 방향자를 바꾸는 데 필요한 전기장의 세기는 그리 크지 않다. 이러한 경우를 고체나 기체의 경우와 비교해 보자. 영구 또는 유도 전기 쌍극자를 가진 분자들이 그들이 존재하고 있는 상(phase)에 무관하게 전기장의 방향을 따르려 한다는 것은 분명한 사실이다. 그런데 액체에서는 분자의 무질서한 운동이 방향성을 가지려는 성질보다 더 크다. 따라서 그 상에서는 분자를 일정한 방향으로 향하게 하기 어렵다. 고체에서는 분자들간의 결합이 강해 어떠한 방향의 변화도 쉽지 않아 전기장에 의한 분자의 정렬은 있을 수 없다. 이에 반해 액체에서처럼 방향을 바꾸기도 하지만, 고체에서처럼 분자들간의 방향 질서도를 유지하는 액정 분자의 자유도는 전기장에 대해 각양각색의 반응을 보여준다.

전기장에 대한 액정의 반응을 볼 수 있는 또 하나의 방법이 있다. 그릇의 한 부분에 대해 액정의 방향자가 어느 일정한 방향으로 향해 있는 액정의 시편을 고려해 보자(뒤에 우리는 그렇게 배열할 수 있는 방법에 대해 논의할 것이다). 전기장이 방향자와 같은 방향으로 걸린다면, 분자의 장축에 나란한 각 분자의 전기 쌍극자는 그 액정시편이 하나의 큰 전기 쌍극자를 이루도록 할 것이다. 이 사실을 쉽게 설명하면 다음과 같다. 다소 아래 위로 향해 있는 막대 모양의 분자들의 집합을 생각해 보자. 전기장이

방향자 방향으로 걸리면 양으로 대전된 끝은 위쪽으로, 음으로
대전된 끝은 아래로 향한다. 그 시편의 내부에서는 양으로 대전
된 끝과 음으로 대전된 끝은 서로 그 효과가 상쇄된다. 따라서
그 시편의 가장 위쪽은 양으로 대전된 상태가 되고, 밑바닥은 음
으로 대전된 상태가 된다. 그 시편 꼭대기의 양전하와 밑바닥의
음전하로 인해서 액정은 그 자체가 하나의 큰 전기 쌍극자가 된
다. 전기장의 세기가 그 시편의 크기와는 비례하기 때문에, 과학
자들은 시편의 크기와는 독립적인 양으로 쓰기 위해서 단위 부
피당의 전기 쌍극자를 주로 언급한다. 그 단위 부피당의 전기 쌍
극자를 '전기분극(electric polarization)'이라고 한다.

　　전기장이 방향자에 수직하게 걸린다면(그릇에 의해 방향자
가 고정되어 있음을 상기하라), 분자의 장축에 수직한 전기 쌍극
자는 전기장의 방향으로 향하게 되어 장축에 수직한 방향으로
전기분극을 갖게 된다. 여러 가지 액정에서, 분자의 장축방향으
로 생기는 전기분극의 크기는 인가된 전기장의 크기가 같아도
수직한 방향으로 생기는 전기분극의 크기와는 다를 것이다(이는
또 다른 비등방성의 예이다). 어느 쪽 방향의 전기분극이 더 큰
가는 어느 쪽 방향의 전기 쌍극자가 더 큰가에 달려 있다. 이상
에서와 같이, 분자들이 다른 힘에 의해 속박되어 있지 않다면,
전기장은 전기분극이 더 큰 방향(더 큰 전기 쌍극자를 야기하
는)으로 분자들을 향하게 할 것이다. 두 전기분극의 차가 크면
클수록(다시 말해서, 비등방성이 더 클수록), 더 작은 전기장으
로 액정 분자를 한 방향으로 향하게 할 수 있다.

　또한 액정 분자에 걸리는 전기장이 크면 클수록, 액정 분자의
전기분극도 커진다. 많은 경우 전기장의 세기에 대한 전기분극의
정도는 상수지만, 전기장이 그 방향자에 수평으로 인가된 경우와
수직으로 인가된 경우는 다르다(이때 방향자는 그릇에 고정되어

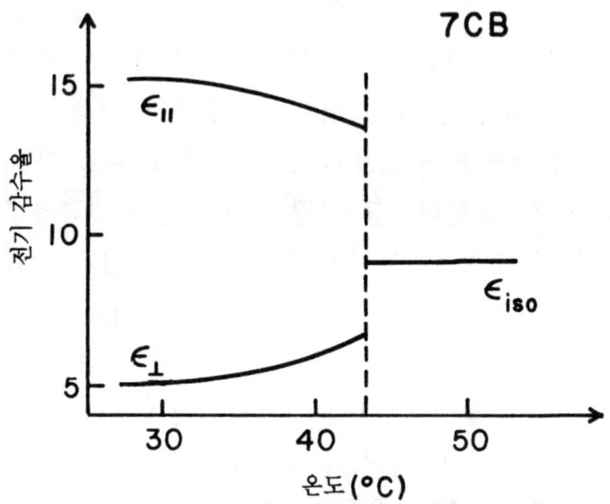

그림 3·4 $4-n-$heptylcyanobiphenyl(7CB) 물질에서 방향자에 평행하거나 수직한 성분의 전기 감수율. 수직한 점선은 네마틱 액정에서 등방성 액체로의 상전이를 나타낸다.

있다). 이 비를 '전기 감수율(electric susceptibility)'이라고 부르고, 이것은 한 물질이 전기장에 의해서 얼마나 잘 분극화되는가에 대한 척도가 된다. 액정에 대한 전형적인 전기 감수율의 그래프가 그림 3·4에 나와 있다. 두 가지 전기 감수율간의 차이는 온도가 증가할수록 떨어지는데 그 이유는 온도가 올라감에 따라 방향질서도가 감소하기 때문이다(그림 1·5를 보라).

3·5 자기장

전하가 움직이고 있는 경우에는 전하들 사이에 생기는 힘을 이해하기가 더 어려워진다. 두 개의 움직이는 전하들 사이에는 전기력뿐 아니라, 전하의 움직임이 만들어 내는 자기력이라고 불리는 한 가지 힘이 더해지기 때문이다. 전기장의 경우와 마찬가지로 두 개의 움직이는 전하는 자기력을 받는데, 그 힘의 세기는 거리가 증가할수록 감소한다. 이 힘이 먼 거리에서 어떻게 작용하는가를 기술하기 위해서, 과학자들은 다시 장의 개념을 사용한다. 즉 움직이는 전하는 그 주위에 '자기장(magnetic field)'을 생성하는데, 또 다른 움직이는 전하가 이 자기장 속에 들어오면 자기력을 받는다. 전기장의 경우와 마찬가지로 이 자기장의 개념도 자기장을 만들어 낸 움직이는 전하가 더 이상 존재하지 않아도 자기장은 '그 자체로서' 계속 존재할 수 있기 때문에 자연을 실제적으로 묘사한다고 할 수 있다.

전하가 전기장과 자기장의 두 가지 장을 모두 만든다는 사실로부터 유추할 수 있듯이, 전기와 자기는 서로 밀접한 연관이 있다. 그 두 가지 현상은 매우 유사하다. 반대되는 전기효과를 내는 두 종류의 전하가 있듯이, 어떤 한 방향으로 움직이는 양전하와 그 반대 방향으로 움직이는 양전하가 서로 반대되는 자기효과를 일으킨다. 마찬가지로 같은 방향으로 움직이는 양전하와 음전하도 역시 서로 반대되는 자기효과를 일으킨다. 그래서 전기의 경우와 마찬가지로, 자기에서도 두 종류의 움직이는 전하만 고려된다.

이제 전기와 자기 사이의 한 가지 중요한 차이를 살펴보자. 어떤 시간 동안 존재하는 자기장을 만들기 위해서, 전하는 그 시간 동안 계속 움직여야 한다. 전하가 계속 움직이려면, 가상적인 '회로(circuit)' 안에 있는 한 소자로부터 에너지를 지속적으로 공급받으면서 어떤 고리 주위를 돌아야 한다. 그러나 전하가 한 방향으로만 계속 움직여 가는 이론적으로 가장 간단한 자기 상황을 만들기란 불가능하다. 대신에, 작은 고리에서 움직이는 전하가 만들어 내는 자기효과를 출발점으로 생각해야 한다. 그러한

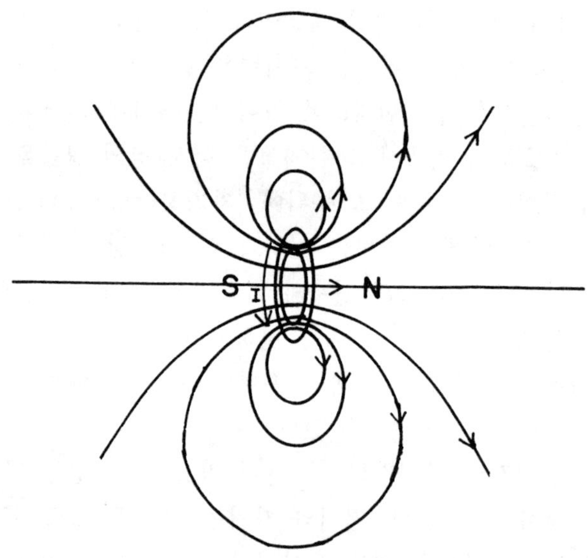

그림 3·5 움직이는 전하 주위의 자기장. 양전하가 움직이는 방향이 화살 표로 나타나 있고(I로 표시됨), N극과 S극은 각각 N과 S로 표시되어 있다.

고리에 대한 자기장의 도해가 그림 3·5에 나와 있다. 그림에서 자기장을 나타내는 선들은 그림 3·2의 전기장을 기술하기 위한 선들과는 다름을 쉽게 알 수 있다. 과학자들은 고리로부터 자기 장의 선들이 뿜어져 나오는 고리의 오른편을 N극이라 표시하고, 고리 안으로 자기장의 선들이 빨려 들어가는 고리의 왼편을 S극 이라 표시한다. 보통의 막대자석은 고리의 연속체로 생각할 수 있다. 자기장의 선들은 한 묶음의 고리의 한쪽 끝(N극)으로부터 나오며, 반대쪽 끝(S극)으로 들어간다.

자기의 기본 '단위'가 한 개의 고리 주위를 흐르는 전하라는 사실로부터 자기의 상호작용과 전기의 상호작용은 서로 구별된 다. 자기장 내에서 움직이는 전하의 고리는 순수 힘을 받지 않는

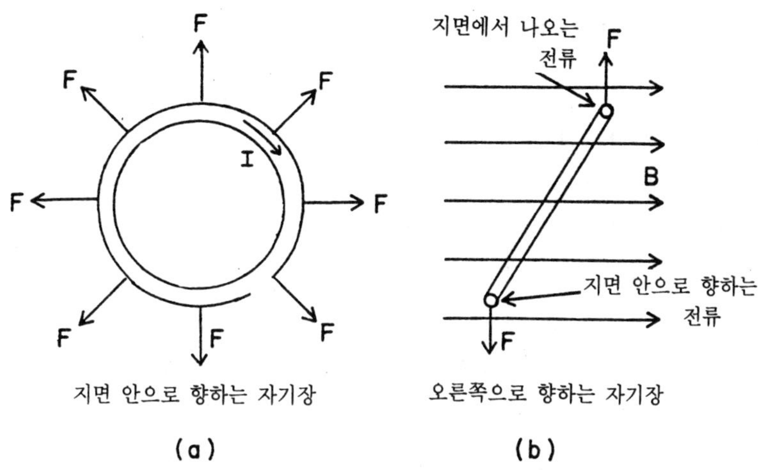

그림 3·6 자기장 내에서 움직이는 전하가 받는 힘. 양전하가 움직이는 방향이 I로 표시된 화살표에 나타나 있다. (a) 장의 방향으로 고리의 넓은 면이 향하는 경우 고리에 작용하는 힘은 서로 상쇄되지만 (b) 그렇지 않은 경우는 상쇄되지 않아 장의 방향으로 고리의 넓은 면이 향한다.

다. 그 이유는 고리를 따라 흐르는 전하는 원운동을 하기 때문에 모든 방향을 다 가질 수 있으므로, 그 고리의 각각의 부분들은 힘을 받을 수 있지만, 전체로 보면 그 고리에 미치는 힘의 합은 영(0)이 된다[그림 3·6(a)를 보라]. 그러나 그 고리가 자기장에 대해서 '넓은 면'으로 마주 보고 있지 않은 경우에는, 그 고리의 각각의 부분들에 미치는 힘들은 '넓은 면'을 자기장의 방향으로 회전시키려고 한다. 이 효과가 그림 3·6(b)에 나와 있다. 이러한 상황은 전기장 내에서의 전기 쌍극자에 대해 일어나는 일과 유사하다. 실제로, 움직이는 전하의 한 작은 고리를 종종 '자기 쌍극자(magnetic dipole)'라고 부른다.

3·6 자기장 내의 분자와 액정

우리의 이해를 돕기 위해 움직이는 전하의 큰 고리를 예로 들었지만, 자연계에는 원자 규모로 움직이는 전하의 고리가 존재한다는 것을 이해해야 한다. 한 원자의 핵 주위를 도는 음전하를 띤 전자들은 작은 고리를 움직이는 전하와 같이 행동한다. 어떤 원자의 전자들은 고리를 끝없이 돌면서 영구 자기 쌍극자처럼 행동한다. 이러한 원자들은 영구자석을 만드는 데 사용된다. 액정 분자 내의 원자들은 보통 이런 형태를 띠지 않고, 전기의 경우와 같이 분자에 자기장이 걸렸을 때 분자 내의 몇몇 전하들을 움직이는 전하의 작은 고리처럼 행동하게 한다. 이런 일이 일어나면 분자는 '유도 자기 쌍극자(induced magnetic dipole)'를 갖게 되고, 이런 쌍극자는 N극과 S극을 자기장과 나란하도록 만들려는 경향을 가진다. 한 분자를 구성하는 원자들의 종류와 그 원자들이 분자에 어떻게 속박되어 있는가에 따라 각 분자의 유도 자기 쌍극자가 구별된다. 전기분극의 경우와 마찬가지로 유도 자기 쌍극자는 분자의 장축에 대해서 평행한 경우와 수직한 경우 두 가지가 모두 가능하다. 그러므로 액정 분자들은 자기장에 평행하거나 수직하도록 정렬된다.

전기장의 경우와 같이, 자기장의 존재는 액정시편이 그 자체가 하나의 커다란 자기 쌍극자를 가지도록 한다. 액정의 단위 부피당의 자기 쌍극자들을 '자기화(magnetization)'라 한다. 전기장의 경우와 비슷하게 그릇에 의해서 위치가 고정되어 있는 방향자에 평행하게 걸려 있는 자기장은 방향자 방향으로 어떤 크기의 자기화를 형성한다. 그것에 비해 방향자에 수직하게 걸려 있는 자기장은 다른 크기의 자기화를 수직한 방향으로 형성한다. 이것은 액정의 비등방성에 대한 또 하나의 예이며 분자의 장축

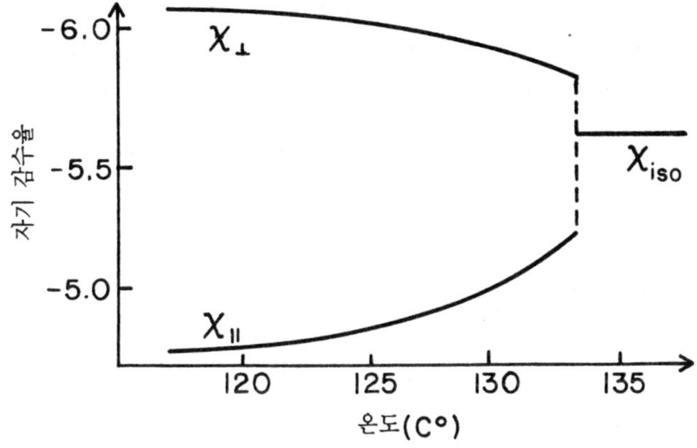

그림 3·7 p-azoxyanisole(PAA) 액정에서 방향자에 평행하거나 수직인 성분의 자기 감수율. 수직한 점선은 네마틱 액정에서 등방성 액체로의 상전 이를 나타낸다.

에 평행하게 또는 수직하게 유도된 서로 다른 자기 쌍극자에 의 해 생긴 것이다. 방향자가 다른 힘을 받지 않는다면, 액정 분자 는 장에 평행한 방향으로 자기화가 생길 수 있도록 정렬한다. 다 시 말해서, 액정의 방향자가 일반적으로 그 그릇에 대해 한 곳에 고정되어 있는 것이 아니기 때문에 방향자는 쉽게 그 방향을 바 꿀 수 있다. 따라서 액정 분자들은 자기장에 대해 매우 민감하여 상대적으로 약한 자기장에 대해서도 방향자의 완벽한 배열을 이 룰 수 있다. 액정의 자기화의 비등방성이 크면 클수록, 방향자를 배열하는 데 필요한 자기장의 세기는 작아진다.

전기장의 경우와 유사하게, 더 높은 자기장의 세기가 더 높 은 자기화를 형성한다. 자기화와 걸어준 자기장의 세기의 비는 보통 상수이며, 그것은 '자기 감수율(magnetic susceptibility)'이 라고 불린다. 액정은 두 가지 자화율을 가진다. 그릇에 대해 방 향자가 고정되어 있다고 가정한다면 하나는 방향자에 평행한 자화율이고, 또 하나는 수직한 자화율이다. 이 둘은 질서 매개변수 (order parameter)가 온도에 따라 어떻게 달라지는가에 의존하기 때문에, 전기 감수율과 유사하게 온도에 따라 액정상에서 변한다. 한 액정에 대한 자화율의 자료가 그림 3·7에 나와 있다.

3·7 액정의 변형

액정의 방향자는 보통 임의의 방향으로 향하고 있지만, 그렇지 않은 경우도 있다. 어떠한 물질을 액정과 접촉하도록 두었을 때, 그것이 액정의 방향자를 어느 일정한 방향으로 배열시킨다는 것을 초기의 과학자들은 알고 있었다. 예를 들면, 유리표면을 적절히 처리함으로써 유리표면 가까이에 있는 액정 분자들이 그 표면에 수평이 되도록 힘을 받게 할 수 있다. 그러면 방향자는 표면에 평행해야만 하며, 전기장 혹은 자기장이 걸려도 이러한 형태를 계속 유지할 것이다. 그러나 표면으로부터 멀리 떨어진 분자들은 이런 힘을 받지 않으므로 전자기장에 반응할 수 있다. 표면에 수직인 장을 걸어주면 방향자는 표면에 인접한 곳에서는 그 표면에 평행하고, 표면에서 떨어진 곳에서는 수직하게 정렬되어 액정은 변형된다. 이런 상황에서는 액정의 변형을 유발시키는 전자기장 효과와 표면의 효과가 서로 경쟁하기 때문에 액정이 전자기장에 어떻게 반응하는가를 이해하기 위해서 우리는 변형에 관한 효과들에 대해 논의해야 할 것이다.

액정 전체를 통해서 방향자가 같은 방향을 향하고 있는 경우가 액정이 변형되지 않은 경우로, 이것은 아무런 다른 영향을 받지 않을 때 액정 내에서의 방향자의 형태이다. 변형된 액정이란 방향자의 방향이 위치에 따라 바뀌는 것을 말한다. 이러한 변

그림 3·8 액정의 변형에 있어서 기본적인 3가지 형태. 모든 경우에 대해서 변형은 지면상에 존재한다. 지면의 안이나 바깥으로 방향자의 변화가 없다.

형은 (1) '퍼짐(splay)', (2) '비틀림(twist)', (3)'휨(bend)'의 세 가지 기본적인 형태로 기술될 수 있음을 과학자들이 발견하였다. 이러한 기본적 변형들이 그림 3·8에 나와 있다. 그림에 나와 있는 세 가지 변형에서 지면의 안쪽 방향 혹은 바깥으로의 방향자 변화는 없다는 사실로부터 이러한 세 가지 기본적 변형들은 오직 2차원적으로만 방향자의 방향이 바뀌는 경우에 해당된다는 것을 알 수 있다. 변형이 복잡한 경우에는, 한 가지 이상의 기본적 변형이 묘사에 이용된다(한 예로, 한 평면에서의 퍼짐과 휨이 동시에 일어난 경우를 들 수 있다).

여러 가지 조건에서 액정이 어떻게 변형되는지를 이해하려면, 변형된 액정을 눌려진 스프링처럼 생각하는 것이 좋다. 마치 스프링을 누르는 데 외부의 힘이 필요한 것처럼, 액정을 변형하는 데에도 외부의 힘이 필요하다. 이 힘이 제거되자마자 액정은 마치 스프링이 정상적인 길이로 돌아오듯이 변형되지 않은 형태로 돌아온다. 스프링을 더 압축하는 데 힘이 더 드는 것과 마찬가지로 액정을 더 변형시키기 위해서는 더 큰 힘이 필요하다. 전기장 혹은 자기장이 액정을 변형시킬 때, 그 장은 액정을 변형시키는 데 필요한 힘을 공급해야 한다.

이 시점에서 한 가지 짚고 넘어가야 할 예외가 있다. 카이랄 네마틱 액정을 만드는 분자들은 서로 이웃한 분자의 방향자를 약간 다른 각도로 향하게 하는 힘을 가지고 있다. 분자들의 이런 질서는 액정에 일정량의 비틀림을 주면서 방향자를 회전하게 만든다. 그러므로 카이랄 네마틱 액정에 있어서 비틀린 형태는 자발적인 것이다. 퍼짐이나 휨, 그리고 카이랄 네마틱 액정에서와 같이 자발적으로 비틀리는 것과는 다른 비틀림을 형성하려면 힘이 필요하다.

3·8 액정의 박막 시편에서의 효과

액정을 연구하기 위해서, 과학자들은 종종 액정을 두 개의 유리판 사이에 넣는다. 이렇게 하면 액정이 한 곳에 계속 고정되어 있게 되고, 많은 양의 빛이 시편을 통과할 수 있게 된다. 이러한 방식은 매우 편한 반면에, 많은 효과들간의 경쟁으로 인하여 액정을 복합적인 방식으로 움직이게 한다. 이런 경우, 액정의 행동에 대해 이해하기 위해서는 전기장 혹은 자기장 효과와 변형 성질을 모두 고려해야 한다.

거의 대부분의 표면에서 방향자가 어떤 특정한 방향으로 향하게 될 정도로 액정 분자의 반응은 매우 민감하다. 예를 들면, 액정을 유리판 사이에 넣기 전에 유리판을 천으로 문질러 주기만 해도 방향자는 문지른 방향으로 힘을 받아 정렬된다.

또 다른 방법은 액정을 넣기 전에 유리판에 화학 약품을 바르는 것이다. 계면활성제라고 불리는 화학약품을 유리판에 바르면, 방향자는 일정한 방향으로 정렬된다. 액정을 넣기 전에 고체 물질을 유리판에 증착하는 것도 방향자를 배열시킬 수 있는 한 방법이다. 요약하면 유리 표면을 적절히 처리하면 거의 모든 방

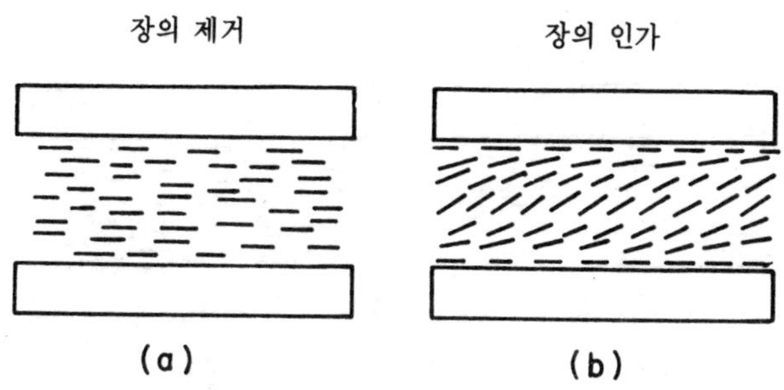

그림 3·9 퍼짐과 휨 구조에서의 프레데릭츠 전이. 유리면의 처리에 의해
액정은 표면에 평행하게 놓이려 하지만, 장은 방향지가 표면에 수직하게 정
렬되도록 한다. 장이 문턱값 이하일 때의 조건이 (a)에 나타나 있고, (b)는
장이 문턱값 이상일 때의 조건이다.

향으로 원하는 방향자 배열이 가능해진다. 여기서의 논의는 유리
표면에 평행한 경우와 수직한 두 가지 경우에 한한다.

　표면에 평행하게 방향자가 배열되도록 처리된 두 유리판 사
이에 네마틱 액정을 넣었을 때 생기는 현상에 대해 고려해 보자.
두 유리판 표면 근처에서는 방향자가 표면에 평행한 방향을 향
하도록 힘을 받는다. 변형되지 않은 형태를 취하기 위해서, 두
유리판 사이의 액정 분자들은 두 표면에서 방향자가 평행하도록
정렬된다. 이러한 배열은 그림 3·9(a)에 나와 있으며 '수평 배
향 조직(homogeneous texture)'이라고 부른다. 이제 방향자를
장의 방향으로 향하게 하려는 전기장 혹은 자기장이 유리 표면
에 수직으로 걸린 경우를 상상해 보자. 표면 가까이의 분자들은
장에 평행하게 되기가 어렵지만 가운데 부근의 분자들은 훨씬
쉽게 장의 방향으로 향할 수 있다. 그러므로 방향자의 변화는 가
운데에서 가장 크고 바깥쪽으로 갈수록 점점 줄어든다. 이 변형
된 구조는 그림 3·9(b)에 나와 있다. 이 변형에서 가장 흥미로
운 측면은 전기장 혹은 자기장의 세기가 조금씩 증가함에 따라

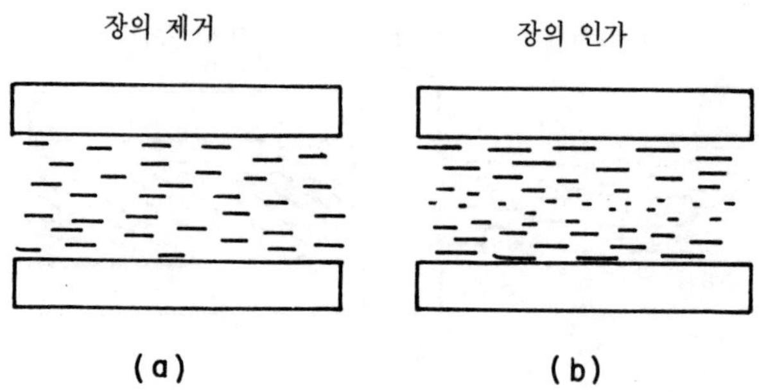

그림 3·10 비틀린 구조에서의 프레데릭츠 전이. 유리면의 처리에 의해 액정은 표면에 평행하게 지면상에 정렬한다. 하지만 장은 방향자를 지면에 수직하게 정렬되도록 한다. 장이 문턱값 이하와 이상일 때의 조건이 각각 (a)와 (b)에 나타나 있다.

변형 또한 같이 증가하는 것은 아니라는 것이다. 어떤 값 이하의 세기를 가진 장에서는, 액정이 전혀 변형되지 않은 수평 배향 조직으로 남아 있다. 그 다음에 장이 어떤 문턱값(threshold value)에 이르면, 변형되기 시작하고 장의 증가에 따라 더 크게 변형된다. 어떤 장의 크기에서 갑자기 변형되는 이런 현상을 1930년대 이 현상에 관해 연구한 러시아 과학자 이름을 따라 '프레데릭츠 전이(Freedericksz transition)'라고 부른다. 프레데릭츠 전이가 일어날 때 액정내의 어느 한 지점에서의 분자 질서도가 다른 지점의 분자 질서도와 동일하기 때문에 프레데릭츠 전이는 상전이가 아니다. 이것은 단순히 단일(균일) 방향자 상태에서 변형된 방향자 상태로의 전이일 뿐이다.

앞의 논의로부터 어떤 요소가 문턱장(threshold field)의 값을 결정하는지 추측할 수가 있다. 전기분극이나 자기화의 비등방성이 방향자가 장을 향하는 정도를 결정하기 때문에, 액정의 비등방성이 크면 클수록 문턱장의 값은 낮아진다. 또한 액정을 변형하는 데 필요한 힘의 크기는 액정에 따라 다르다. 변형에 더 큰 힘이 드는 액정은 문턱장의 값도 역시 높다. 최종적으로, 변형은 액정막의 두께 전체를 통해 연속적으로 발생하기 때문에, 두께가 두꺼우면 두꺼울수록 어떤 한 지점에서의 변형은 작아진다. 막의 중간에서 방향자의 배열이 동일하다는 것은 두께가 두꺼울수록 덜 변형됨을 의미하기 때문에, 시편이 두꺼울수록 문턱장의 값이 낮을 것으로 기대할 수 있다. 처음의 두 가지 매개변수(즉 비등방성 및 변형도)가 액정의 성질임을 유의해 볼 때, 액정을 얇은 막으로 만들면 이 두 가지 매개변수는 결정되고, 단지 두께만이 조정 가능하다.

그림 3·9(b)에 나오는 변형은 퍼짐과 휨을 다 가지고 있다. 유리 표면의 처리를 다르게 하고, 다른 방향으로 전기장 혹은 자기장을 걸어줌으로써 다른 형태의 변형을 만들 수 있다. 또 다른 변형의 한 형태로 그림 3·10에 나와 있는 경우를 생각하자. 역시 방향자는 표면에 평행하도록 처리되어 있지만, 장은 지면의 안 또는 바깥으로 향하게 걸려 있다. 액정 막의 중앙에 있는 분자들은 장 때문에 지면의 안 또는 바깥쪽을 향해 있어서 변형된 상태는 비틀림의 한 종류가 된다. 이것은 그림 3·10(b)에 나와 있다. 비록 변형된 형태는 다르지만, 그 변화는 앞의 것과 거의 다르지 않다. 변형을 일으키는 전기장 혹은 자기장이 어떤 문턱값에 다다르지 않으면 아무런 변형도 일어나지 않는다. 장의 세기에 대한 문턱값은 앞의 것과 같은 요인에 의존하지만, 지금은 퍼짐과 휨의 변형보다는 비틀림의 변형을 만드는 데 필요한 힘이 중요하다.

세번째의 변형으로는 방향자를 유리 표면에 수직하게 배열되도록 처리한 경우를 들 수 있다. 역시, 전기장 혹은 자기장이 걸려 있지 않으면, 액정은 항상 표면에 수직하게 향해 있는 전혀 변형되지 않은 방향자 상태를 유지한다. 이것은 그림 3·11(a)

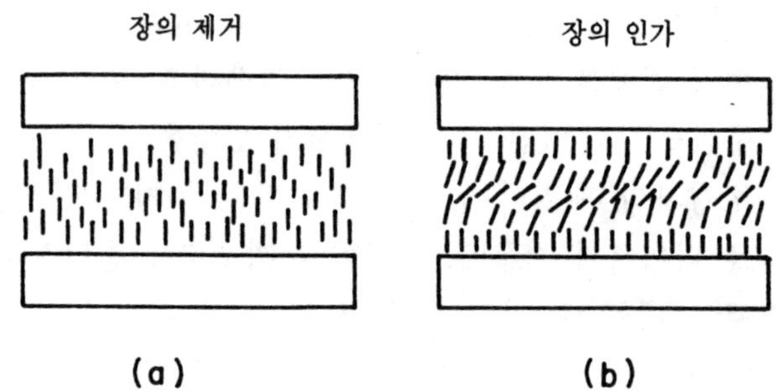

그림 3·11 휨 구조에서의 프레데릭츠 전이. 유리표면의 처리에 의해 액정
은 표면에 수직하게 정렬한다. 그러나 장은 방향자가 표면과 평행하게 정렬
되도록 한다. (a) 장이 문턱값 이하일 때와 (b) 장이 문턱값 이상일 때의
조건이 나타나 있다.

에 나와 있고, '수직 배향 구조(homeotropic texture)'라고 불린
다. 유리 표면에 평행하게 전자기장이 걸리면 중간 부분의 분자
들은 표면에 평행하게 정렬하려 한다. 그 변형된 상태가 그림 3
·11 (b)에 나와 있다. 그런데, 이때의 변형은 순수하게 휨만이
존재함에 유의하여야 한다. 앞의 두 가지의 변형에서와 마찬가지
로, 장의 크기가 문턱값에 다다르지 않으면 아무런 변형도 일어
나지 않는다. 이 문턱값을 결정하는 것은 앞에서와 같이 비등방
성과 막의 두께지만, 이 경우에는 액정의 휨을 만드는 데 드는
힘만 있다는 사실 또한 중요한 요인이 된다. 변형된 상태로의 전
이인 위의 세 가지 경우가 모두 프레데릭츠 전이다.

　　프레데릭츠 전이에서 중요한 것은 전형적인 문턱장의 값이
그리 높지 않다는 것이다. 이것은 액정이 시편 전체에 확산될 때
그 분자가 가지는 상대적 자유도에 기인한다. 25μm(0.001inch)
두께의 막에 대해서, 문턱 전기장은 대략 400V/cm이고, 문턱
자기장은 0.2T 정도가 된다. 이러한 두 장의 세기는 실험실에서
쉽게 얻을 수 있다. 사실상, 유리 표면에 부착된 전극에 1V 정

도만 걸어도 문턱 전기장이 생성된다. 프레데릭츠 전이는 액정막의 광학적 성질을 극적으로 변화시키기 때문에 액정 디스플레이(liquid crystal display : LCD)를 구동하는 데 기초가 된다. 빛이 액정과 어떻게 반응을 하는가는 액정 분야의 가장 흥미로운 주제이자 다음 장에 논의될 내용이다.

3·9 전기장에 의한 유체 역학적 효과

액정이 전기장 혹은 자기장과 얼마나 다양하게 반응하는가의 마지막 예로서 어떤 조건에서 나타나는 액정의 유동성을 들 수 있다. 전기장에 의해 유도된 유체의 운동은 일찍이 몇몇 과학자들에 의해 발견되었지만, 1960년대까지는 잘 이해할 수 없었다. 그 이유는 액정이 비대전체이므로 전기장으로부터 힘을 받아 분자 자체가 움직일 수는 없다는 사실 때문이었다. 즉 전기장이 액정 분자의 방향을 바꿀 수는 있지만, 어떤 한 방향에 대해 분자 전체를 움직이게 하지는 못한다는 것이다. 그러면 도대체 무엇이 액정 분자를 움직여 액정의 유동성이 생기게 하는가?

그 답은 액정 시편에 소량의 대전된 불순물이 존재한다는 데 있다. 전기장은 이런 이온들을 한 전극에서 다른 전극으로 옮겨가게 하는데, 이온들의 이동도는 이온들이 액정 분자의 장축에 대하여 평행하게 움직일 때가 장축에 수직한 방향으로 움직일 때보다 크다. 비록 액정 분자들이 전기장에 수직인 상태를 더 선호하는 경우에도, 어떤 조건에서는 실제로 이온들의 이러한 움직임이 액정 분자들을 전기장에 평행하게 만들 수 있다. 어떤 경우에는 '윌리엄 영역(Williams domain)'이라 불리는 규칙적으로 밝고 어두운 줄무늬가 나타나고 액정 분자들의 이동에 따라 운

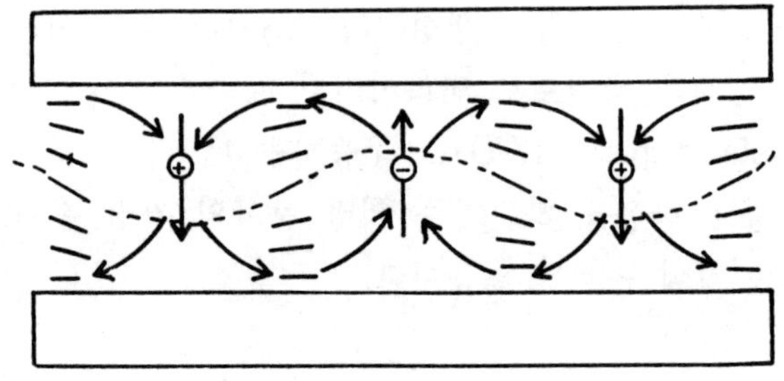

그림 3·12 액정 시료 내에서 윌리엄 영역의 형성. 원으로 표시된 대전된 불순물의 움직임이 화살표 방향으로 액정 분자를 회전시키고, 이 회전은 점선으로 표시된 것과 같이 방향자 배열을 왜곡시킨다. 이는 시편에서 밝고 어두운 띠로 나타난다.

반되어 온 먼지 입자들이 줄무늬를 따라 주기적인 이동을 하는 것처럼 보인다. 이동하는 이온과 액정 분자 사이의 상호작용이 움직이는 음이온들과 양이온들을 약간 떨어지게 만들기 때문에, 이는 좀더 복잡한 상황이 된다. 그림 3·12에 나와 있듯이, 화살표로 표시된 대류(convection) 영역들은 다르게 대전된 이온들(원들로 보이는)의 약한 분리에 대한 반응으로 분자들을 흐르게 한다. 그 대류 영역들은 시편 전체에 걸쳐서 방향자의 규칙적인 변형을 유발하게 되어, 액정내에서 규칙적으로 위치한 각 점들에서 빛이 집중되도록 만든다. 줄무늬를 만드는 것은 바로 이렇게 약간 집중된 빛에 의해서다.

전기장이 충분히 강하면, 그 흐름은 무질서해진다. 더 이상 흐름이 잔잔하고 규칙적이지 않다. 그 대신에 시편 내의 모든 점에서 분자들의 운동은 불규칙하게 변한다. 이러한 운동은 빛을 강하게 산란시켜서, 시편을 더욱 밝고 환하게 만든다. 과학자들은 이러한 현상을 '동적 산란(dynamic scattering)'으로 칭하고, 이것을 많은 유용한 응용에 대한 원리로 사용해 왔다.

제 4 장
빛과 네마틱 액정

액정의 광학적 성질들은 이 상(phase)의 가장 흥미롭고도 아름다운 특성 중의 하나이다. 어떻게 빛이 액정에 영향을 미치는가 하는 것은 모든 액정 응용분야의 기초가 된다. 이 장에서 빛이 네마틱 액정의 시편을 통과해 나갈 때 일어나는 현상에 대해 이해하게 될 것이다. 이것을 위해서, 우리는 먼저 빛 그 자체의 성질들 몇 가지를 논의할 것이다.

4·1 빛

빛은 인류문명 전반에 걸쳐 큰 영향을 미쳐 왔지만, 실제로 빛이란 무엇인가에 대한 이해는 전자기파에 대한 새로운 이론이 제창된 후인 19세기 후반에 와서야 가능해졌다. 전자기장에 대한 논의와 그러한 장이 존재할 때 물질의 반응에 관한 논의는 이와 같은 이론적 개념에 그 기초를 두고 있는 것이다. 아마도 이 이론의 가장 흥미로운 측면은 진동하는 전자기장은 매질이 없어도 공간 속을 통과해 나갈 수 있다는 예측일 것이다. 말하자면, 이렇게 진동하는 전자기장은 절대 진공 속을 진행할 수 있다. 19세기 후반의 과학자들은 이런 예측과 빛의 모든 성질들 사이의 연관성을 알아냈다. 그래서 진행하는 전자기장으로서의 빛, 다시 말해서 '전자기파(electromagnetic wave)'의 개념은 빠르게 널리 받아들여졌다.

그 이론은 전자기파 내의 전자기장은 어떤 특성을 가져야만 한다고 말한다. 가장 간단한 예로 전기장과 자기장은 서로 수직이며, 그 파의 진행방향과 두 장 역시 수직하다는 것이다. 파가 진행할 때 전기장과 자기장은 둘 다 진동한다. 한쪽으로 최대값에 도달한 후, 영(0)을 지나서 반대쪽 최대값에 도달한다. 그러

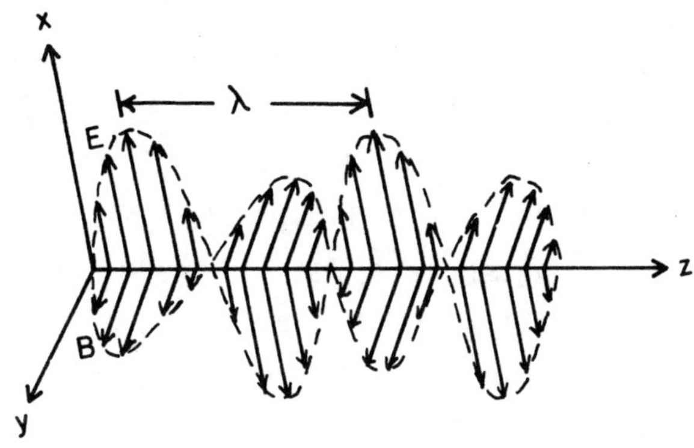

그림 4·1 z축을 따라 진행하는 전자기파의 표현. 전기장은 항상 x축과 평행하고, 자기장은 항상 y축과 평행하다. 파장은 문자 *λ*로 표시되어 있다.

고 나서 다시 영(0)을 지나서 감소한다. 그러한 전자기파가 그림 4·1에 나와 있다. 이는 기준축에 대해 그려져 있는데, z축의 양의 방향으로 파가 진행하는' 동안, 그 파는 x축을 따라 향하는 전기장과 y축을 따라 향하는 자기장을 가진다.

그림에서 명백히 보여주는 전자기파의 두 가지 중요한 특성이 있다. 우선, 매우 규칙적으로 전자기장의 크기가 되풀이된다는 것이다. 이것은 z축으로 일정한 거리를 지나면 전기장 혹은 자기장의 크기가 반복된다는 것을 뜻한다. 이러한 사실은 x축의 양의 방향으로 전기장이 최대값에 도달한 두 곳에 대해서 그림 4·1이 보여 주고 있다. 이 거리는 어떤 파에서나 중요한 특성이 되며 '파장(wavelength)'이라고 부른다. 유사한 형태로 바다의 파도에서 두 개의 연결된 마루간의 거리는 그 파도의 파장이 된다. 그림 4·1에서 파의 전기장이 공간상의 한 방향만을 가리킨다는 사실로부터 두번째 특성을 알아낼 수 있다. 자기장은 전기장에 수직해야 하므로, 자기장도 역시 공간상의 한 방향만을 가리키게 된다. 이런 경우 우리는 그러한 파가 '선편광(linearly polarized)'되어 있다고 말한다. '편광(light polarization)' 방향을 기술함에 있어서, 우리는 편의상 전기장의 방향을 택한다. 즉, 그림 4·1의 파는 x축을 따라 선편광되어 있다. 한 가지 주의할 점이 있다. 3장에서는 단위 체적당 전기 쌍극자를 '시편의 분극(polarization of a sample)'이라고 기술했는데, 이러한 '분극(polarization)'은 시편에 전기장을 걸어 줌으로써 가능했다. 그러나 이 장에서는 빛의 전자기적 성질을 기술함에 있어서 '빛의 편광(polarization of light)'에 관해 말한다. 과학자들이 이 두 현상을 기술하는 데 똑같은 말을 쓰긴 하지만 두 개념은 완전히 별개이다. 모든 경우에 있어서, '편광 혹은 분극(polarization)'이란 말의 적절한 의미는 상황에 따라서 명확하게 구별된다.

　　전자기파의 파장은 수백 마일만큼 길 수도 있고 양성자의 차원보다 짧을 수도 있다. 전자기파의 파장이 다르면 그 행동도 매우 달라지므로 그 파장에 따라 특별한 이름을 붙였다. 예를 들면, 1m가 넘는 파장을 가진 전자기파는 '전파(radio wave)'라고 부른다. '극초단파(microwave)'는 1mm에서 1m 사이의 파장을 가진다. X선은 0.01에서 1nm(1nm는 0.000000001m와 같다) 사이의 파장을 가진다. 우리의 눈으로 감지할 수 있는 것은 400에서 700nm 사이의 작은 파장 영역에 한한다. 즉 이런 영역의 파장을 가진 전자기파들이 우리의 눈으로 볼 수 있는 빛을 만든다. 이런 파장의 영역 내에서, 우리의 눈은 각 파장에 따라 다르게 반응하므로 색에 대한 감각이 생긴다. 420nm 파장의 전자기파는 우리에게 보라색으로 보이고, 470nm의 것은 파랑, 530nm는 초록, 580nm는 노랑, 610nm는 오렌지, 660nm는 빨간색으로 보인다. 우리는 400nm보다 조금 짧거나 700nm보다 조금 긴 파장의 전자기파는 볼 수 없는데, 각각 '자외선(ultraviolet)'과 '적외

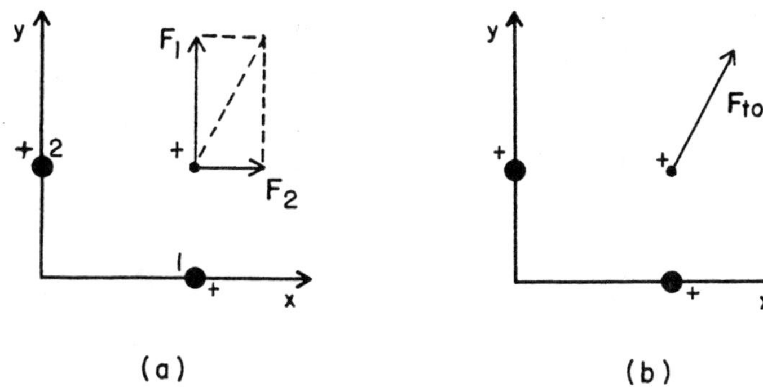

그림 4·2 두 개의 전하(큰점)에 의해 시험전하(작은점)에 작용하는 전기력. F_1은 전하 1에 의한 힘이고, F_2는 전하 2에 의한 힘이다. 전체 힘(F_1과 F_2의 합)은 (b)에 그려져 있다.

선(infrared)'이라고 부른다.

4·2 편광

그림 4·1에 나와 있는 선편광된 파는 어떻게 전자기파(빛)가 편광될 수 있는가 하는 단지 하나의 예에 지나지 않는다. y축에 나란히 선편광된 파는 또 하나의 간단한 예가 될 수 있다. 이 경우 전기장은 언제나 y축에 나란하고 자기장은 x축에 나란하다. 편광의 좀더 복잡직인 예는 x축에 나란히 선편광된 빛과 y축에 나란하게 선편광된 빛이 합성된 경우를 들 수 있다. 우리가 이러한 현상을 이해하기 위해서는 먼저 두 개의 전기장이 동시에 존재할 때 일어나는 일을 고려해야 한다.

전기장의 개념이 실제로는 전기력을 기술하는 방편이라는 것을 상기한다면 우리는 적절한 위치에 두 개의 전하를 두고, '시험(test)' 전하로 불리는 세번째 전하에 미치는 힘을 고려해

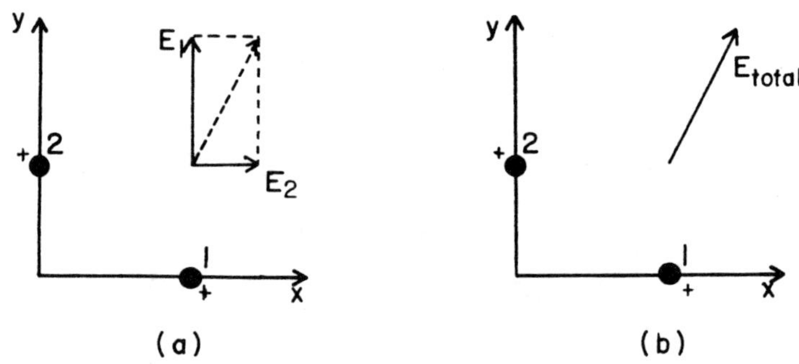

그림 4·3 두 전하에 의한 공간의 한 점에서의 전기장. E_1은 전하 1에 의한 전기장이고, E_2는 전하 2에 의한 전기장이다. 전체 전기장(E_1과 E_2의 합)은 (b)에 그려져 있다.

봄으로써 x축에 나란한 전기장과 y축에 나란한 전기장을 가진 상황을 만들어 낼 수 있다. 그림 4·2(a)에 이러한 상황이 나와 있다. 그림에서 두 개의 화살표는 두 개의 큰 전하가 '시험' 전하에 미치는 두 전기력을 나타낸다. 각각의 큰 전하들이 미치는 힘이 다르므로 화살표의 길이가 다르다. 작은 전하에 미치는 전체 힘은 바로 두 힘의 합이 된다. 물론 전체 힘을 계산하는 데는 두 힘의 방향도 함께 고려하여야 한다. 그러기 위해서 두 가지 힘을 변으로 하는 직사각형을 그려야 한다. 왜냐하면 전체 힘은 대각선을 따르기 때문이다. 이 과정은 그림 4·2(b)에 나타나 있다. 그러므로 작은 전하에 전기장이 걸린 경우, 우리는 작은 전하가 그림 4·2(b)에 나타나 있는 것과 같이 전체 힘의 방향을 따른다고 간단히 말할 수 있다. 왜냐하면 정의에 의해서 전기장의 방향은 전기력의 방향과 동일하기 때문이다.

두 개의 전하가 만들어 내는 힘 이외에도 전기장을 고려함으로써 역시 동일한 결과에 도달할 수 있다. 그림 4·3(a)는 '시험' 전하가 위치한 공간상에서 두 개의 큰 전하 때문에 생긴 전기장을 보여 준다. 화살표의 길이가 다른 것은 두 장의 세기가 다르다는 것을 의미한다. 앞의 전기력의 경우와 마찬가지로 이러한 두 개의 전기장[그림 4·3(b)를 보라]을 이용해서 직사각형을 그릴 수 있다. 따라서, 두 개의 전기장이 x축과 y축으로 나란히 걸려 있을 때, 전체 전기장은 두 개의 장에 의해서 그려진 직사각형의 대각선을 그음으로써 얻을 수 있다.

바로 앞에 기술된 과정은 서로 직각의 방향을 가진 어떤 두 양을 합하는 데 유효하다. 예를 들어서, 여러분이 큰 도시에서 걸어가고 있는 경우를 상상해 보자. 먼저 동쪽으로 네 블록을 간다. 지도상에, 이 걸음은 오른쪽으로 네 블록 길이의 화살표로 표시될 수 있다. 그 다음 북쪽으로 다섯 블록을 간다. 이것은 지도의 위쪽으로 다섯 블록 길이의 화살표로 표시된다. 이 두 '걸음들'의 합은 출발지점에서 도착지점까지를 연결한 화살표로 표시될 수 있다. 이것은 단순히 동쪽과 북쪽을 향하는 화살표로 만들어진 직사각형의 대각선이다. 여러분은 이 대각선으로 표시된 '걸음'이 두 개의 다른 '걸음들'의 합과 실제로 동일함을 증명할 수 있다. 왜냐하면, 여러분이 이런 대각선 '걸음'(빌딩들이 다소의 위험물로 나타나겠지만)을 걸을 수만 있다면, 마침내 동쪽과 북쪽으로의 '걸음들'을 걸은 후와 동일한 위치에 있을 것임을 알기 때문이다. 유사하게 대각선 방향의 전기장은 x축과 y축에 나란한 두 장의 합과 동일하다.

이 방법은 x와 y방향 각각에 나란한 선편광이 형성될 때 일어나는 일을 정의하는 데 쓰일 수 있다. 우선 두 전기장의 최대 세기가 같은 경우를 고찰해 보자. 즉 두 파의 전기장은 진동하지만, x축에 나란한 전기장의 최대값에 도달할 때 y축에 나란한 전기장 역시 최대값에 도달한 경우를 생각한다. 이제 이런 두 개의 전자기파가 진행할 때 여러분이 z축 위의 한 점에 앉아 이를

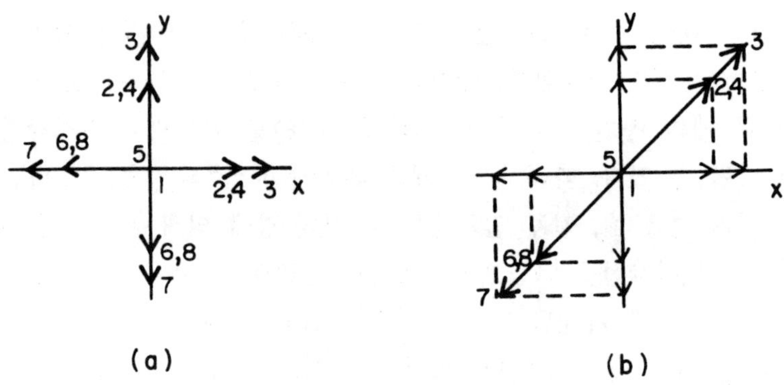

그림 4·4 x축과 y축의 편광을 갖는 두 전자기파의 조합. 각 파동에 대한 전기장의 세기는 (a)에 나타나 있다. 숫자는 주기적 순서를 나타낸다. 결합된 전기장의 세기가 각 시점에 대해서 나타나 있다. 두 파 사이의 위상차이는 0°이다.

관찰한다고 상상해 보자. 두 파의 전기장의 세기는 영(0)에서 출발하여, 한쪽으로 최대값에 이르렀다가, 다시 영(0)을 통과하고, 반대쪽으로 최대값에 이르렀다가 하는 식으로 파가 진행하며 진동한다. 이 상황을 이해하려면, 우리는 x축과 y축 각각에 나란한 전기장이 그리는 궤적을 따라가야 한다. 그림 4·4(a)는 진행하는 두 파의 여덟 개의 다른 시점에서의 두 전기장의 세기를 보여준다. 즉 두 파의 전기장이 영(0)의 세기에서 출발(1), 한쪽의 최대값에 도달(3), 다시 영(0)을 통과(5), 반대쪽의 최대값에 도달(7), 그리고 끝으로 영(0)으로 다시 돌아오는 과정을 보여준다. 이 시간들을 반으로 나누었을 때의 전기장도 같이 나와 있다. 이러한 각각의 여덟 개의 시점에서 두 전기장을 합성해 보자. 이것은 그림 4·4(b)에 나와 있는데, 거기에는 서로 다른 크기의 직사각형들이 그려져 있다. 번호들은 주기적 순서를 나타내는 것이다. 전기장은 단순히 x축과 y축에 대하여 45°로 기울어진 선에 나란하게 진동함에 유의하라. 이런 두 개의 선편광의 조

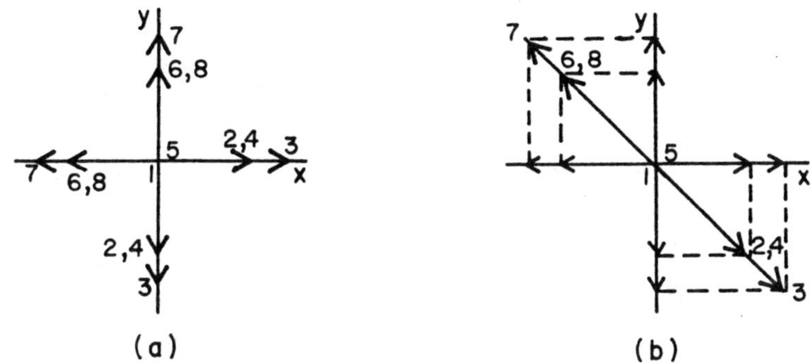

그림 4·5 x축과 y축의 편광을 깆는 두 전사기파의 조합. 각 파에 대한 전기장 세기는 (a)에 나타나 있다. 숫자는 주기적 순서를 나타낸다. 결합된 전기장의 세기가 각 시점에 대해서 나타나 있다. 두 파 사이의 위상차이는 180°이다.

합은 또 다른 한 방향을 향하는 선편광을 만든다.

앞의 예에서, 선편광파의 전기장은 둘 다 영(0)에서 출발해서 양의 x와 y방향으로 증가했다. 이번에는 두 전기장 모두 영(0)에서 출발하긴 하지만, y축에 나란하게 선편광된 빛은 앞의 경우와 반대쪽으로 증가하는 경우를 생각해 보자. 그림 4·5(a)는 앞에서와 같은 여덟 개의 시점에서의 전기장을 보여주고, 그림 4·5(b)는 그 결과를 나타낸다. 숫자들은 두 파가 진행할 때의 주기적 순서를 표시한 것이다. 그 결과는 다시 선편광이지만, 앞의 예와는 달리 다른 방향으로 편광되있다.

한 가지 경우를 더 생각해 보자. y축을 따라 편광된 전기장이 양의 y축을 따라서 영(0)에서부터 증가하기 시작할 때 x축을 따라 편광된 전기장이 양의 x축을 따라서 이미 최대값에 도달해 있다면 어떻게 되겠는가? 우리는 앞에서와 동일한 과정을 적용할 수 있지만, 그 결과는 아주 다르게 나타난다. 그림 4·6에 나와 있듯이, 총 전기장은 단일 방향을 따라 진동하는 것이 아니라

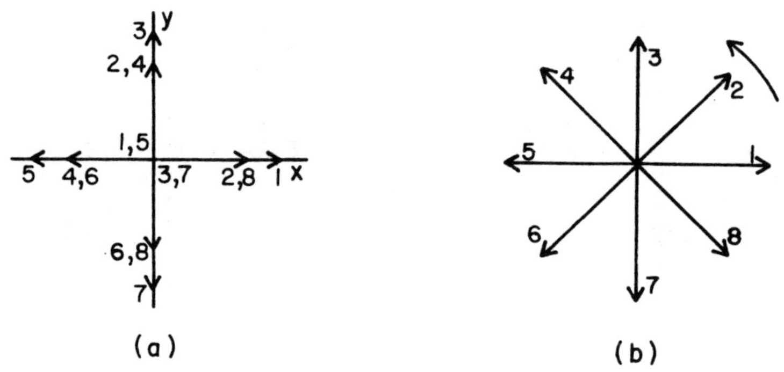

그림 4·6 x축과 y축의 편광을 갖는 두 전자기파의 조합. 각 파동에 대한 전기장 세기는 (a)에 나타나 있다. 숫자는 주기적 순서를 나타낸다. 결합된 전기장의 세기가 각 시점에 대해서 나타나 있다. 두 파 사이의 위상차는 90°이다.

반시계 방향으로 회전하게 되는데, 항상 같은 세기를 유지한다. 우리는 이것을 선편광의 반대로서 '원편광(circularly polarized)'된 빛이라 부른다. 원편광된 빛의 회전방향을 표시하기 위해서, 공간상의 어떤 지점(광원을 마주보는 관측자의 입장에서)에서 반시계 방향으로 회전하는 전기장을 가진 빛을 '왼쪽 원편광된 빛(left circularly polarized light)', 그리고 전기장이 시계방향(같은 관측자의 입장에서)으로 회전하는 빛을 '오른쪽 원편광된 빛(right circularly polarized light)'이라고 부른다. 오른쪽 원편광된 빛을 만들려면, x축과 나란한 전기장이 x축의 양의 방향으로 영(0)에서부터 증가하기 시작할 때 y축과 나란한 전기장은 양의 y축 방향의 최대값에 도달해 있어야 된다.

이러한 앞의 네 가지 예들은 오직 각각의 선편광파 사이의 관계에 따라 특징지워진다. 이런 차이를 기술하기 위해 우리는 '위상차이(phase difference)'라는 개념을 사용한다. 예를 들어서, 그림 4·4의 경우 편광파는 같은 시간에 같은 일을 한다. 이

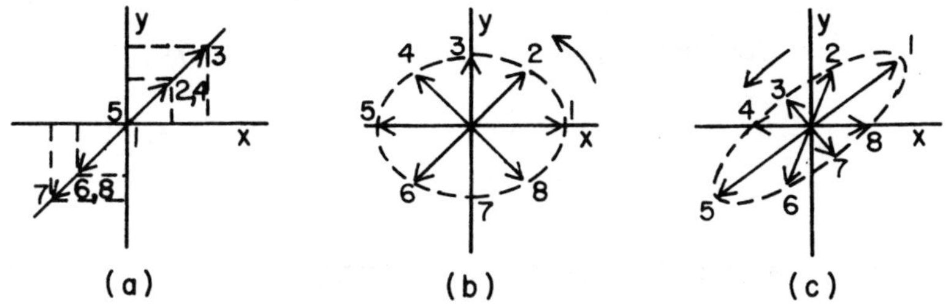

그림 4·7 그림 4·4~4·6과 같이 x축과 y축의 편광을 갖지만 최대 전기
장의 세기가 다른 두 전자기파의 조합. 두 파동 사이의 위상차이는 (a)가
0°, (b)가 90° 그리고 (c)는 0°와 90° 사이다.

를 우리는 '두 파 사이에 영(0)의 위상차이가 있다' 혹은 '두 파
가 동일위상이다'라고 한다. 그림 4·5의 예에서는 y축에 나란한
전기장이 x축에 나란한 전기장보다 반 주기 앞서 있다.

360°가 한 주기를 나타내므로, 두 파 사이에는 180°의 위상
차이가 있다고 한다. 또는 두 파가 서로 반대되는 형태로 행동하
므로, 두 파가 반대위상이라고도 말할 수 있다. 같은 이유로 왼
쪽 원편광된 빛(그림 4·6)의 예는 두 파가 90°의 위상차이를
가짐을 알 수 있다. 두 파가 왼쪽 원편광 빛으로 결합하는지, 오
른쪽 원편광 빛으로 결합하는지는 어느쪽 전기장이 1/4주기만큼
앞서 있는지가 결정한다.

앞의 모든 예에서, 두 개의 선편광된 전기장의 최대 세기는
같다. 그렇지 않은 경우, (1) 동일 또는 반대 위상의 두 파는 x
축과 y축에 대해서 45°와는 다른 어떤 각도에서 선편광되고,
(2) 90°의 위상차를 가진 두 파는 회전함에 따라 전기장의 세기
가 달라지는 타원편광된 빛이 된다. 후자의 경우, 회전함에 따라
전기장에 의해 그려지는 타원의 장축은 x축 또는 y축으로 향하
게 된다. 위상차이가 0°, 90°, 180°가 아닌 경우 역시 타원편광

된 빛을 만들지만, 타원의 장축이 x 또는 y축에 평행하게 되지는 않을 것이다. 이런 세 가지 경우가 모두 그림 4·7에 나와 있다.

4·3 빛이 어떻게 물질과 상호작용하는가

지금까지 해온 전자기파로서의 빛에 대한 논의는 주위로부터 파에 미치는 영향이 전혀 없다는 전제하에서 이루어졌기 때문에, 그 결과는 실제로 진공 속을 통과해 나가는 빛에만 적용된다. 이런 경우, 빛은 초속 300,000,000m 혹은 초속 186,000마일의 속도로 진행한다. 그런데 물질의 존재는 몇 가지 중요한 영향을 전자기파에 미친다. 일정한 전기장 혹은 자기장이 물질을 분극 또는 자화시키듯이 빛의 진동하는 전자기장은 물질 속의 전하를 진동시킨다. 이렇게 진동하는 전하들은 차례로 그들 자신의 진동에 의한 또 다른 전자기장을 만들어서 결과적으로는 물질이 없을 때와는 다른 복합적인 전자기파를 만든다. 이런 상황은 원칙적으로는 복잡하지만, 물질내의 서로 다른 모든 전하들로부터 생성된 전자기장들은 원래의 파와 같은 방향으로 진행해 나가는 전자기장을 제외하고 그 나머지는 서로 상쇄되기 때문에 간단히 기술될 수가 있다. 이렇게 유도된 전자기파는 원래의 파와 결합하여 진공에서의 광속보다 느린 속도로 물질 속을 진행하는 전자기파를 만든다. 그래서 우리는 각각의 물질마다 광속이 느려진 만큼의 인자를 나타내는 숫자를 부여한다. 말하자면, v가 물질 내에서의 광속이고 c가 진공에서의 광속이라면, '물질의 굴절률(index of refraction)'이라 부르는 인자 n은

$$n = c/v$$

로 정의된다. 모든 물질의 굴절률이 1보다 커야 된다는 것은 정의로부터 명백히 입증된다. 예를 들면, 공기의 굴절률은 1.0003, 물은 1.33, 그리고 유리는 1.5 정도가 된다.

여러 가지 파장(물질에 들어오기 전의 진공 속에서 측정된)은 물질 속에 있는 전하에 서로 다른 효과를 미치기 때문에, 빛이 물질 속을 통과해 나가는 속도는 입사광의 파장에 따라 변한다. 이것은 굴절률도 파장에 따라 달라짐을 의미한다. 보통 이러한 효과는 작다. 한 예로 적색광에 대한 유리의 굴절률은 1.51이고 자색광에 대해서는 1.53이다. 그런데 이떤 경우에는 이런 작은 효과가 극적인 결과를 만들기도 한다.

물질 속을 진행하는 빛은 전자기파 에너지를 물질이 흡수하는 만큼 그 세기를 잃어 간다. 빛의 에너지를 흡수하는 물질의 능력은 역시 입사광의 파장에 달려 있는데, 이 경우 그 효과가 아주 크게 나타날 수도 있다. 예를 들어서, 착색된 유리창의 붉은 유리는 긴 파장(적색)의 빛보다 짧은 파장(청색과 녹색)의 빛을 훨씬 많이 흡수한다. 여러 가지 파장을 가진 빛(백색광)이 그 유리에 입사되더라도, 그 중 붉은 빛만이 통과하게 되어 우리는 붉은 색깔을 보게 된다. 물질의 흡수 성질은 매우 다양해서, 여러 가지 효과를 낳는다.

한 물질과 다른 물질의 경계면에서 빛과 물질간의 상호작용은 더욱 흥미롭다. 두 물실의 전하 배열이 다르므로, 이러한 전하들로부터 생성된 전자기장도 다르다. 보통 이러한 장은 각 물질 안으로 들어가는 방향의 것만을 제외하고는 모두 상쇄되지만, 각각의 물질이 서로 다르게 진동하는 전자기장을 만들기 때문에, 두 물질 사이의 경계면에서는 그와 같은 방식으로 서로 상쇄되지 않는다. 즉 두 물질 사이의 경계면에서는 두 방향으로 진행하는 전자기장이 존재한다. 이들 중 한 방향은 같은 각도로 반대쪽

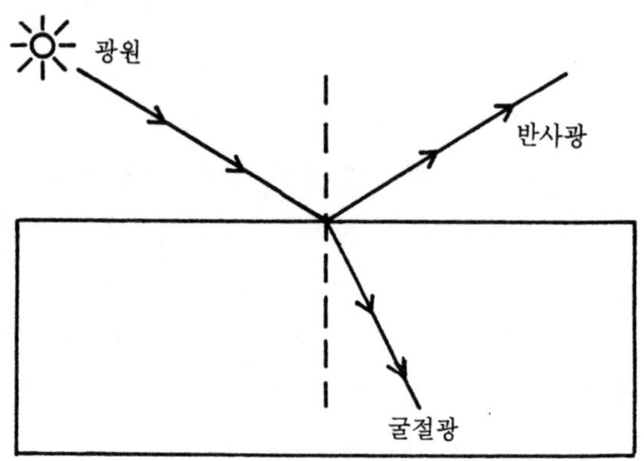

그림 4·8 등방성 물질의 표면에서 빛의 반사와 굴절. 반사나 굴절된 빛의 경로가 빛의 편광과 무관하다.

으로 향하므로, '반사(reflected)'파를 만들어 낸다. 두번째 방향은 앞으로 향하긴 하지만, 첫번째 물질에서의 파의 방향과는 다른 방향을 가진다. 이것이 그림 4·8에 나와 있다. 한 물질에서 다른 물질로 통과해 나갈 때 빛이 이처럼 휘는 것을 '굴절(refraction)'이라고 한다. 첫번째 물질에서의 파의 진행방향과 경계면과의 각도가 주어져 있으므로 두번째 물질에서의 새로운 각도는 오직 두 물질의 굴절률에만 의존한다. 그런데 경계면에서 굴절되지 않고 반사된 빛의 양은 그 빛이 얼마나 편광되어 있는가에 달려 있다.

4·4 복굴절 또는 이중굴절

앞의 논의에서, 우리는 굴절률이 하나인 경우만을 고려하였다. 그러나 간단한 실험을 통하여 이것이 항상 타당한 것이 아님을 알 수 있다. x축으로 선편광된 광선을 한 대상물에 입사시키

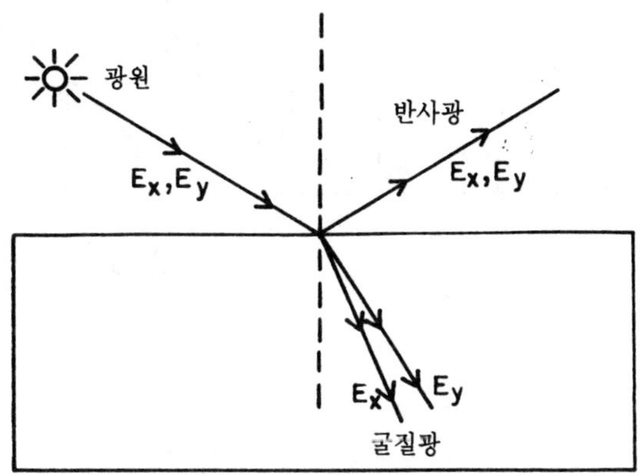

그림 4·9 비등방성 물질의 표면에서 빛의 반사와 굴절. 반사된 빛의 경로
는 빛의 편광과 무관하다. 그러나 굴절된 빛의 경로는 빛이 y축(지면에 수
직방향)으로 선편광된 경우와 x축으로 선편광된 경우가 다르다.

고, 공기와 그 대상물 사이의 경계면과 광선이 이루는 각도를 재
어보자. 측정된 이러한 각도들로부터 그 물질에 대한 굴절률을
계산할 수 있다. 정확한 측정을 위해서는 y축으로 선편광된 빛
을 사용하여 각 목표물에 대한 측정을 반복해야만 한다. 많은 물
질(유리, 물, 큰 소금 결정)의 경우에는 두 가지 측정에 의한 굴
절률의 값이 동일하지만, 수정 또는 방해석과 같은 물질에서는
두 결과가 다르게 나타난다. 이것은 후자의 물질을 통과해 나가
는 빛의 편광이 x축을 향하는지 또는 y축을 향하는지에 따라 물
질을 통과해 나가는 속도가 다르기 때문이다. 3장에서 이미 논의
된 바와 같이, 방향에 따라 성질이 다른 물질을 비등방적 물질이
라고 부른다. 따라서, 첫번째 무리의 물질들은 등방적이고 하나
의 굴절률만 갖는다. 그에 비해 두번째 무리는 비등방적이고 여
러 개의 굴절률을 갖는다. x편광과 y편광의 빛을 모두 갖는 광
선이 비등방성 물질에 입사되면 두 가지 편광은 서로 다른 굴절

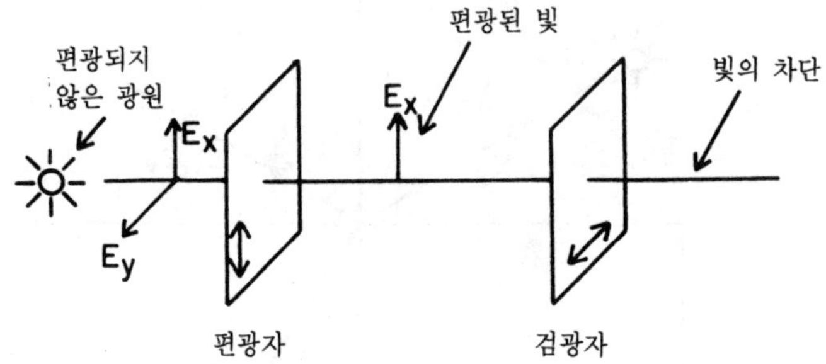

그림 4·10 교차하도록 놓인 편광자와 검광자의 효과. 편광자는 x축으로 선편광된 빛이 통과하도록 놓고, 반면에 검광자는 y축으로 선편광된 빛이 통과하도록 놓는다. 편광자로부터 y축으로 선편광된 빛은 나오지 않기 때문에 검광자를 통과하여 나오는 빛은 없다.

률을 가지므로, 그 물질 내부에서 두 방향으로 진행해 나갈 것이다. 이러한 현상을 '복굴절(birefringence)' 또는는 '이중굴절(double refraction)'이라고 하며 그림 4·9에 그려져 있다.

굴절률에 의한 모든 효과들은 편광방향에 따라 그 결과가 다르게 나타난다. 한 예로, 경계면에서 반사 혹은 투과되는 빛의 양은 빛의 편광에 의존한다. 유사하게, 물질에 흡수되는 빛의 양도 두 개의 편광에 대해서 다르다. 사실상, 한 가지 편광은 거의 완전히 흡수하고 다른 한 가지 편광은 대부분 통과시키는 물질을 제조하는 것이 가능하다. 그러한 물질은 선편광을 만드는 데 쓰일 수 있다. 왜냐하면, 그 물질에 편광되지 않은 빛을 입사시키면 오직 하나의 편광만이 나타나기 때문이다. 비슷한 경우로, 이러한 '편광자(polarizer)'들은 빛이 편광되었는지를 검사하는 데도 쓰여질 수 있는데 이때 '검광자(analyzer)'의 한 방향은 선편광된 모든 빛을 차단한다. 그러한 물질을 사용한 편광의 생성과 분석이 그림 4·10에 나와 있다.

복굴절 물질들은 또 한 가지 중요한 성질을 추가로 갖게 된다. 복굴절 물질의 표면과 수직하게 x편광과 y편광을 둘 다 포함한 빛이 입사하는 경우를 고려해 보자. 이런 경우 편광이 휘지 않으므로 물질 내에서 같은 방향으로 진행하지만 속도는 다르다. 그러므로 두 편광 중의 한 가지가 나머지 것에 앞서게 되고 빛이 그 물질을 통과해 나감에 따라 두 편광 사이의 위상차이가 바뀌게 된다. 두 편광이 같은 위상으로 출발했다면[즉 위상차이가 영(0)이라면], 그들은 그 물질의 두께에 의존하는 위상차이를 가지게 될 것이다. 이 효과를 이용한 장치를 '위상 지연자(phase retarder)'라 하며 많은 광학적 응용분야에 유용하게 쓰인다. 예를 들어서, 두께가 위상을 90°만큼 바꾸도록 정밀하게 조정되어 있으면, 물질에 입사될 때는 선편광되었던 빛이 원편광된 빛으로 나온다. 유사하게, 이런 물질에 입사된 원편광된 빛은 선편광된 빛으로 나온다. 두께를 다르게 하면 여러 종류의 편광을 얻을 수 있다.

4·5 네마틱 액정에서의 복굴절

네마틱 액정의 비등방성으로 인해 액정의 방향자에 나란하게 편광된 빛은 방향자에 수직으로 편광된 빛과 서로 다른 속도로 진행하게 한다. 따라서 네마틱 액정은 복굴절 물질이다. 이러한 특징은 액정이 교차하는 편광자들 사이에 있을 때 가장 잘 나타난다. 두 개의 편광자 사이에 아무런 물질도 없는 경우 첫번째 편광자를 통과한 빛이 두번째 편광자에서 완전히 흡수되기 때문에, 정상적으로는 교차하는 편광자에서 나오는 빛은 없다. 등방적 물질을 삽입하면 빛이 등방적 물질을 통해 나가는 동안 빛의 편광이 바뀌지 않으므로 아무런 변화도 일어나지 않는다.

이제 두 편광자 사이에 네마틱 액정이 있는 경우를 생각해 보자. 특별히 첫번째 편광자에서 나온 편광이 액정의 방향자와 $0°$ 또는 $90°$가 아닌 다른 방향으로 향해 있는 경우를 고려해 보면 앞의 논의로부터, 우리는 이 빛을 위상차 없이 방향자에 나란한 쪽과 수직인 쪽의 두 성분으로 나누어 생각할 수 있음을 안다(그림 4·4). 두 편광은 액정을 통과해 나갈 때 위상이 달라지며 일반적으로 타원편광된 빛이 되어 나타난다. 타원편광된 빛의 전기장은 각각의 주기 동안 일정하게 한 바퀴를 완전히 돌고 있기 때문에, 각 주기마다 두번씩 두번째 편광자의 편광축에 평행하게 된다. 따라서 어떤 빛은 두번째 편광자를 통과한다. 다시 말해 편광자들 사이에 액정이 없으면 어둡게 나타나지만, 액정을 편광자들 사이에 넣으면 일반적으로 시야가 밝게 나타난다. 이 효과는 O. Lehmann에 의해 발견되었는데, 이로부터 액정이 비등방성 물질이라는 결론을 내릴 수 있다.

　액정이 교차하는 편광자 사이에서는 일반적으로 밝게 보이지만, 다음의 두 조건하에서는 어둡게 보인다. 액정에 입사된 편광이 액정의 방향자에 수평 또는 수직한 방향으로 편광되어 있다면, 모든 빛이 액정 내에서 한 방향으로만 편광되기 때문에 이 방향에 대해 $90°$로 편광된 빛은 고려할 필요가 없다. 결국 빛은 한 가지 속도로 액정을 통과해 나가며 한 방향으로만 편광되어 나온다. 따라서 그것은 두번째 편광자에 의해 제거된다.

　현미경 아래에서 액정을 찍은 사진은 보통 직교하는 편광자들 사이의 시편을 찍은 것이다. 액정의 방향자는 시편 내의 다른 지점에서는 보통 다른 방향을 가리킨다. 방향자가 편광자의 축에 수평 또는 수직인 쪽으로 향해 있는 구역은 어둡게 나타난다. 반대로 방향자가 편광자 축과 $0°$나 $90°$가 아닌 다른 각도를 가지면 밝게 나타난다. 이것은 사진 1에 잘 나와 있다. 이 사진과 또

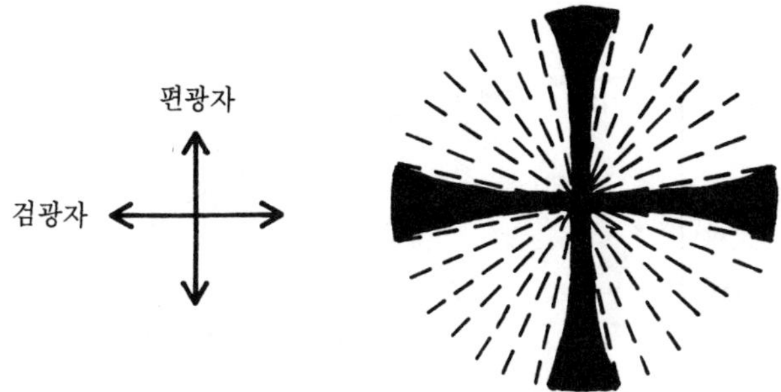

그림 4·11 직교하는 편광자와 검광자 사이에 놓인 액정시료의 결함 주위에서 보여지는 밝고 어두운 영역들. 방향자는 결함점으로부터 바깥쪽을 향하고 있다. 방향자가 편광자나 검광자와 평행할 때, 어떤 빛도 검광자를 통과할 수 없다.

다른 조사로부터 한 가지의 사실을 더 알 수 있다. 사진을 보면 밝기가 갑자기 바뀌는 곳이 많은데, 이것은 그 곳에서 방향자의 방향이 갑자기 바뀜을 말해 준다. 이러한 선들은 '전경(disclination)'이라고 불리며, 방향자가 아주 작은 지역 내에서 여러 가지 방향을 취하고 있기 때문에, 방향자가 사실상 정의되지 않는 곳을 나타낸다. 따라서 이런 전경들은 결함(defect)이 되며, 매우 흥미로운 사실로 나중에 자세히 다루도록 하겠다.

또한 사진 1로부터 '점 전경(point disclination)'의 존재를 볼 수 있다. 그림의 여러 곳에서 네 개의 어두운 구역이 직각으로 한 점에 모인다. 어두운 구역은 방향자가 편광자 축 중의 하나에 평행할 때 생기기 때문에, 이런 네 가지 어두운 구역은 교차하는 편광자의 두 축을 정확히 결정할 수 있게 한다. 이와 같이 교차하는 편광자들의 축들에 평행한 네 구역이 만나는 점에서의 방향자는 한 점에서 바깥으로 퍼지는 형식을 보인다. 이것은 그림 4·11에 도해로 나와 있다. 사진 1에서 방향자가 각각

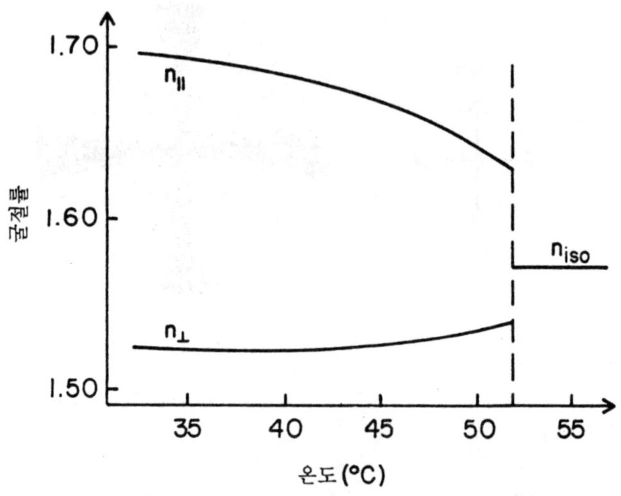

그림 4·12 액정의 방향자와 평행하게 또는 수직으로 선편광된 빛의 굴절률. 수직선은 액정에서 등방성 액체로의 상전이를 나타낸다.

의 십자가 중앙에서 모든 방향으로 퍼져 나가더라도, 어두운 구역에서의 액정의 방향자의 방향은 교차하는 편광자들에 의해서 결정된다. 그 이유는 수렴하는 점에서의 어두운 구역들은 모두가 같은 방향을 향하고 있기 때문이다. 그림에 있는 이러한 수렴하는 점들은 방향자가 잘 정의된 곳에 포함된 결함을 나타낸다.

액정에서의 방향 질서도가 온도에 따라 변하기 때문에, 방향자에 대해 수평이나 수직으로 편광된 빛에 대한 굴절률 또한 온도에 따라 달라진다. 질서 매개변수의 크기가 작아지는 높은 온도에서는 두 굴절률의 값이 거의 같지만, 질서 매개변수의 크기가 커지는 낮은 온도에서는 그 차이가 커진다. 대표적인 액정에 대한 굴절률의 자료가 그림 4·12에 나와 있다. 등방적인 액체로의 상전이점에서 비등방성은 사라지고 하나의 굴절률이 모든 편광에 대해 적용됨을 잘 보아 두자.

4·6 액정에 의한 빛의 산란

액정의 가장 뚜렷한 특성 중의 하나가 그들이 뭉쳐 있을 때 흐리게, 혹은 탁하게 보인다는 것이다. 반대로 등방적 액체는 투명하게 보인다. 이러한 이유는 빛이 전자기파이기 때문에 그것이 나아갈 때 물질과 상호작용하기 때문이다.

앞에서 빛이 물질내를 진행할 때 앞쪽으로만 나아감을 우리는 보았다. 두 개의 서로 다른 물질의 경계면에서만 그것의 경로가 달라질 수 있다. 사실 이것은 그 물질의 전기 혹은 자기적 성질에 대한 변화가 하나도 없음을 뜻한다. 예를 들어서, 물질 내의 어느 지점에서의 전기 감수율이 전자기파가 지나가는 동안 시간에 따라 바뀌고 있다면, 그 파에 의해서 생성된 분극은 앞의 경우와 같이 단순하지가 않다. 이러한 복잡한 반응은 원래 전자기파의 진행방향이 아닌 다른 방향으로 진행하는 새로운 전자기파를 만들어 낸다. 이러한 전자기파를 '산란된(scattered)' 파라 하고, 이러한 파는 물질내에서 전기분극이 변화하는 동안에만 생성된다.

이러한 현상을 쉽게 묘사하기 위해서, 정지된 탁구채에 계속해서 탁구공을 발사하는 공기총의 경우를 생각해 보자. 각각의 탁구공은 탁구채를 때린 후에 반사파로 생각할 수 있는 탁구공의 흐름을 만들어 내면서 같은 방향으로 반사될 것이다. 분명히 이 경우에는 통과되는(굴절되는) 파는 없고 오직 하나의 반사파만이 존재한다. 이제 탁구채의 속도가 시간에 따라 임의로 바뀌는 경우를 상상해 보자. 여러분은 여러 방향으로 반사되는 탁구공의 흐름을 상상할 수 있을 것이다. 이런 다양한 흐름은 산란파를 표시하며, 오직 탁구채의 방향이 시간에 따라 바뀌는 동안만 존재한다.

액정의 방향자는 어떤 종류의 변화에 대해서도 아주 민감하게 반응하기 때문에, 분자의 약간의 무질서한 운동에 의해서도 방향자의 방향은 단순히 요동하게 된다. 이것은 전기분극의 방향을 요동하도록 하며, 그 결과 액정에 입사된 빛은 산란된다. 이러한 산란광은 액정을 흐리게 보이도록 만든다. 등방적인 액체는 빛을 산란시키지 않는다. 왜냐하면 분자들이 선호하는 방향이 없기 때문에, 전기분극에 있어서의 비등방성이 존재하지 않아 아무것도 요동할 수 없기 때문이다.

스멕틱 액정은 빛을 산란시키는 기작(mechanism)을 하나 더 갖고 있다. 스멕틱상의 층구조로 인해 액정의 전자기적 성질은 위치에도 의존한다. 즉 스멕틱 층내에서 두 층 사이의 성질이 서로 다르다. 분자들의 거의 똑같은 무질서한 운동에 의해 층들이 요동하는(fluctuating) 방식으로 진동하게 될 뿐만 아니라 두께도 약간씩 달라지게 된다. 따라서 스멕틱 액정에 있어서 빛은 방향자와 층구조 모두의 요동에 의해 산란된다.

제 5 장
다른 유형의 액정에서의 빛과 X-선

카이랄 네마틱 액정과 스멕틱 액정에 빛을 입사시킬 때, 카이랄 네마틱 액정의 비틀린 구조와 스멕틱 액정의 층구조로 인해, 네마틱 액정에서 일어나는 것과는 아주 다르게 빛이 전파된다. 이번 장에서는 카이랄 네마틱 액정에서 나선구조의 피치가 액정에 입사된 빛의 파장과 일치할 때, 여러 가지 색을 띠는 화려한 효과들을 볼 수 있고 이러한 현상은 많은 유용한 응용의 기초가 된다. 마찬가지로 스멕틱 액정에서 층의 두께와 일치하는 파장을 갖는 전자기파에 대해서 비슷한 효과들이 일어난다. 이 경우 층의 두께와 일치하는 전자기파의 파장은 가시광선의 파장보다 작은 전자기파 스펙트럼의 X - 선 영역에 해당한다.

5·1 원형 복굴절

1장에서 논의한 바와 같이 카이랄 네마틱 액정의 방향자는 나선형 모양의 축에 대해 회전한다. 이러한 구조로 인해 액정에 입사된 빛은 네마틱 상태와는 매우 다른 방법으로 액정 속을 통과하며 액정 내에서 가장 아름다운 광학적 효과들을 나타낸다.

방향자가 z축을 중심으로 회전한다고 생각하자. 다시 말하면 이것은 액정 내에서 방향자의 일부는 x축을 따라서 배열되어 있고, 또 다른 일부는 y축을 따라 배열되어 있다. 그리고 그것은 xy평면의 모든 방향으로 매우 일정하게 회전한다. 이런 상황이 그림 5·1에 설명되어 있다. 방향자는 z축을 따라서 다른 방향으로 향하는 화살표들로 표시되어 있다. 이들 화살표 머리 부분의 궤적들이 z방향으로 움직인다고 가정을 하면, 그림에서 점선으로 나타난 나선형의 윤곽을 쉽게 생각할 수 있다. 또 나사의 톱니를 따라 벼룩이 걷는다고 생각하면 이 나선을 쉽게 가시화

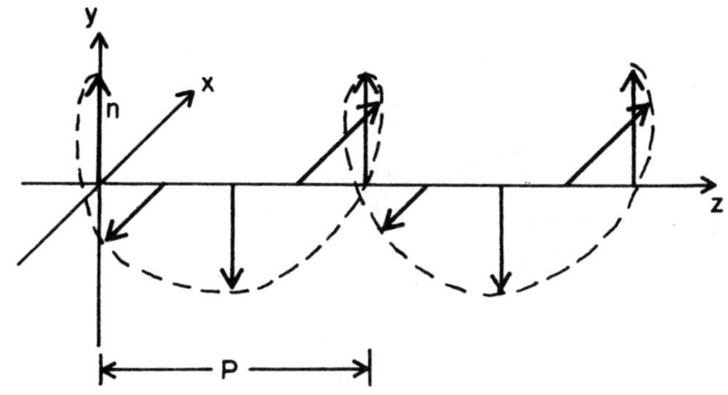

그림 5·1 카이랄 네마틱 액정의 방향자 배열. 화살표는 방향자를 나타내며, z축을 따라서 회전하고 있다. P는 피치이며 점선은 화살표 머리의 비틀린 궤적을 나타낸다. 비틀림은 오른손 방향이다(본문을 보라).

할 수 있다. 만약 벼룩이 하나의 톱니를 따라 같은 방향으로 걷는다면 그 궤적은 그림 5·1과 같이 나선형이 될 것이다. 이때 나선구조의 가장 중요한 성질은 나선을 한 바퀴 완전히 돌았을 때 z방향으로 움직인 거리다. 이 거리가 1장에서 언급했던 것과 같이, 카이랄 네마틱 액정의 피치라고 부르고 P라고 표기한다. 하나의 톱니를 따라 벼룩이 걷는 것과 유사하게 피치는 하나의 톱니에서 나사의 긴 축과 평행하게 측정된 다음 번의 톱니까지의 길이다.

 x축으로 선편광된 빛이 카이랄 네마틱 액정의 z축으로 진행하는 경우를 생각해 보자. 이 빛은 빛의 편광에 대하여 임의의 각도로 향한 방향자를 가진 액정과 상호작용을 해야 한다. 이제 y축으로 선편광된 빛에 대해 액정 내에서 어떤 일이 일어날까 생각해 보자. 그것은 또한 편광축에 대해 임의의 각도로 향한 방향자를 가진 액정과 상호작용을 해야 한다. 사실, xy평면상의 어떤 방향으로든 선편광된 빛은 편광방향에 대해서 임의의 각도로 향한 방향자를 가진 액정과 상호작용을 해야 한다. 이런 사실로부

터 선편광된 빛은 같은 속도를 가지고 편광축과 무관하게 z방향
으로 진행한다. 편광된 빛의 성분이 x축과 y축으로 같이 진행을
하기 때문에 두 성분들 사이에는 위상차이의 변화가 없다. 이것
은 네마틱 액정의 경우와는 다른 점으로, 네마틱 액정에서는 x
축과 y축으로 편광된 빛의 성분들 사이에서 위상차이가 일어난
다.

이 상황은 원편광된 빛에 대해서는 다르게 나타난다. 원편광
된 빛이 오른손 방향 또는 왼손 방향으로 될 수 있는 것과 마찬
가지로 카이랄 네마틱 액정의 구조도 오른손 방향과 왼손 방향
으로 될 수 있다. 그러나 액정에서 사용하는 정의와 원편광된 빛
에서 사용하는 정의가 약간 다르다. 우리에게로 가까이 접근하고
있는 액정의 방향자를 z축을 따라 관찰하는 경우를 생각하자. 이
때 방향자는 반시계방향 혹은 시계방향으로 회전하는 것같이 보
이게 되고, 그것이 반시계방향으로 돌면 오른손나선이라 부르고
시계방향으로 회전하면 왼손나선이라 부른다. 다시 톱니의 가정
으로 돌아가서 우리의 눈으로 접근하며 회전하는 너트를 나사의
축을 따라 바라본다고 생각하라. 그것이 시계방향으로 회전할까
아니면 반시계방향으로 회전할까? 대부분의 나사의 경우에는 너
트가 반시계방향으로 회전하고 바로 오른손방향 나사라는 것을
의미한다. 우리가 너트를 끼우는 데 있어서 나사의 어느 끝 부분
에서 시작하든지 상관이 없음을 주지하여야 한다. 오른손 방향의
나사를 단순히 오른손 방향이라고 부르는 것은, 너트를 돌릴 때
너트가 우리 눈 가까이 움직이게 하려면 너트를 반시계 방향으
로 돌려야 함을 의미한다.

이제 원편광된 빛이 카이랄 네마틱 액정을 통과할 때 어떤
일이 일어나는지 생각해 보자. 이러한 경우에는 두 가지 가능성
이 존재한다. 즉 빛과 액정이 같은 방향의 카이랄성(chirality-

오른손 방향 또는 왼손 방향)을 갖거나 반대방향의 카이랄성을 갖는다. 카이랄 구조에서 빛과 액정 분자와의 상호작용은 이들 두 경우에서 다르고 이것은 두 개의 다른 전파속도를 가진다. 그것은 너트를 돌려서 나사에 끼우려는 경우에 대해서 생각해 보면 두 가지 상황이 존재함을 쉽게 생각할 수 있다. 너트와 나사가 같은 카이랄성을 갖거나 혹은 반대의 카이랄성을 갖고 너트를 돌려서 나사에 끼워서 성공하는 것은 둘의 경우가 매우 다르다. 두 개의 다른 전파속도들 때문에 우리는 오른쪽으로 편광된 빛의 굴절률은 n_R, 왼쪽으로 편광된 빛의 다른 굴절률은 n_L이라 지정할 수 있다. 네마틱 액정에서 이들 두 가지 굴절률의 값들은 같지만 카이랄 네마틱 액정에서는 다르다. 이런 상황을 카이랄 네마틱 액정이 '원형 복굴절(circular birefringence)'을 갖는다고 표현할 수 있으며 같은 방법으로 네마틱 액정이 선형 복굴절을 갖는다고 할 수 있다.

일반적으로 이 원형 복굴절은 방향 질서(orientational order)의 정도에 의존한다. 그래서 낮은 온도에서는 원형 복굴절은 크고 높은 온도에서는 작다. 그러나 더 중요한 것은 n_R과 n_L의 차이가 네마틱 상태에서 선형 복굴절이 파장에 대해서 변하는 것보다 더 극적으로 변한다는 사실이다. 그 이유는 나중에 명확히 밝혀질 것이다.

5·2 광학 활성

빛이 네마틱 액정에 입사될 때, 액정 내에서 어떤 일이 일어나는가를 분석하기 위해서 우리는 빛의 편광을 x축 성분과 y축 성분으로 분리하고, 또 각각의 성분이 액정 내에서 어떻게 변하는지를 생각해야 한다. 즉 액정을 통과한 두 개의 편광성분을 더함으로써 우리는 액정을 통과한 빛의 편광을 최종적으로 결정할 수 있다. 이와 같은 사실은 카이랄 네마틱 액정에 대해서도 마찬가지로 생각할 수 있으나, 이 경우는 두 개의 선편광 성분으로 생각하는 것보다는 두 개의 원편광 성분 – 오른쪽과 왼쪽 성분 – 으로 생각하는 것이 더욱 편리하다.

간단한 경우로서 같은 양만큼 오른쪽과 왼쪽으로 원편광된 빛이 z축으로 진행하는 경우를 생각해 보자. 우선 액정이 존재하지 않을 때에는 두 개의 편광들이 같은 속도로 진행할 수 있다. 이런 상황이 그림 5·2에 그려져 있다. 관측자는 z축 상의 임의의 위치에서 z축으로 진행하는 빛을 바라보고 있다. 이때 오른쪽으로 원편광된 빛은 시계방향으로, 왼쪽으로 원편광된 빛은 반시계방향으로 회전하는 것을 관측할 수 있다. 그림 5·2에서 숫자는 시간이 지남을 표시한 것이다. 모든 시간에 대해 두 전기장들은 일정한 양의 y축 성분을 가지고 있다는 사실을 주목하라. 그러므로 x축으로의 전기장은 없고 그래서 전체 전기장은 항상 y축을 향하게 된다. 따라서 빛은 y축으로 선편광되어야 한다. 그러므로 같은 양의 오른쪽, 그리고 왼쪽으로 원편광된 빛은 원형복굴절이 없이 매질 내에서 선편광된 빛으로 만들어진다.

y축 방향으로 선편광된 빛이 카이랄 네마틱 액정으로 들어가면 무슨 일이 일어날까? 오른쪽과 왼쪽으로 원편광된 전기장들은 계속 회전하지만 그들이 서로 다른 속도를 갖고 있기 때문에 하나는 다른 것을 앞선다. 왼쪽으로 편광된 빛이 오른쪽으로 편광된 것보다 느리게 진행한다고 가정을 하면, 두께 d의 카이랄 네마틱 액정을 완전히 통과한 후에 오른쪽으로 원편광된 빛은 왼쪽으로 원편광된 빛보다 앞서게 된다. 그러므로 어떤 시간이 지난 후 그때의 빛은 오른쪽으로 원편광된 빛과 그 이전 시

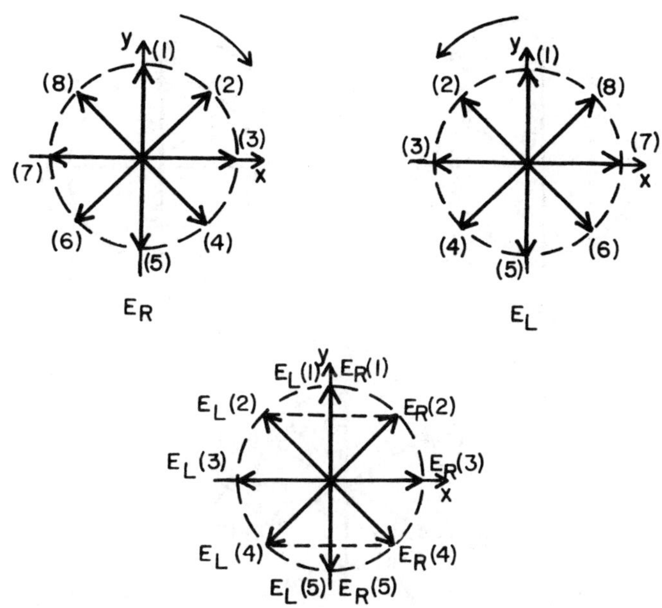

그림 5·2 오른쪽 방향과 왼쪽 방향으로 원편광된 빛의 합. 위의 두 그림은 각각의 원편광 상태에 대해서 8개의 시간대에 따른 전기장의 방향을 보여준다. 숫자는 시간의 흐름을 나타낸다. 아래 그림은 항상 y축을 향하는 전기장을 만들기 위해서 이들이 어떻게 결합하는가를 보여준다.

간에 액정으로 들어간 왼쪽으로 원편광된 빛의 결합으로 나타난다. 더욱이 오른쪽으로 원편광된 빛이 회전하는 데에는 왼쪽으로 원편광된 빛보나 더 많은 시간이 필요하므로 오른쪽으로 원편광된 빛이 각도 상으로 앞서 진행한다. 즉, 왼쪽으로 원편광된 빛이 y축상에 있다고 가정하면 오른쪽으로 원편광된 빛은 각만큼 y축 앞에 나타나게 되는데 그것이 그림 5·3에 나타나 있다. 빛은 계속해서 이 점을 지나가고 또 두 편광의 전기장들은 계속 회전한다. 그림 5·3에서 볼 수 있듯이 두 개의 전기장들은 시간이 지날수록 y축에 상대적으로 기울어진 축의 양쪽 반대방향으

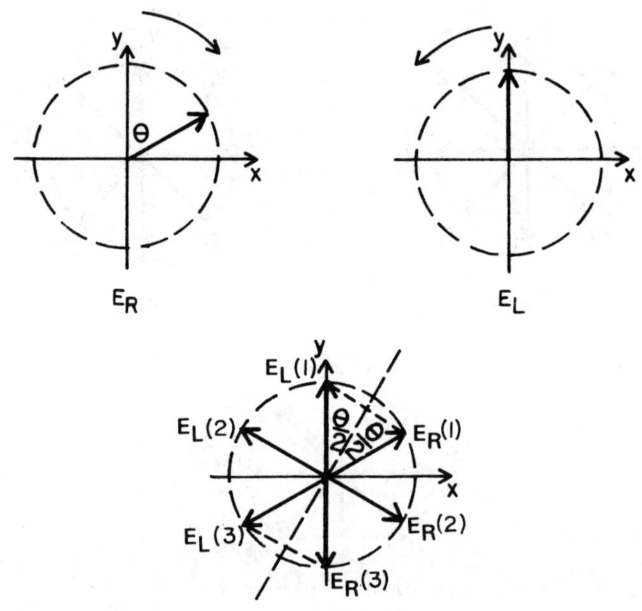

그림 5·3 오른손 방향의 편광이 왼손 방향의 편광보다 θ만큼 앞서 있을 때 오른손 방향과 왼손 방향 편광의 합. 위의 두 그림은 두 개의 편광상태를 보여 준다. 아래 그림은 y축과 항상 $\theta/2$의 각을 이루는 방향으로 향하기 위하여 전기장들이 어떻게 결합되는가를 보여 준다.

로 나타난다. 그러므로 빛은 이 방향을 따라 선편광되어 있어야 한다. 카이랄 네마틱 액정은 빛이 관측자 쪽으로 진행함에 따라 선편광된 빛의 편광축을 시계방향으로 회전시킨다. 편광이 회전하는 것은 오른쪽 편광에 대해서 왼쪽 편광이 얼마나 지연되어 있느냐에 달려 있기 때문에 이 각은 카이랄 네마틱 액정의 두께에 비례하여야 한다. 그러므로 시료의 두께로 나눈 각도의 값은 시료의 두께와는 관계가 없어야 하고, 우리는 이 비를 카이랄 네마틱 액정의 광학 활성이라 정의한다.

　방금 기술한 상황과는 반대로, 오른쪽으로 원편광된 빛이 왼쪽으로 원형편광된 빛보다 느린 속도로 진행하는 경우를 생각한다면, 선편광된 빛이 액정을 통과하며 반시계방향으로 회전한다는 것을 예측하는 것은 어려운 일이 아니다. 편광축이 반시계방향으로 회전하는 경우에 광학 활성을 음의 값으로 하고, 반대로 편광축이 시계방향으로 회전하면 양의 값으로 지정하면, 광학 활성이 양의 값을 갖는 경우는 왼쪽으로 원편광된 빛이 오른쪽으로 원편광된 빛보다 느리게 진행하는 때이고, 반대의 상황에서는 광학 활성이 음의 값을 갖는다.

5·3 보강 간섭

전자기파가 물질을 통과해서 지나갈 때, 물질 내에 존재하는 전하에 의해 전자기파가 어떠한 영향을 받는지는 이전에 논의했었다. 물질의 모든 부분이 파동을 방사하기 때문에 원래 파동과 같은 방향으로 진행하는 파동성분만을 제외하고는 서로 상쇄되려고 한다. 물질의 전자기적 성질이 한 곳에서 다른 곳으로 변해간다 해도 시료의 다른 부분으로부터 방사되는 파동은 모두 다르기 때문에 위의 사실은 변함없다. 이때 특히 재미있는 경우는 물질의 전자기적 특성이 빛의 파장의 1/2과 같은 거리를 두고 반복되는 상황이다. 그림 5·4에서 보여주는 것과 같은 경우는 물질의 동일한 영역에서 방사되는 파동이 빛의 반대방향으로 서로 합쳐지는 상황이 생긴다.

동일 지역이 빛의 반 파장만한 거리로 떨어져 있는 경우, 되돌아오는 파동의 전기장은 같은 위상을 가지고 있다. 그러므로 파동들은 서로 소멸되지 않고 더해진다. 이런 현상을 '보강 간섭(constructive interference)'이라 부르고 그 결과로 상당량의 전

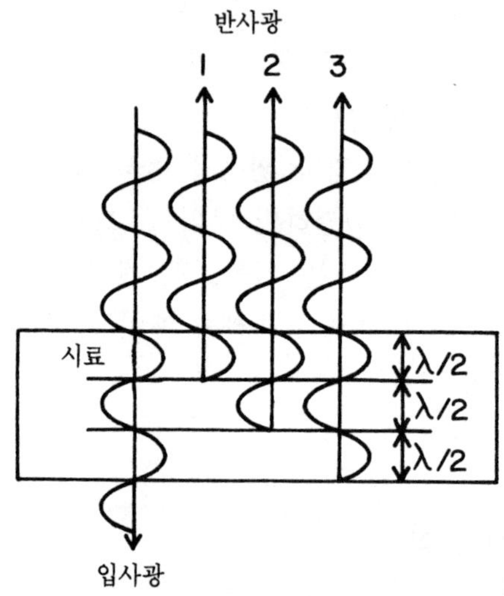

그림 5·4 시료의 영역이 일정하게 $\lambda/2$씩 떨어져 있을 때의 보강 간섭. 반사광은 모두 같은 위상에 있으므로 강한 반사광이 만들어진다.

자기파가 통과되기도 하고, 반사되기도 한다.

행군부대의 다양한 일과를 본 사람이면 보강 간섭이 왜 일어나는지 쉽게 이해할 수 있다. 네 걸음 간격으로 떨어진 열을 따라 행진하는 부대를 상상하라. 걸음이 네 발자국 거리를 두고 반복하기 때문에 우리는 부대가 나타내는 파장이 네 걸음과 일치한다고 유사를 만들 수 있다. 어느 한점에서 첫번째 줄(column)에 있는 첫번째 사람이 방향을 반대로 하고(충돌을 피하기 위해 약간 옆으로 옮겨서), 첫번째 줄에서 뒤따르는 사람이 같은 장소에서 같은 일을 반복한다. 만약 두번째 줄에 있는 사람들이 첫번째 줄에 있는 사람들보다 두 걸음 더 나아간 점에서 같은 연습을 수행한다면 그 두 줄은 부대와 반대방향으로 행진하면서 여전히 열(row)에 배열되어 있을 것이다. 전체 부대가 반대방향으로 열을 유지하면서 행진을 끝내는 것으로 하고, 다른 줄들은 두 걸음만큼 떨어진 점들에서 연습을 수행할 수 있다. 각 열의 구성원들은 바뀌지만 열 사이가 네 걸음인 열내의 구성원의 배열은 보존된다. 전자기파에서와 마찬가지로 서로 각각 같은 위상으로 출발한 부대의 줄들은 서로 같은 위상으로 끝나게 된다. 만약 줄들이 한 걸음 혹은 세 걸음만큼 떨어진 점들에서 연습이 수행된다면 이런 경우가 되지 않을 것이다.

5·4 선택 반사

나선구조가 피치의 절반의 거리를 두고 반복하고 있는 경우에는 나선구조의 피치가 액정 속을 진행하는 빛의 파장과 같을 때 카이랄 네마틱 액정에서 보강 간섭이 일어난다. 만약 여러 가지 파장을 가진 빛(예를 들면, 백색광)이 카이랄 네마틱 액정에 입사된다면, 액정의 피치와 같은 파장의 빛만을 제외하고는 대부분의 빛이 광학 활성을 가지고 액정을 통과한다. 이때 한 가지의 파장만을 반사하기 때문에 이런 현상을 '선택 반사(selective reflection)'라 한다. 이 파장의 빛이 가시광선 영역에 있다면 이 빛은 특정한 색을 가질 것이다. 이러한 이유로 카이랄 네마틱 액정은 종종 액정의 피치에 의해 유일하게 결정되는 밝은 색깔들을 띠게 된다.

같은 양만큼 오른쪽과 왼쪽으로 원편광된 빛이 카이랄 네마틱 액정으로 입사되는 경우를 생각해 보자. 색깔 있는 빛이 반사된다면, 카이랄 네마틱 액정의 나선구조가 오른쪽 방향인지 왼쪽 방향인지에 따라 빛이 오른쪽으로 편광된 빛인지 아닌지 알 수 있다. 반복되는 구조가 오른쪽 방향 또는 왼쪽 방향이라는 사실은 하나의 원편광에 대하여 보강 간섭을 일으키는, 즉 더하는 효

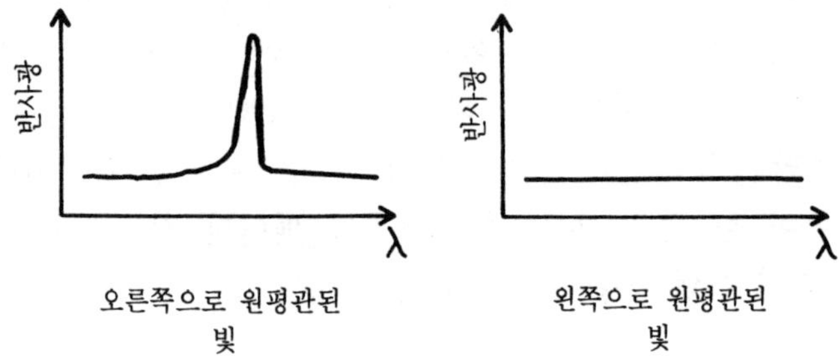

그림 5·5 카이랄 네마틱 액정으로부터 반사되는 빛을 측정한 전형적인 실험결과. 단 하나의 원편광된 빛이 반사되며, 이 경우는 빛의 파장이 액정의 피치와 일치될 때이다.

과가 일어난다. 그림 5·5에서 우리가 생각했던 것과 비슷한 실험의 결과들을 보여 준다. 매우 좁은 영역의 파장대에서 단지 하나의 편광된 빛만이 반사되는 것을 주목하라.

자연에서 선택 반사의 예 중에서 재미있는 것은 풍뎅이들의 색깔이다. 이들 풍뎅이 껍질의 발달단계 중 액정물질이 숨겨져 있다. 이들 물질은 분자들이 카이랄 네마틱 액정상태의 방향질서도를 갖고 고정되어 단단하다. 나선구조의 피치는 어떤 색의 빛을 선택하여 반사할 것인가 결정하고 풍뎅이에서 반사되는 빛은 원편광되어 있을 것이다.

5·5 비정상 광학 활성

원편광의 반사는 또한 광학 활성에서 극적인 효과를 나타낸다. 물론 충분히 두꺼운 시료와 적당한 파장의 빛에 대해서 단지 하나의 원편광만이 액정을 통과하고, 나머지는 완전히 반사된다. 이런 경우 광학 활성은 측정될 수 없다. 그러나 이 값 근처의 파

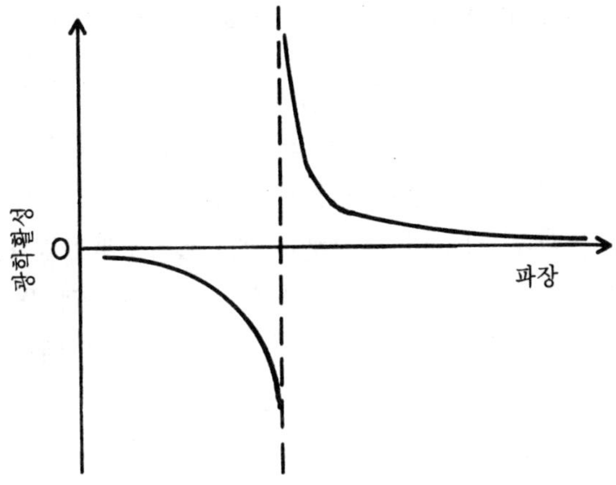

그림 5·6　카이랄 네마틱 액정에서의 비정상적인 광학 활성. 파장이 액정
의 피치와 같을 때 광학 활성은 갑자기 변화된다.

장에 대해서, 반사되는 편광의 굴절률은 원래의 굴절률보다 급격
히 작아지고, 반대의 편광은 급격히 커진다. 이것은 광학 활성의
부호(양 또는 음)가 굴절률의 크기에 달려 있기 때문에 이 파장
에서 광학 활성의 부호가 다른 부호로 급격히 변함을 의미한다.
게다가 광학 활성의 크기는 두 굴절률의 차이에 달려 있어서 이
부호의 변화는 광학 활성이 한 부호의 매우 큰 값에서 다른 부
호의 매우 큰 값으로 변함을 의미한다. 전형적인 액정 내에서 광
학 활성의 값들이 그림 5·6에 나타나 있다. 이 그림에서는 특정
파장의 빛에서의 극적인 효과를 확실히 보여준다. 이런 비정상적
인 현상은 매우 얇은 시료를 사용하여 선편광축을 극단적으로
크게 회전시킴으로서 만들어 낼 수 있다.

5·6 직교 편광자 사이의 카이랄 네마틱 액정

직교하는 편광자들 사이에 있는 네마틱 액정에서는, 네마틱 액정의 선형 복굴절이 선편광을 타원편광으로 바꾸고, 그들의 일부가 두번째 편광자를 투과하기 때문에 밝게 나타난다. 선형 복굴절의 양이 다소 파장에 의존하기 때문에, 스펙트럼(spectrum)의 한끝에 있는 빛이 다른쪽 끝에 있는 빛보다 더 많이 투과된다. 그러므로 네마틱 액정을 직교된 편광자들 사이에서 볼 때 약간의 색을 띨 수 있다.

카이랄 네마틱 액정에서의 상황은 매우 다르다. 첫번째 편광자는 선편광된 빛이 시료로 들어가게 한다. 그러나 카이랄 네마틱의 광학 활성은 편광축을 회전시키고, 그래서 약간의 빛이 두번째 편광자를 투과하게 된다. 편광축이 더 많이 회전될수록 시료에서는 더 많은 빛이 투과되어 나온다. 편광된 빛의 파장이 시료의 피치와 같을 경우에 빛의 편광은 시료를 투과하면서 더 많이 회전한다. 이 빛이 다른 파장보다 두번째 편광자를 더 많이 투과할 것이고, 그래서 관찰자가 볼 때 특별한 색을 가진다. 색은 단지 카이랄 네마틱 액정의 피치에 의존하기 때문에 직교하는 편광자들 사이에 있는 시료의 피치는 쉽게 결정할 수 있다. 이 효과로 인해 밝은 색을 가진 빛을 만들어 낼 수 있고, 그것이 사진 2에 나타나 있다.

5·7 일반적인 보강 간섭

보강 간섭은 빛이 z축에 대하여 어떤 각도를 유지하고 진행하더라도 가능하다. 이것이 그림 5·7에 나타나 있고, 여기서 액정의 동일한 두 점에서 방사되어 나오는 파동은 반복되는 카이랄 네마틱 층에서 반사되는 것처럼 그려져 있다. 보강 간섭이 일어나는 조건을 알려면, 아래층에서 반사되는 빛이 위층에서 반사되는 빛에 비해서 얼마나 많이 이동하는지를 계산해야 한다. 만약 이 거리가 한 파장과 같다면 반사되어 나오는 빛은 위상이 서로 같고, 서로 합쳐져 보강 간섭을 일으킬 것이다.

그림 5·7에서, 위쪽에서 e점 이후의 경로와 아래쪽에서 c점 이후의 경로가 같음을 주목하라. 아래쪽 경로로 진행하는 빛의 추가거리는 $(ab + bc)$에서 ae를 뺀 값이다. 이 추가거리를 결정하기 위해 아래쪽으로 나가는 경로를 뒤로 연장하고 a점에서 이 연장선에 수직으로 내릴 수 있다. 이 두 개의 거리 ab와 bd는 같다. 이것은 추가 경로 $(ab + bc - ae)$가 $(cd - ae)$와 같음을 의미하고, 이것은 정확히 df의 길이다. 그러나 df는 각 θ와 빗변 ad (=P)를 가지고 있는 직각삼각형 adf의 한 변이다. 그러므로 df는 $P\cos\theta$와 같다. 만약 액정에서 빛의 파장이 $P\cos\theta$와 같다면 표면의 수직에 대해 θ의 각으로 입사한 빛에서 보강 간섭이 일어난다. 이 결과는 빛이 z축을 따라 진행하는 경우에서와 같은 해답을 준다. 왜냐하면 이 경우는 $\theta = 0°$이고 반사조건은 파장이 피치와 같은 것으로 간단히 유도되기 때문이다.

카이랄 네마틱 액정들에 백색광이 입사될 때, 관측자가 시료를 보는 각도에 따라서 많은 색깔의 빛이 관측될 수 있다. 가장 긴 파장의 빛이 반사하는 조건은 액정에서 빛의 파장이 피치와 같은 경우이고 z축과 평행하게 반사되어 나온다. 다른 각도에서 반사되는 파장은 이 파장보다 더 작고 z축에 대한 각이 증가할수록 파장은 줄어든다. 그러므로 카이랄 네마틱 액정에서 한 방향으로 붉은 빛이 나타날 수 있으며 입사각이 점점 더 큰 각을 가질수록 노란색, 녹색 등등으로 나타난다.

또한 피치가 빛의 파장보다 클지라도 카이랄 네마틱 액정에

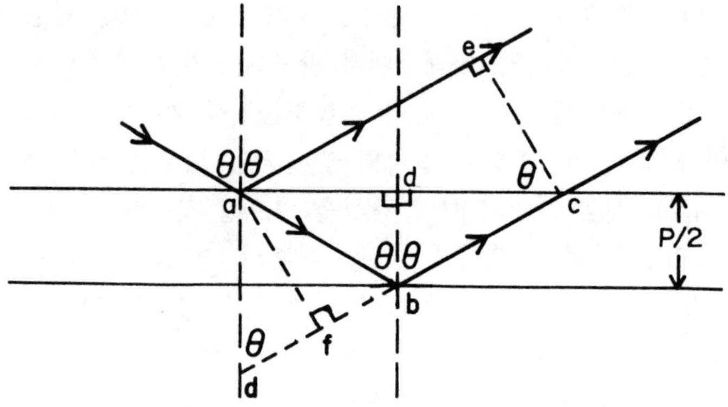

그림 5·7 빛이 평면에 수직한 선에 대해서 θ의 각으로 입사될 때 카이랄 네마틱 액정에서의 보강 간섭. 아래 경로는 위 경로보다 $P\cos\theta$만큼 길다. 그러므로 액정 내에서 빛의 파장이 $P\cos\theta$일 때 보강 간섭이 일어난다.

서 여러 가지 색깔을 관측할 수 있다. 큰 각도로 액정을 바라보는 것이 이런 상황에서 여러 가지 색깔을 관측할 수 있는 방법 중의 하나이다. 두번째는 보강 간섭의 다른 측면을 포함하는 것이다. 보강 간섭에서 반사의 조건은 시료의 동일한 점들에서 방사되어 나오는 빛의 경로차가 시료에 입사되는 빛의 파장과 같아야 된다. 이것으로부터 반사되는 모든 파동들이 같은 위상, 즉 보강되어 서로 더해져서 강한 파동이 됨을 확신할 수 있다. 만약 경로차가 파장의 두 배나 세 배와 같다면 역시 같은 결과가 가능하다. 다시 말하면 보강 간섭의 조건은 실제적으로 $P\cos\theta = m\lambda$ 이다. 여기서 m은 양의 정수이고 λ는 액정 내에서 빛의 파장이다. 그러므로 피치가 λ보다 크다 해도, 즉 m이 큰 정수값인 경우에 대해서 여전히 성립한다. 많은 카이랄 네마틱 액정들은 빛의 파장보다 약간 더 큰 피치값을 가지고 있다. 그래서 액정들은 형형색색으로 보인다. 그러나 만약 빛의 파장보다 액정의 피치가 더 작다면 색깔은 거의 관측할 수 없을 것이다.

5·8 카노 쐐기

선택 반사와 비정상적인 광학 활성에 대한 논의에서 카이랄 네마틱 액정의 피치는 선택 반사나 비정상적인 광학 활성이 일어나는 파장의 관측에 의해 측정될 수 있다. 이런 방법들이 가지고 있는 한 가지 문제는 액정 내에 있는 빛의 파장이 공기 중에 있을 때와 다르다는 것이다. 이런 변화의 이유는 4장에서 언급한 바와 같이 액정 속에서 빛의 속도가 감소하기 때문이다. 선택 반사 또는 비정상적인 광학 활성은 카이랄 네마틱 액정의 피치와 액정 내에서 빛의 파장이 일치될 때 일어난다. 이 빛은 공기 중에서보다 굴절률에 해당하는 양만큼 더 긴 파장을 갖는다. 그리고 이렇게 길어진 파장은 실험에 의해 측정된다. 그러므로 피치를 측정하기 위해서는 액정의 굴절률을 알고 있어야 하고, 이것은 추가로 실험을 필요로 한다.

다행히도 피치를 측정하는 또 다른 방법이 있는데, 이 방법을 사용하면 굴절률을 몰라도 된다. 이 방법은 연속적으로 벌어지고 있는 두 개의 유리면을 사용하는 방법이다. 이것은 평면을 갖는 두 개의 유리를 쐐기형태로 만들어 사용하거나 렌즈의 형태로 된 것을 간단히 유리판 위에 설치한다. 이러한 배열을 '카노 쐐기(Cano wedge)'라고 하는데 1960년대에 이 기술을 가장 먼저 개발한 프랑스 과학자 R. Cano의 이름에서 명명되었다. 만약 두 표면 사이에 있는 카이랄 네마틱 액정의 피치 축이 두 유리 표면들에 대해 수직으로 향하도록 돌려 놓으면, 쐐기 내의 두 표면 사이에 나선의 반 바퀴의 정수배에 해당하는 점들이 존재할 것이다. 이것은 그림 5·8에 설명되어 있다. 이 영역에서 카이랄 네마틱 액정의 피치는 일반적인 경우의 값과 같다. 그래서 액정은 변형되어 있지 않다. 이들 영역의 양쪽 면은 두 유리면

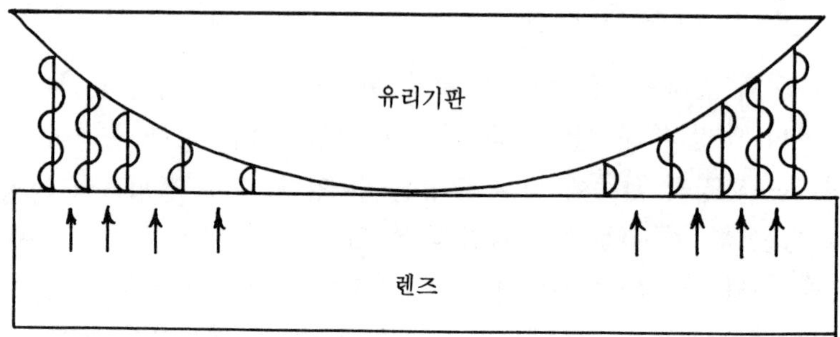

그림 5·8 유리기판과 렌즈에 의해서 만들어진 카노 쐐기. 두 유리표면 사이에 있는 카이랄 네마틱 액정은 두 표면에 수직한 나선축을 따라서 회전하고 있다(렌즈의 곡률은 과장되어 있다). 두 표면 사이의 거리가 반 피치의 정수배와 일치하는 지점에 나선이 그려져 있다. 수직 화살표는 결함이 있는 곳을 표시하고, 이곳에서 반 피치씩 변화된다.

사이에서 반 바퀴의 정수배로 되기 위해서 피치가 다소 변형되어야 한다.

보다 중요한 것은 대략 이들 영역들 중간에서 반 바퀴 나선의 숫자가 하나씩 변해야 한다는 사실이다. 이것은 편광현미경에서 뚜렷한 선으로 보이는 결함(defect)을 만들어 낸다. 쐐기의 경우는 같은 간격의 선들을 볼 수 있고, 평면에 있는 렌즈의 경우는 같은 간격이 아닌 동심원들을 볼 수 있다. 만약 이 선들 사이의 거리가 측정된다면 쐐기의 각이나 렌즈의 반지름으로부터 각각 결함이 있는 위치에서 두 표면 사이의 거리차를 계산할 수 있다. 이것은 1/2피치와 같아야만 한다.

선택 반사에 의한 색은 또한 이 선들 사이에서 변한다. 왜냐하면 두 표면들 사이의 거리가 길어지거나 짧아짐에 따라 피치가 약간씩 변하기 때문이다. 렌즈를 사용하여 얻은 카노 쐐기의 아름다운 모양이 사진 8에 나타나 있다.

5·9 X-선과 스멕틱 액정

X-선은 가시광선보다 짧은 파장을 가진 전자기파이다. 대개 X-선은 0.1nm 정도의 파장을 가진다. 비록 카이랄 네마틱 액정이 X-선보다도 큰 피치를 가져서 X-선을 반사하지 않는다 하더라도, 스멕틱 액정에서는 X-선의 보강 간섭이 일어난다.

스멕틱 액정은 층구조를 가지고 있어서 액정 내에 전기적, 자기적 성질이 같은 영역이 존재한다. 스멕틱 액정에서 이런 영역들간의 거리는 두 층이 떨어져 있는 거리와 같다. 스멕틱 층들 사이의 거리가 액정 분자의 길이와 대개 같기 때문에 그 영역들간의 거리는 카이랄 네마틱 액정의 피치보다 훨씬 작게 된다. 액정 분자의 길이는 대개 3nm 정도이다.

그림 5·9는 스멕틱 액정의 층구조에서 일어나는 보강 간섭을 설명하는 것이다. 이 그림은 그림 5·7과 유사성이 있다. 모든 결과가 그림 5·7과 같기 때문에 더 이상 부수적인 해석은 필요 없다. D가 두 층 사이의 거리일 때 X-선이 반사할 조건은 $2D\cos\theta = m\lambda$가 된다. 두 결과는 동일선 영역간의 거리가 카이랄 네마틱 액정에서는 P/2인 반면 스멕틱에서는 D이다. X-선의 경우 그 각도는 보통 X-선에서 스멕틱 액정의 평면을 기준으로 측정된다. 이때, 이 각도는 ϕ라고 정의한다(그림 5·9 참조). θ와 ϕ는 보수 관계($90-\theta=\phi$)이므로, $\cos\theta=\sin\phi$가 되고 X-신의 보강 간섭이 일어날 조건은 보통 $2D\sin\phi=m\lambda$로 나타낸다. 이것은 유명한 관계식으로 고체결정에서 X-선 반사를 설명하기 위해 처음으로 수식화되었고 '브래그의 법칙(Bragg's law)'이라 불린다.

X-선 실험은 스멕틱 액정의 층간 거리를 측정하는 데 효과적으로 쓰인다. 이와 같은 실험에서 어느 정도의 각도가 필요한

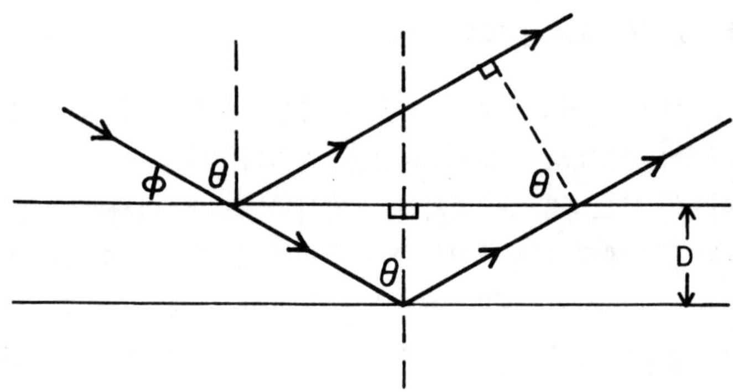

그림 5·9 X-선이 층과 ϕ의 각으로 입사될 때 스멕틱 액정에서의 보강 간섭. 아래의 경로는 위의 경로보다 $2D\sin\phi$만큼 길다. 그러므로 보강 간섭 은 X-선의 파장이 $2D\sin\phi$일 때 발생한다.

지 계산해 보자. 만약 D가 3nm이고 λ가 0.1nm이면 $m=1$에 해 당되는 반사의 각도 ϕ는 1°가 될 것이다. 이런 실험들은 아주 작은 각도로 반사되는 X-선을 감지하기 위해 고안되어야 한다.

스멕틱 액정에 대한 X-선 실험은 많은 다른 유형의 스멕틱 액정을 보여준다. 예를 들어 어떤 스멕틱 액정은 거의 분자 길이 의 한배 반 정도의 층들 사이의 거리를 가지고 있다. 이런 스멕 틱 상은 서로 중첩되어 평행하게 정렬하여 분자쌍을 형성하려는 경향을 지닌 분자들의 경우에 나타난다. 이런 쌍결합은 한쪽 끝 에 있는, 분자의 긴 축과 평행한 영구 분극이 존재하기 때문에 생기는 것이다. 그림 5·10(a)는 이런 분자쌍과 그 결과로 생긴 '스멕틱 A_d'상을 보여준다. 어떤 경우에는 분자들이 중첩 없이 층을 이루고 모든 두 층들 간의 경계에 분극들이 모여 있는 다 른 형식의 스멕틱 상을 이룬다. 이러한 상은 '스멕틱 A_2'라 부르 고 그림 5·10(b)에 나타나 있다. 이런 구조는 분자 두 개의 길 이와 같은 주기로 되풀이됨을 주목하라. 이것이 스멕틱 A 상 ('스멕틱 A_1'로 부름)과 사뭇 다른 것은 그 안에 있는 층내의 분

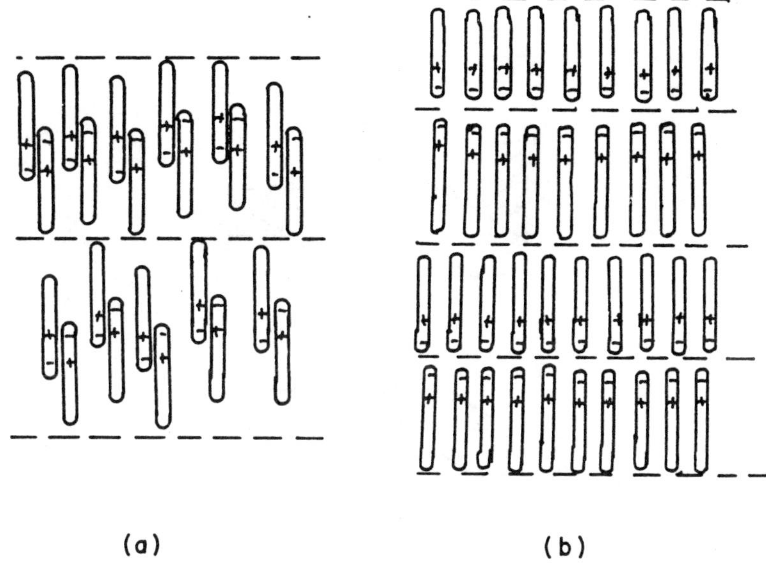

(a)　　　　　　　　　　**(b)**

그림 5·10   쌍을 이루려는 분자들에 의해서 형성된 스멕틱 상. (a)에서는 스멕틱 층 거리가 분자길이의 한배 반인 경우이며, (b)는 동일한 영역이 분자 길이의 두 배인 경우이다. +, −는 각 분자의 영구 쌍극자를 표시한다.

자들이 위 또는 아래로 자발적으로 정렬하는 것이다.

　1장에서 언급했듯이 어떤 스멕틱 액정은 각각의 층 내에 분자들이 정렬되어 있다. 이것은 층과 평행한 방향으로 아주 작은 길이(분자 길이보다는 분자폭의 길이)의 반복 구조를 만든다. 반복되는 영역에 의한 X-선의 반사가 가능하고 이것으로부터 분자들이 얼마나 주어진 층내에 정렬되어 있는지 알 수 있다. 이 실험은 다른 여러 가지 질서가 있음을 보여주고, 육각형의 중심과 꼭지점들을 연결하는 선상에 놓인 분자들이 대표적인 경우이다.

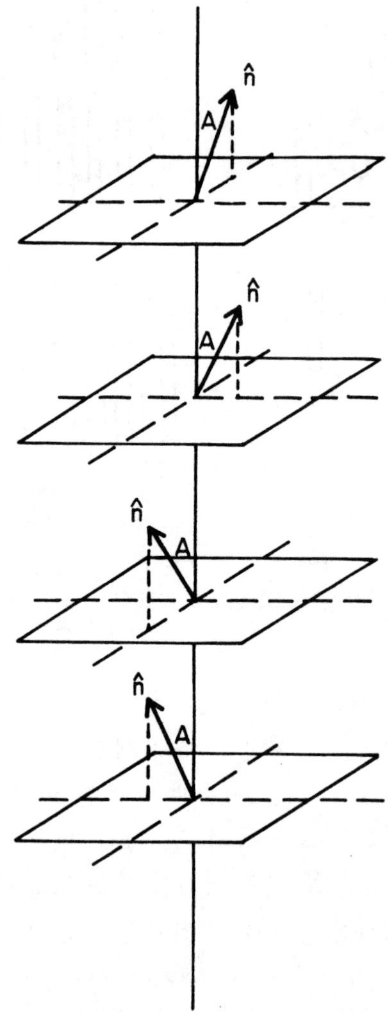

그림 5·11 카이랄 스멕틱 또는 스멕틱 C^* 상의 구조. 평면은 스멕틱 층을 나타낸다. 방향자는 스멕틱 층과 항상 일정한 각도를 유지하고, 층에 수직한 방향을 중심으로 층을 따라 방향자가 회전하고 있다.

5·10 카이랄 스멕틱 *C* 액정

보통, 액정이 카이랄 네마틱 상을 가지고 있고, 카이랄 스멕틱 상이 존재한다면, 스멕틱 상은 스멕틱 *A* 또는 스멕틱 *C* 이다. 그러나 어떤 경우에는 분자들이 비틀린 상을 이루려는 경향이 너무 강해서 스멕틱 상은 혼자 혹은 다른 스멕틱 상들과 함께 존재한다. 일반적으로 비틀린 스멕틱 상은 '카이랄 스멕틱' *C* 상 또는 간단히 '스멕틱 *C* '상이라 불린다. 그림 5·11에서 각각의 층은 그 층에 대해서 어떤 각도를 가지고 정렬하려는 분자들로 이루어진 스멕틱 *C* 액정의 대표적인 경우를 보여준다. 그러나 이 방향은 한층에서 다른 층으로 가면서 회전한다. 방향자와 스멕틱 층 사이의 각도는 일정하게 유지되나, 방향자는 한층에서 다른 층으로 가면서 회전함에 따라 원추의 외곽선을 그린다. 이 액정은 분자 길이와 층 간격이 거의 같지만 피치를 가지고 있다(피치는 방향자가 원추에 대해 완전히 한 바퀴 회전했을 때 이동하는 거리다). 그러므로 카이랄 스멕틱 *C* 액정은 다른 스멕틱 액정들과 마찬가지로 X-선을 반사하지만, 카이랄 네마틱 액정에서와 같이 빛을 반사할 수 있다. 이런 스멕틱 *C** 액정의 피치는 카이랄 네마틱 액정의 피치보다 큰 경향이 있으나 앞에서 설명했듯이 이것들은 여전히 가시광선을 반사시킨다. 스멕틱 *C** 액정은, 카이랄 네마틱 액정이 색깔을 보여주는 것과 같은 이유에서 현미경으로 보면 색상이 나타난다.

5·11 다른 형태의 스멕틱 액정

앞에서 언급했듯이 층내에 위치 질서(positional order)가 없는 스멕틱 *A*와 스멕틱 *C* 액정과는 달리 층들 내에 위치 질서가 존재하는 스멕틱 상이 있다. '스멕틱 B' 액정에 있는 분자는 평면에 수직으로 배열되려는 경향이 있는데 육각형망의 꼭지점과 중심에 위치한다. '스멕틱 F'와 '스멕틱 I' 상은 스멕틱 B 상이 경사진 것으로 이해되는데 분자의 경사가 육각형의 한 면과 수직인 것이 스멕틱 F 이고 평행한 것이 스멕틱 I 이다. 비록 한 스멕틱 평면에서 다른 스멕틱 평면으로는 육각형망들 사이의 상관관계가 거의 없지만 다른 평면들에서의 육각형의 방향은 일치한다. 이런 유형의 질서를 '결합 방향 질서(bond orientational order)'라고 한다.

또한, 스멕틱 상에는 경사진 것과 경사지지 않은 것이 있는데, 이것들은 모두 다른 스멕틱 평면들에 있는 분자들이 선호하는 위치 사이에 강한 상관관계를 보여준다. 이것은 스멕틱 E 상(경사지지 않고 사각형 배열)을 포함하고 스멕틱 G 상(경사진 사각형 배열), 스멕틱 H 상(경사진 육각형 배열)을 포함한다.

여기에는 또한 '스멕틱 D' 상이 있는데 이것은 분자들의 입체적(즉 3차원적) 배열 형식으로 볼 수 있다. 층구조를 형성한다는 증거는 거의 없으며, 이 상은 등방성인 것처럼 보인다.

스멕틱 C 상이 비틀리지 않은 것과 비틀린 형식으로 존재할 수 있는 것과 마찬가지로 층들 내에서 위치 질서를 가지고 한층으로부터 다른 층으로 가며 방향 질서의 방향이 회전하는 스멕틱 상도 있다. '스멕틱 H"' 상과 '스멕틱 I"' 상은 이것의 가장 좋은 예다.

최근에 카이랄 A 상의 새로운 유형이 보고되었다. 이 상에서는 비틀리지 않은 카이랄 스멕틱 A 층을 갖는 정상적 영역이 층들의 방향이 갑작스럽게 변화되는 결함구조에 의해 분리되어 있다. 방향자에 수직인 방향으로 한 영역에서 다른 영역으로 감에 따라 방향자는 나선(비록 연속적은 아니라도)으로 회전한다.

이러한 액정의 결함을 이해하는 것은 중요하며 10장에서 다루게
된다.

간단히 말해 많은 스멕틱 상들이 존재하고, 이들은 충내의
위치 질서와 층들 사이의 질서의 상관관계의 정도와 유형에 의
해 구분된다. 이러한 모든 서로 다른 상들의 존재는 학자들에게
협동계(cooperative systems)가 조건이 변화될 때 어떻게 행동하
는지 연구할 기회를 제공한다. 이러한 이유로 스멕틱 상들에 대
한 이론적인 그리고 실험적인 연구들 모두 활발한 연구 분야가
될 것이다.

5·12 매달린 액정막

비누막을 형성하는 것과 같은 방법으로 스멕틱 액정을 사용
하여 박막을 만드는 것이 가능하다. 소량의 액정을 유리판에 있
는 구멍 주위에 두고 다른 유리판으로 구멍을 가로질러 밀어 준
다. 그러면 액정의 일부분이 구멍을 가로질러서 막을 형성한다.
이 액정막의 두께는 구멍 주위에 있던 액정의 양과 두번째 유리
판의 끌어준 속도에 따라 결정된다. 이와 같은 방법으로 단지 몇
개의 스멕틱 층을 가지는 막을 만들 수가 있다. 이렇게 만들어진
막들은 너무 얇아서 두 표면에서 반사된 빛들 사이의 간섭을 만
들 수 없기 때문에 회색으로 보이게 된다. 그러나 막을 더 두껍
게 만들게 되면 가시광선 영역의 파장들 사이에서 어느 정도의
간섭을 일으킬 수 있게 되며, 막은 색채를 띠게 된다. 일반적으
로 1cm²의 면적에서 균일하고 오랜 기간 동안 안정한 막을 만들
어 낼 수 있다.

액정막은 과학적 연구에 많이 사용되고 있다. 어느 정도 두

게의 층들은 실질적으로 2차원적 특성을 가진 물리계로 나타낼 수 있다. 만약 우리의 상전이에 대한 일반적 이해가 유효하다면 2차원 계에서의 상전이는 3차원 계에서의 상전이와 대단히 달라야만 한다. 액정막에 대한 실험결과가 바로 이러한 개념을 입증하고 있다.

5·13 액정 분자들의 영상

액정이 선형분자들의 방향 질서를 가지고 있다는 사실에 대한 많은 증거들이 엄청남에도 불구하고 액정 분자들이 어떻게 같은 방향으로 향하는지를 명료하게 보여주는 실제 액정 분자들의 사진 같은 것은 없었다. 마찬가지로 하나의 스멕틱 액정의 분자들이 층구조로 배열한다는 것을 보여주는 사진은 대단히 설득력이 있을 것이다. 최근까지 이러한 생각은 꿈에 불과했지만 주사투사현미경(scanning tunneling microscope : STM)의 발달은 이러한 생각을 영원히 바뀌게 하였다.

STM은 기판에서부터 약 1nm 위에 고정된 작은 금속 침(tip)으로 흐르는 전류를 측정한다. 전류의 양(혹은 어느 수준의 전류를 유지하기 위해 요구되는 기판에서의 침의 높이)은 침 바로 아래에 있는 기판의 원자에 의존한다. 침이 기판을 가로질러 움직일 때 전류(혹은 높이)는 매우 밀접하게 위치하는 점들에서 측정된다. 이러한 것을 여러 번 반복함으로써 2차원적인 영상이 형성될 수 있다. 왜냐하면 어느 점에서의 밝기는 그 점에서의 전류의 양(혹은 침의 높이)에 해당되기 때문이다. 이러한 기술은 기판 위의 각 원자들의 영상을 만들어 낼 수가 있다.

최근의 연구가들은 소량의 액정을 극히 평평한 흑연(graphite) 결정 위에 놓고 실험을 수행하였다. STM의 금속 침을 액정 위에 놓아 두고 흑연의 표면에 점점 더 접근시킨다. 만약 영상을 만들 수 있을 만큼 충분히 침을 접근시킨다면(그러나 흑연 표면의 영상이 나오지 않도록 접근을 시켜야 한다), 액정 분자를 이루는 원자들의 영상을 얻을 수 있다. 이러한 영상들은 분자들이 서로 평행하게 배열되어 있다는 것과 스멕틱 액정의 분자들이 층들을 형성한다는 것을 명료하게 보여주고 있다. 이 영상들이 놀라운 만큼 이러한 STM 기법에도 한 가지 결점이 있다. 영상으로 나타나는 분자들이 흑연 기판에 매우 가까이 근접해 있고 이전에 언급했듯이 고체표면은 액정 분자들에 강한 힘을 작용한다. 그 결과로 STM 영상에서는 분자들이 시료 내부에서 갖게 되는 질서보다 더 큰 값을 준다. 또한 분자들이 흑연 표면 근처에 있는 원자들에 의해 정의된 방향으로 따라 배열된다. 어떠한 경우거나 이 영상들은 다양한 액정상들의 모습을 기술하기 위하여 단지 숙련된 판단과 지적 창의성을 사용하고 있는 수많은 과학자들에게 알맞은 선물일 것이다.

제 6 장
액정 디스플레이

우리는 정보시대에 살고 있다. 이것은 최근 컴퓨터 기술의 급격한 발달로 인해 많은 양의 정보를 취급하고 있음을 의미하는 것이다. 그러나 이러한 발전에는 기계에서 인간으로의 정보의 전이라는 다른 국면이 있다. 예를 들어, 대부분의 컴퓨터는 사용자가 쉽게 사용하기 위해서 문자와 숫자 또는 그래픽 디스플레이가 구비되어야만 한다. 자동차, 음향기기, 항공기 등에서 발견할 수 있는 마이크로 프로세서들 역시 사용자를 위하여 표시되는 자료를 다룬다. 문자와 숫자 디스플레이(alphanumeric display)는 보통 이런 정보를 처리하는 데 사용되곤 한다. 따라서 디스플레이 기술이 컴퓨터 기술의 발달로 얻을 수 있는 장점을 이용하기 위해서 함께 발달되는 것은 그다지 놀라운 일이 아니다. '액정 디스플레이(LCD)'는 이러한 발전에서 중요한 역할을 해왔고, 미래에 더욱 많은 역할을 담당하게 될 것이다. 액정 디스플레이의 기능에 대해서 이야기하기 전에 우선 정보 디스플레이들의 일반적인 사항에 대해서 간단히 이야기하고자 한다.

6·1 정보 디스플레이

모든 정보 디스플레이는 그 기능을 수행하기 위하여 빛을 조절할 수 있는 능력을 활용한다. 디스플레이의 어떤 부분은 밝게, 또 어떤 부분은 어둡게 조절하여 정보를 사용자에게 전달한다. 어떻게 이것이 수행되는가 하는 가장 간단한 예로 7개 선분 숫자 디스플레이(the seven-segment numeric display)가 있다. 7개 선분이 가지는 각각의 영역은 십진수를 표시할 수 있도록 독립적으로 제어된다. 그림 6·1(a)에 7선분으로 만들어진 디스플레이가 나타나 있다. 십진수와 알파벳 글자 모두는 14개의 선

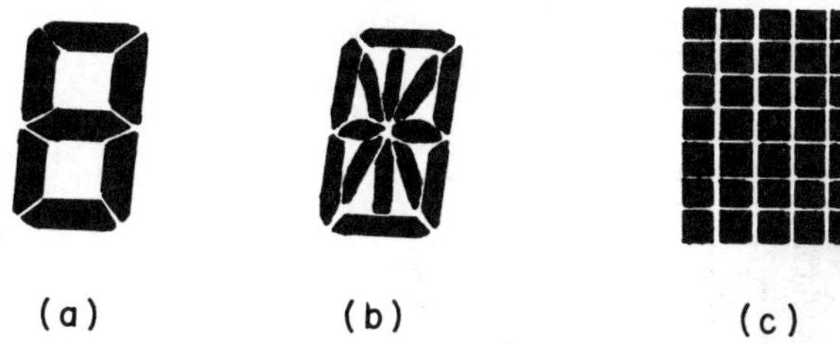

그림 6·1 세 가지 다른 디스플레이 형태. (a) 숫자를 표시할 수 있는 7-선분 디스플레이, (b) 숫자와 문자를 표시할 수 있는 14-선분 디스플레이, (c) 숫자와 문자 그리고 다른 기호를 위한 5×7 점 행렬 디스플레이

분에 의해 제어되어 만들어질 수 있다. 이와 같은 디스플레이는 그림 6·2(b)에 그려져 있다. 만약 더 만족스러운 디스플레이가 요구된다면, 5×7의 점 행렬(dot matrix)이 사용될 수 있다. 여기서 35개의 다른 영역들은 그림 6·1(c)에서와 같이 더욱 세밀한 문자들과 숫자들을 표시하기 위하여 독립적으로 제어된다. 이러한 디스플레이는 비교적 규모가 큰 것으로, 전체 영역이 독립적으로 제어될 수 있는 작은 영역인 화소(pixel)로 구성되어 있다. 이런 디스플레이는 문자와 숫자 그리고 그림으로 표현되는 정보를 나타내기 위해서 360개의 행과 720개의 열(달리 말해 259,200개의 화소)을 가질 수도 있다.

디스플레이의 복잡성에 관계없이, 기본적인 동작원리는 디스플레이의 화소에서 빛을 세어하는 데 있다. 이것은 두 가지 방법으로 행해진다. 각각의 화소는 빛을 발생할 수 있는 능력을 갖도록 할 수 있다. 이것은 '능동 디스플레이(active display)'라 불리고, 두 가지 좋은 예로 음극선관(cathode-ray tube : CRT)과 발광 다이오드(light-emitting diode : LED)가 있다. CRT 화면은 전자 빔이 충돌할 때 빛을 방출하는 형광체를 갖고 있다. 각 화소는 오직 전자 빔이 충돌함으로써 빛을 발생시키도록 만들어

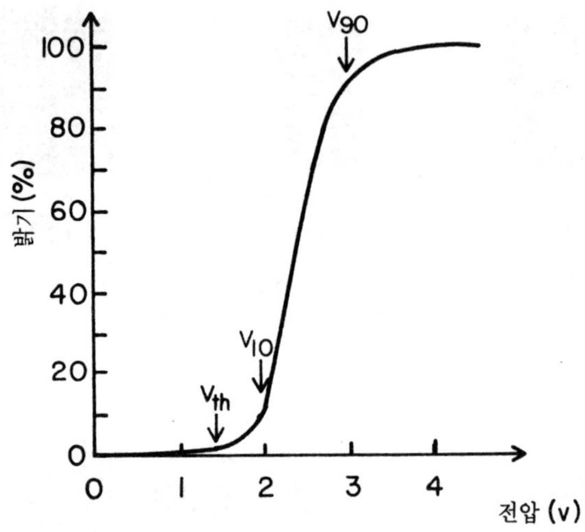

그림 6·2 전형적인 디스플레이의 특성. V_{th}는 문턱전압(threshold voltage), V_{10}는 10% 밝기일 때의 전압, V_{90}는 90% 밝기일 때의 전압을 각각 나타낸다.

져 있다. 발광 다이오드 디스플레이의 각 화소는 전압이 다이오드에 걸렸을 때 빛을 내는 작은 발광 다이오드를 갖고 있다. 다이오드에 걸린 전압을 조절함으로써 다양한 문자와 숫자들이 만들어질 수 있다. 디스플레이의 두번째 형태는 빛을 발생하지 않으나 디스플레이에 의해 반사되거나 투과하는 빛의 양을 조절한다. 이것은 '수동 디스플레이(passive display)'라고 부른다. 몇몇 수동 디스플레이에서 실제 디스플레이 뒷면 또는 측면에 빛을 발생시키는 장치가 있다. 또한 주위에 존재하는 빛이 사용되는 경우도 있다. 수동 디스플레이의 종류는 그다지 많지 않으며, 액정 디스플레이가 그 중 가장 중요하게 인식되고 있다.

주위에 존재하는 빛을 사용하는 수동 디스플레이는 빛을 발생하기 위하여 전력을 소비하지 않는다. 따라서 동작에 필요한

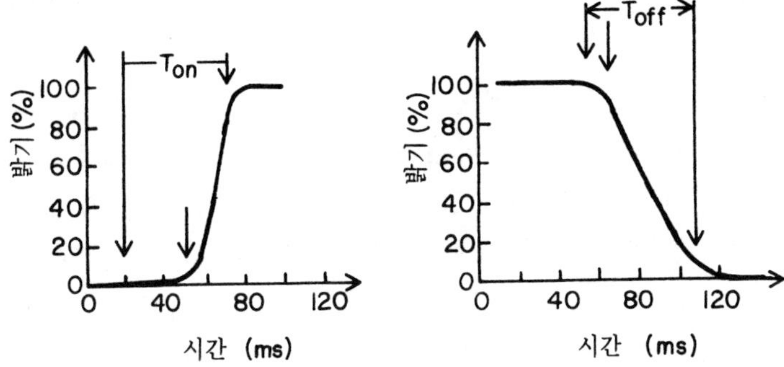

그림 6·3 전형적인 액정 디스플레이의 켜짐과 꺼짐 특성. T_{on}과 T_{off}는 인가한 전압 변화와 밝기의 90% 변화 사이의 걸리는 시간을 나타낸다. 가운데의 화살표는 각 경우에 밝기의 10% 변화에 요구되는 시간을 보여준다.

전력이 상당히 적게 든다. 이것은 주위에 존재하는 빛에 의존하는 액정 디스플레이의 가장 큰 장점이다. 수동 디스플레이들이 동작되는 데 필요한 전력의 양은 다른 디스플레이에 비하여 상당히 적다. 즉 손목 시계, 휴대용 라디오와 테이프 재생기, 그리고 포켓 계산기와 같이 전지로 구동되는 장비들에 LCD가 사용되었다.

능동 또는 수동 디스플레이에서 각 화소의 빛의 세기는 보통 그 화소를 조절하는 장치에 전압을 걸어줌으로써 수행된다 (분명히 CRT는 제외된다). 걸린 전압에 대해 디스플레이가 이렇게 반응하는가에 따라 그 성능이 얼마나 좋은가 하는 것이 결정된다. 예를 들어, 그림 6·2는 걸어준 전압에 대해 디스플레이로부터 나오는 빛의 밝기의 **변화**를 보여준다. 여기에는 중요한 두 가지 반응 특성이 있다. 첫번째는 밝기의 변화가 시작되는 전압은 얼마인가 하는 것이다. 이것은 '문턱전압(threshold voltage)'이라 불리며 그림에 표시되어 있다. 두번째 특성은 화소에서 투과되는 빛의 밝기가 10%에서 90%로 변화되는 데 얼마나 많은 전압증가가 필요한가에 있다. 이것은 보통 $V_{90}-V_{10}$으로 표시된다. 이 값이 작으면 작을수록 반응은 더욱 가파르다. 가파른 반응($V_{90}-V_{10}$)은 화소가 밝거나 어두움만을 표시하도록 고안된 디스플레이에서는 장점이 될 수 있다. 그러나 '계조표시(gray scale)'를 이용하는 다른 유형의 디스플레이도 있다. 이러한 디스플레이에서는 각 화소가 다양한 밝기의 정도를 가질 수 있다. 이러한 특성은 V_{10}과 V_{90} 사이에서 전압을 조절함으로써 얻을 수 있으며, 만약 소자의 반응이 아주 '가파르지(sharp)' 않다면 이 특성은 쉽게 구현된다.

디스플레이 소자의 또 다른 특성은 전압이 걸리거나 제거됨에 따라 얼마나 빨리 소자가 반응하는가 하는 것이다. 이런 반응의 한 예가 그림 6·3에 그려져 있다. 전압을 인가할 때의 반응과 전압을 제거했을 때의 반응이 다르다는 것을 주목하여야 한다. '스위칭 혹은 응답시간(switching time)' T_{on}은 전압이 인가될 때부터 10% 반응이 일어날 때까지의 시간과 10%에서 90%까지 반응이 일어나는 데 걸리는 시간을 더한 값이다. 마찬가지로 응답시간 T_{off}는 전압이 제거된 시간부터 10%의 변화가 일어난 시간과 10%에서 90%까지 반응이 일어나는 데 걸리는 시간을 더한 값이다. 대부분의 액정 디스플레이에서 T_{on}과 T_{off}는 서로 다르다. 왜냐하면 전압이 인가될 때는 전압과의 반응에 의해 켜진 상태가 되나, 전압이 제거될 때는 단지 액정의 탄성력에 의한 완화의 과정으로 꺼진 상태로 돌아가기 때문이다. 얼마나 빨리 반응을 하는가를 결정하는 액정의 물질상수는 '회전점도(orientational viscosity)'이다. 즉 전압에 의해서 액정의 방향자가 방향을 변화시키려고 할 때, 액정이 갖는 유체저항을 뜻한다. 걸린 전압이 제거된 후 액정이 완화되기까지 걸리는 시간은 점도에 매우 의존한다. 마찬가지로 전압이 걸렸을 때 켜진 상태가 되기까지 걸리는 시간도 상대적으로는 약하지만 역시 점도의 영향을 받는다.

아마도 디스플레이의 가장 큰 특성 중 하나는 한 화소가 켜졌을 때와 꺼졌을 때의 밝기 차이다. 그림 6·2와 6·3에서 각 상태의 밝기는 전압 또는 시간축 위에 있는 곡선의 높이에 의해 결정된다. 밝기에서의 차이는 일반적으로 '대비(contrast)'라 불린다. 그것은 두 밝기의 값의 차를 두 값 중 큰 값으로 나눈 값으로 정의된다. 분명히게 이 대비가 1로 집근하면 성능이 우수하다. 종종 액정 디스플레이에서 이러한 특성을 기술하는 데 사용되는 다른 용어는 '대비비(contrast ratio)'이다. 이것은 두 밝기 중 큰 값을 작은 값으로 나눈 것으로 정의한다. 좋은 대비를 갖는 소자는 다른 어느 것보다 큰 대비비를 갖는다. 대부분의 디스플레이는 10에서 40 정도의 값을 가지고 있다.

어떤 디스플레이들은 흥미롭게도 문턱전압과 대비비가 디스플레이를 바라보는 각도에 의존한다. 이것은 특히 수동 디스플레이에서 잘 나타난다. 그리고 우리는 이것이 LCD의 단점임을 알게 될 것이다.

6·2 디스플레이의 구동방법

디스플레이를 형성하고 있는 다양한 소자들을 구동하기 위하여 어떤 전압을 걸어주어야 하는지를 논의하고자 한다. 만약 디스플레이의 각 화소가 직접 전압을 걸어주는 회로소자와 연결된다면 우리는 이런 것을 '직접구동(direct addressing)'이라고 부른다. 이것의 장점은 각각의 화소가 일정하게 독립적으로 조절

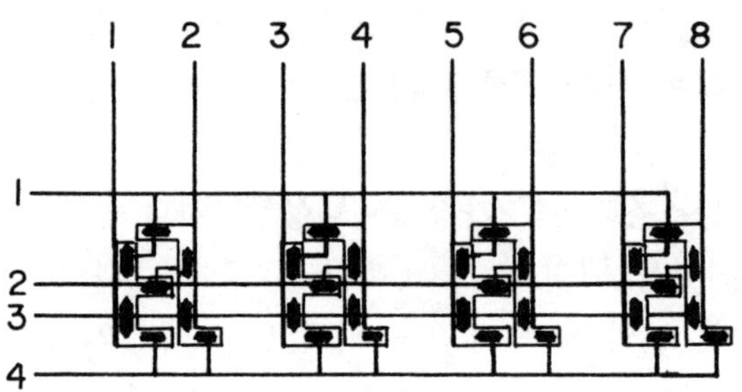

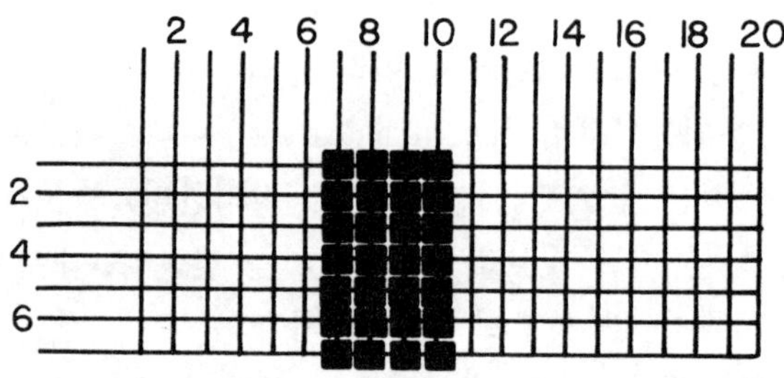

그림 6·4 두 종류의 다중구동 디스플레이. 위의 디스플레이에서 각 열은 각 숫자의 두 조각에 연결되어 있고 각 행은 단일 숫자의 네 조각에 연결되어 있다. 각 열과 한 행에 전압을 인가하면 각 숫자의 두 조각이 켜진다. 이와 같은 과정으로 행렬 디스플레이의 원하는 화소가 켜진다. 액정 디스플레이에서는 전극의 한 면에 행이 연결되어 있고 다른 면에는 열이 연결되어 있으며 그 사이에 액정물질이 있다.

된다는 것이고 단점은 각 화소가 회로소자와 반드시 연결되어야 한다는 것이다. 다른 사용 방법으로는 '다중구동(multiplexing)' 이라 불리는 것이 있다. 이런 종류의 구동의 한 예로는 행의 모든 화소가 함께 연결되고 또한 열의 모든 화소가 함께 연결된 디스플레이다. 이러한 형태는 7개의 선분으로 된 디스플레이와 그래픽 디스플레이들로 그림 6·4에 그려져 있다. 각각의 화소는 동시에 알맞은 전압이 적당한 행과 열에 걸리도록 함으로써 구동된다. 분명히 같은 행과 열에서 다른 화소들은 전압이 걸리기는 하나 켜지지 않도록 충분히 낮아야만 한다. 이런 배열의 장점은 아주 적은 수의 연결만이 디스플레이에 요구된다는 것이다.

추가로 다중구동에서는 동시에 모든 화소에 적합한 전압이 걸리지 않는다. 각 열에 적당한 전압을 걸어주면서 동시에 1행에 전압이 걸린다. 이것으로 첫째 행의 모든 영역이 적당히 밝아지고 다음에 2행에 전압을 걸어주고 동시에 각 열에 적당한 전압을 걸어준다. 이것은 정확하게 둘째 행의 모든 화소를 밝게 한다. 달리 말해, 매번 열에 인가되는 전압을 변화시키면서 모든 N행을 통하여 한 행씩 주기를 이루도록 하여야 한다. 이는 켜진 화소에 단지 N행의 주기에 한번씩 적당한 전압이 인가되고 나머지 시간 동안에는 아주 작은 전압이 인가된다. 꺼진 상태의 화소에는 항상 작은 전압이 인가된다. 각각의 화소가 받는 켜짐 전압(the on voltage)의 시간분할은 '순환주기(duty cycle)'라고 불리고 $1/N$과 같다. 액정 디스플레이들은 한 주기에 걸쳐 인가된 평균전압에 반응한다. 한 화소가 켜졌을 때 걸린 전압은 한 주기에 걸친 평균전압이 꺼진 화소의 평균전압보다 더 크다. 불행하게도, N이 클수록 걸린 전압의 시간분할은 더욱 작아지고, 켜지거나 꺼진 영역에 대한 평균전압 차이 역시 더욱 작아진다. 따라서 행들의 개수에 제한이 있다. 왜냐하면 평균전압의 차는(따라서 디스플레이 대비는) 행의 수가 증가함에 따라 작아지기 때문이다. '가파른(sharp)' 전압반응(작은 $V_{90}-V_{10}$)은 단지 이러한 상황을 극복하기 위한 것이다. 왜냐하면 전압반응이 가파를 때 문턱전압 바로 아래값에 꺼진 상태의 평균전압을 인가할 수 있으며, 반면 켜진 영역의 평균전압은 V_{90} 근처에 인가될 수 있기 때문이다. 이때 'N, 즉 다중구동 정도(degree of multiplexing)'가

크면 좋은 대비비를 가질 수 있다.

마지막으로, 다중구동에서는 한 행과 모든 열에 짧은 시간 동안 전압이 인가된다. 따라서 모든 열을 통해 완전한 주기 동안에 전압이 인가되지 않는 시간은 N이 증가함에 따라 증가한다. 만약 이 간격이 길면 켜진 화소들은 깜박거릴 것이다. 따라서 다중구동으로 구동되는 디스플레이는 한 화소가 켜짐에서 꺼짐으로 변할 때 다소 긴 응답시간을 가지는 것이 좋다. 이것은 그 화소가 그 주기 동안 켜진 상태로 유지되도록 해주며 깜박거림(flicker)을 줄인다. 더 나은 디스플레이는 화소를 켜는 전압이 제거된 후, 다른 전압이 인가되어 화소가 꺼질 때까지 켜진 채로 있는 특성을 가지는 것이다. 이와 같은 디스플레이는 '저장 디스플레이(storage display)'라 불리고 액정을 사용하여 만들어질 수도 있다.

6·3 동적 산란 모드

최초의 액정 디스플레이는 전기장의 세기가 클 때 액정막에 의해 빛이 산란되는 특성을 이용하였다. 3장에서 논의했던 것처럼 이 현상은 전기장에 수직하게 배향하려는 액정이 두 유리판 사이에서 수직배향조직을 가질 때 발생한다. 강한 전기장의 인가는 액정 내에 대전된 불순물을 흐르게 하여 액정막에서 난류를 유발시킨다. 비록 난류가 없는 액정막이 투명할지라도 난류상태의 액정막은 강하게 빛을 산란시키고 하얗게 보이게 된다. 디스플레이 뒤에 있는 반사경은 실내의 빛을 사용할 수 있는 기능을 갖도록 한다. 이런 디스플레이가 그림 6·5에 그려져 있다. 이 그림에서 보면 분명히 LCD에 인가되는 전압이 '투명전극(trans-

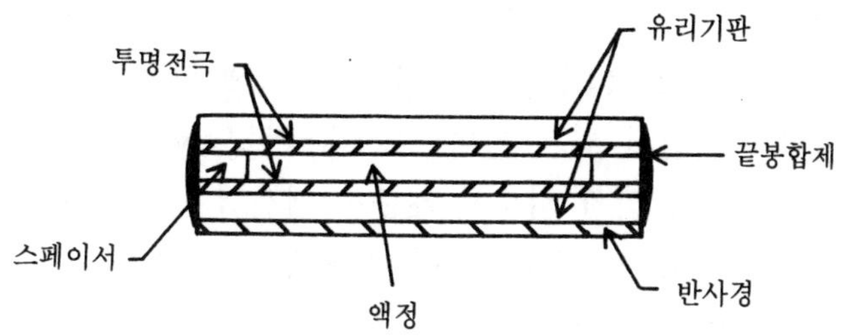

그림 6·5 전형적인 액정 디스플레이 시편. 반사경은 반사모드(reflection mode)로 사용되는 경우에만 있다.

parent electrode)'에 의해 가해져야만 한다는 것이다. 이것은 유리에 입혀진 얇은 주석(tin)산화막 또는 인듐(indium)산화막이다. 이 막은 전기적 도체로서 작용하도록 충분히 두껍지만 대부분의 빛은 통과할 수 있도록 얇다. 이러한 투명한 전극은 어떤 크기와 모양으로도 만들어질 수 있다. 따라서 숫자들, 문자들, 그래픽 정보를 위해서 여러 가지 모양으로 만들어진다.

동적 산란 모드(dynamic scattering mode) LCD를 구동시키기 위해 필요한 전압은 거의 10~20V이다. 이는 다른 LCD들에 비해 높은 편이다. 이러한 용도의 액정은 반드시 대전된 불순물을 가져야 한다(액정에 불순물을 첨가함으로써 얻어지기도 하며, 대부분의 액정은 대전된 불순물을 가지고 있다). 거의 대부분의 LCD들에서처럼 동적 산란 모드 LCD에서 이 소자에 걸린 전압이 부단히 반전된다. 이것은 전극에 전하가 축적되는 것과 액정에 전기화학작용이 발생하는 것을 모두 억제하기 위한 것이다. 동적 산란 모드가 전하의 움직임에 의존하기 때문에 전압의 극성은 매초 너무 많은 횟수로 반전되지 않아야 하고, 그렇지 않으면 전하들이 전압이 반전하는 동안 멀리 흐를 수 있을 만큼 충분한 시간을 갖지 못하게 된다. 초당 약 천 번 정도의 반전속도가 알맞다.

동적 산란 모드 LCD는 투명한 바탕 위에 탁한 흰색으로 나타난다. 비록 색깔이 있는 필터들이 디스플레이에 부착될 수 있지만 이것은 단지 읽기 쉽도록 해주는 개선책일 뿐이며, 대비비는 여전히 높지 않다. 이러한 이유로 현재 동적 산란 모드 LCD는 거의 사용되지 않는다.

6·4 카이랄 네마틱 모드

저장 디스플레이는 카이랄 네마틱(chiral nematic) 액정에서 동적 산란 모드를 이용하여 만들 수 있다. 만약 분자들을 유리 표면에 평행하게 놓이도록 하면 액정은 유리 표면에 수직한 나선축을 가진 구조를 갖는다. 이 상태에서 시편은 투명하게 나타난다. 만약 액정의 나선축이 전기장에 대하여 수직한 방향을 선호한다면, 상당히 높은 전압이 인가될 때 투명한 상태의 구조가 탁하게 나타날 것이다. 왜냐하면 이 구조가 배열되지 않은 작은 영역으로 쪼개진다는 사실 때문이다. 밝게 산란되는 이러한 상태는 전압이 제거된 후에도 남아 있다. 전압이 높고 전압의 극성이 빠르게 반전될 때 시편은 원래의 투명한 배열상태로 복원된다. 이런 LCD는 매우 높은 전압(켜기 위해 40~100V, 끄기 위해 거의 300V)이 필요하다. 응답속도는(디스플레이 목적으로는) 상당히 길며 $T_{on}=0.08$초, $T_{off}=1$초 정도이다. 동적 산란 모드 LCD에서처럼 대비비는 그리 좋지 않다. 전기장에 평행한 배열을 선호하는 카이랄 네마틱 액정을 사용한 또 다른 유형의 LCD가 있다. 정확하게 준비된 시편에서 액정은 밝은 흰색으로 나타나는(수많은 작은 영역으로 구성된) 배열이 되지 않은 구조가 된다. 전압이 인가되면 분자들이 유리 표면에 수직으로 향하게 되어 투명한 균일한 구조를 만든다. 그러나 전압이 제거되면 액정은 배열되지 않은 구조로 다시 돌아가기 때문에 이 구조에서는 저장능력이 없다. 비록 응답시간이 매우 짧더라도 대비비는 여전히 아주 빈약하다.

6·5 비틀린 네마틱 모드

비틀린 네마틱 모드(twisted nematic mode : TN) LCD는 1970년대 초기에 개발되었고 빠르게 액정 디스플레이 기술의 주류가 되었다. 이것이 현재 사용하는 액정 디스플레이의 대표적인 형태이며, 최근 20년 동안 계속해서 특성이 개선되어 왔다.

'비틀린 네마틱(TN)' 디스플레이는 각각의 유리 바깥 면에 교차하는 편광자를 가지고 있어 이제까지 얘기했던 것들과는 구조가 다르다. 그림 6·6에 그려져 있듯이 위로부터 시편에 입사된 빛은 오른쪽 또는 왼쪽 방향을 따라 편광된다. 유리 표면은 그 면에 수평하게 액정 분자들이 배열될 수 있도록 처리되어 있는데, 위의 유리면에 대해서는 오른쪽 또는 왼쪽 방향으로 그리고 아래의 유리면에 대하여는 지면으로 들어가는 또는 지면 밖으로 나오는 방향에 액정 분자가 놓이도록 되어 있다. 따라서 네마틱 액정의 방향자는 시편 내에서 90°로 비틀어지도록 되어 있다. 이 비틀림은 카이랄 네마틱 액정의 비틀린 각도와 같다. 그러므로 이 액정의 광학적 특성은 빛이 시편을 통과하면서 편광 방향이 90° 회전된다는 점이다. 시편의 두께와 액정물질의 정확한 선택으로 편광방향의 회전은 방향자의 비틀림을 따르도록 만들어질 수 있다. 두번째 편광자에 빛이 다다랐을 때 빛의 편광방

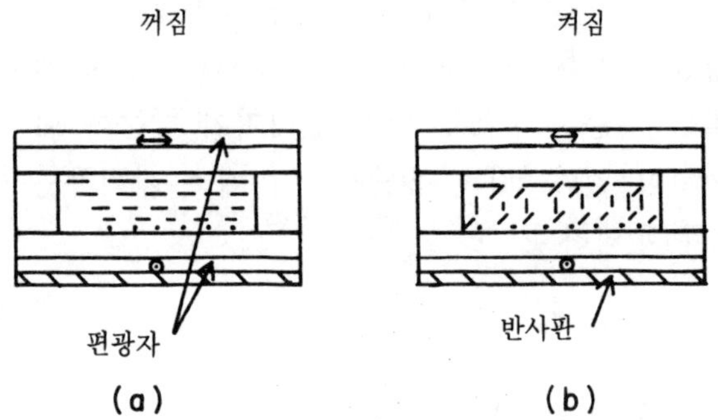

그림 6·6 비틀린 네마틱 액정 디스플레이. 편광자가 시편의 양쪽 면에 직교하도록 부착되어 있다. (a) 전기장이 없으면, 방향자는 표면에 의해 90°로 비틀려 있다. 이것이 빛의 편광방향을 90° 돌려주고, 빛이 두번째 편광자를 통과할 수 있게 해준다. (b) 전기장이 인가되면, 방향자의 90° 회전을 없애 주고, 결과적으로 빛이 두번째 편광자를 통과하지 못하게 한다.

향은 회전한다. 이 편광자는 지면 안으로 또는 밖으로 향하는 전기장을 가진 빛을 통과할 수 있게 한다. 즉 그것은 빛이 두번째 편광자에 도달하였을 때의 빛의 상태와 같다. 두번째 편광자 뒤에는 빛이 시편을 통과하여 역으로 반사하게 하는 반사판이 있다. 이 편광방향은 빛이 아래의 편광자를 통과하면서 여전히 지면의 안과 밖으로 향하는 방향이고, 액정에 의해 빛이 90° 회전하게 되어 위의 편광자를 통과하여 빛은 시편으로부터 나온다. 이 상태에서 시편은 투명한 은빛으로 나타난다.

　이 상황은 전압이 시편에 걸렸을 때는 아주 판이하다. 네마틱 액정은 전기장에 평행하게 배열하려고 한다. 걸어준 전압이 프레데릭츠(Freedericksz) 전이에 대한 문턱값(3장을 보라)보다 클 때 방향자의 배열은 비틀린 상태로부터 그림 6·6(b)에 그려져 있는 것과 같이 변형된 상태로 바뀐다. 오로지 표면 근처에만 비틀림이 남아 있을 뿐이다. 시편을 투과하는 빛의 편광방향은 약간만 회전된다. 이는 위의 편광자를 통과한 빛이 거의 모두가 아래의 편광자를 통과할 수 없다는 의미이다. 시편으로부터 뒤에서 반사된 빛이 없기 때문에, 전압이 걸리지 않은 화소는 은빛 투명하게 나타나는 반면 전압이 걸린 화소는 어둡게 나타난다. 전압이 제거되면 액정의 탄성력에 의한 즉각적인 이완으로 원래의 상태인 90° 비틀린 구조로 돌아간다. 이 결과로 좋은 대비비와 만족스러운 응답시간을 갖게 된다.

비틀린 네마틱 LCD는 두 가지 모드에서 작동될 수 있다. 그림 6·6은 주위에 존재하는 빛을 이용하도록 설계된 비틀린 네마틱 시편을 그려 놓은 것이다. 이 시편과 반사판은 관측자의 눈에 들어오는 빛의 비율을 제어한다. 비틀린 네마틱 시편은 또한 투과 모드(transmissive mode)에서 작동되도록 고안될 수 있다. 이때 반사판이 제거되고 대신에 시편 뒤에 광원이 놓인다. 광원으로부터 나오는 빛은 전압이 걸리지 않았을 때 시편에서 90° 회전하면서 후면의 편광자에 의해 편광되어 전면의 편광자를 통과한다. 만약 전압이 걸리면 후면의 편광자에 의해 편광된 빛은 시편에서 회전하지 않는다. 따라서 전면의 편광자를 투과할 수 없다. 관측자는 밝은 바탕에 어두운 화소를 보게 된다. 때때로 투과 모드 LCD는 전후면의 편광자를 서로 평행하게 부착하기도 한다. 이 경우 전압이 걸리지 않으면 적은 양의 빛이 시편을 통과한다. 반면 전압이 걸리면 거의 모든 빛이 투과된다. 따라서 관측자는 어두운 바탕 위에 밝은 글자를 본다. 물론 투과 모드에서 사용될 때, 필요한 전력은 광원에서 빛을 발생시키는 만큼 더 크게 된다.

비틀린 네마틱 LCD의 한 가지 장점은 문턱전압이 수볼트 정도로 낮다는 것이다. 가장 큰 장점은 높은 대비비다. 불행히도 이것은 편광자의 사용을 통해서 이루어질 수 있는데 이것은 문제를 야기시키게 된다. 예를 들어 편광자가 입사된 빛의 1/2과 1/3 사이를 투과한다고 하면 두 편광자가 사용될 때 디스플레이의 밝기가 상당히 감소된다. 더구나 시편의 광학적 활성(optical activity)과 편광자들 자체가 빛이 통과하는 각도에 의존하여 다르게 작용한다. 따라서 비틀린 네마틱 LCD는 일반적으로 보는 각도(viewing angle)가 변하게 되면 각도에 따른 심각한 성능 저하를 가져오며 정면에서 보게 되었을 때 최고의 특성을 나타낸다. 또한 전압에 대한 밝기곡선의 '가파름(sharpness)'이 크지 않다. 이것은 비틀린 네마틱 LCD에서는 높은 다중구동 정도를 달성하기가 어렵다는 것을 의미한다. 마지막으로 이런 형태의 LCD의 응답시간은 그리 빠르지 않다(0.02~0.05초). 따라서 빠른 반응을 요구하는 응용에는 적합하지 않다. 이런 두 가지 특성 때문에 비틀린 네마틱 모드를 사용하는 액정 텔레비전 스크린이 광범위하게 개발되지 못하였다.

비틀린 네마틱 LCD가 초기에 직면했던 한 가지 문제점은 전압이 걸리지 않았을 때 시편은 서로 반대 방향으로 비틀어지려는 영역으로 나누어진다는 것이었다. 이는 시편을 누더기처럼 보이게 하였고 두드러지게 성능이 저하되었다. 이 문제에 대한 해결책은 시편 속에 있는 혼합물에 적은 양의 카이랄 네마틱 액정을 첨가하는 것이다. 카이랄 네마틱 액정은 한 방향으로(오른쪽 또는 왼쪽 방향으로) 비틀려져 있다. 그래서 시편 내의 모든 액정은 같은 방향으로 비틀리게 된다.

1985년 비틀린 네마틱 LCD의 다른 응용분야가 소개되었다. 90° 비틀림 대신에 액정의 방향자가 270°로 비틀려져 있는 경우이다. 동작원리는 빛이 270°를 회전하는 경우가 90°를 회전하는 경우에서와 거의 같은 효과를 발생시킨다는 점이다. 이러한 '초비틀림 네마틱(super twisted nematic : STN) 디스플레이'의 장점은 더욱 가파른 전기광학 특성을 가지며 시야각(viewing angle) 또한 커진다는 것이다. 단점은 비틀림의 커짐으로 인해 디스플레이가 빛의 파장에 영향을 받는다는 사실이다. 이러한 현상으로 꺼진 상태가 완벽하게 어둡게 나타나도록 하는 것이 상당히 어려워진다. 마지막 문제점을 개선하기 위한 최근의 시도는 한 시편을 다른 시편 바로 위에 결합한 '이중 초비틀림 시편(double super twisted cell : DST)'을 제작하는 것이었다. 두 시편들의 비틀림은 서로 반대이고 두 시편들 중 단지 하나에만 걸린 전압으로 커짐과 꺼짐상태를 바꾼다. 전압이 걸리지 않는 시편은 항상 270°로 비틀린 상태에 있기 때문에, 이 시편은 스위칭하는 시편이 꺼진 상태에 있을 때 시편이 파장에 의존하는 효과를 보상한다. 이 결과로 꺼진 상태는 더 어둡고 따라서 대비는 증가한다. 초비틀림 네마틱 디스플레이의 아주 최근의 기술로는 '초복굴절 비틀림 효과(super birefringence twisted effect : SBE)' 디스플레이와 '광학 모드 간섭효과(optical mode interference effect : OMI)' 디스플레이가 있다. 이 디스플레이들에서는 큰 비틀림각을 이용한다.

비틀린 네마틱 LCD는 컬러필터나 컬러 편광자로 색을 표현할 수 있다. 만약 한 가지 색이 사용되면 검은 바탕에 밝은 색채로 나타나거나 그 반대가 된다. 만약 시편의 후면에 일반 편광자가 있고 전면에 다른 두 가지 색의 편광자가 직각으로 놓이면, 문자와 바탕은 이 두 가지 색으로 나타난다. 이 원리는 어떤 색의 편광자는 효과적으로 한 가지 색의 빛을 편광시키는 반면 다른 색들은 편광됨이 없이 투과된다. 이 결과로 편광방향이 서로 직각인 두 가지 색의 빛만이 시편에 입사된다. 이 두 빛은 시편에 의해 회전하고, 그 중 하나의 켜진 상태 또는 꺼진 상태에 따라 후면 편광자를 투과한다. 이 경우에 한 가지 색의 빛만이 투과된다. 색을 지닌 비틀린 네마틱 LCD는 몇 가지 응용에서 아주 인기가 있다.

비틀린 네마틱 액정 디스플레이에서 또 한 가지 재미있는 응용은 어떤 액정에서는 교류 전압의 주파수가 낮으면 전기장에 방향자가 평행하게 되는 것을 선호한다는 것이다. 그러나 걸어준 전압의 주파수가 높으면 전기장에 수직한 방향으로 방향자가 배열하려고 한다. 따라서 이 시편은 높은 주파수 전압에 의해서 비틀린 상태로 변환되고 낮은 주파수 전압에 의해서는 비틀리지 않는 상태로 변환된다. 이 동작방법을 '이중 주파수 구동(dual frequency addressing)'이라고 부른다. 이 기술의 장점으로 응답 속도는 빠르지만, 높은 주파수의 사용으로 동작전압이 높아지고 소비전력이 또한 증가된다.

6·6 색소를 이용한 액정 디스플레이

'색소(dye)'란 어떤 특별한 파장의 빛을 흡수하는 물질로서 색소에 반사되거나 투과되는 빛이 색을 나타낸다. 어떤 색소분자 들은 빛이 분자의 한 축을 따라 편광될 때 어떤 파장의 빛을 더 흡수한다. 이런 색소를 '이색성 색소(dichroic dyes)'라고 부른다. 이들이 액정 디스플레이에 사용될 수 있다. 색소분자가 액정 속 에 용해되었을 때 이들 색소분자들은 액정의 방향자를 따라 배열하려는 경향이 있다. 이 효과를 '게스트-호스트 상호작용 (guest-host interaction)'이라 부른다. 즉 색소분자들은 액정 '호스트(host)' 분자들에 의해 배열되는 '게스트(guest)' 분자들이다. 어떤 색소분자들의 '이색성 특성(dichroic properties)'은 액정에 걸어주는 전기장으로 인해 액정과 색소분자 모두가 재배열

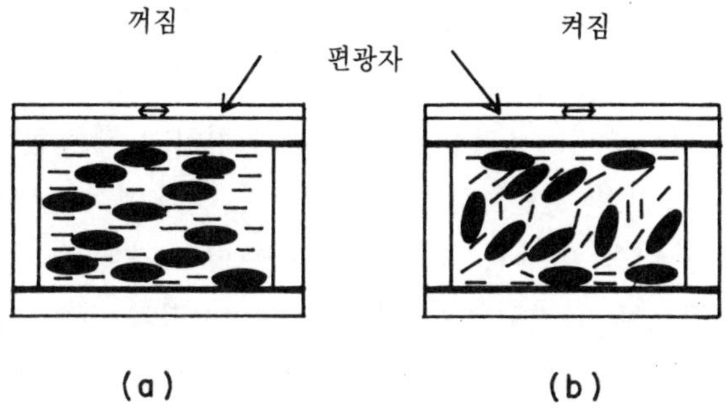

그림 6·7 이색성 색소를 이용한 게스트-호스트 액정 디스플레이. 전기장에 의해서 (b) 액정들이 재배열되면, 이것에 의해 색소분자도 재배열된다. 따라서 이 시편의 흡수특성은 전기장이 걸리지 않는 상태 (a)로부터 변하게 된다.

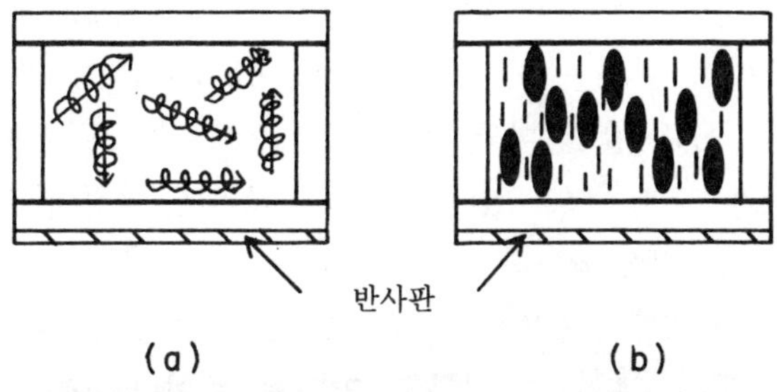

그림 6·8 전압인가로 인해 카이랄 네마틱에서 네마틱으로의 상전이를 이용한 게스트-호스트 색소 LCD. 이색성 색소분자의 흡수특성은 두 개의 상에서 서로 다르다.

하기 때문에 디스플레이에 이용된다.

그림 6·7에 그려져 있는 시편을 생각하자. 시편의 전면에 있는 한 편광자를 통과하는 빛은 색소가 용해되어 균일하게 배열된 액정의 방향자를 따라 편광된다. 빛이 색소분자의 장축을

따라 편광되고 색소가 장축방향에서 빛을 더 흡수한다면 그림 6·7(a)에 그려져 있는 꺼진 상태에서는 투과 또는 반사에 의해 밝은 색을 나타낸다. 전기장에 액정이 수평하게 배열된다면 그림 6·7(b)에 그려져 있는 것과 같이 켜진 상태에서는 투과 또는 반사에 의해 더욱 어두워진다. 왜냐하면 빛이 대부분 색소분자의 장축에 수직으로 편광되었기 때문이다. 이 결과 색이 있는 바탕 위에 색이 없는 글자로 나타난다. 만약 액정이 수직으로 배열되어 있고 액정 분자들이 전기장에 대하여 수직으로 배열되려고 한다면 반대현상이 일어난다. 이 결과 색이 없는 바탕 위에 색이 있는 글자가 나타난다.

게스트-호스트 LCD 장점은 한 편광자만이 요구된다는 사실에 있다. 이는 디스플레이의 밝기를 증가시키고 '보는 각도(viewing angle)'에 따른 대비의 변화가 상대적으로 작다. 또한 편광자 없이 작동되는 게스트-호스트 LCD도 있다. 주로 짧은 피치를 갖는 카이랄 네마틱 액정이 호스트 물질로 사용되며 이색성 색소가 안에 녹아 있다. 기판의 표면은 액정이 여러 영역(domain)으로 배열되도록 처리되어 있고 나선축은 여러 방향을 향하고 있다[그림 6·8(a)]. 피치가 짧다는 것은 각 영역에서 방향자가 많은 횟수로 회전하고 있다는 뜻이다. 이 상태에서는 빛의 편광에 무관하게 장축이 편광방향에 평행한 색소분자들이 있기 때문에 선명한 색을 나타낸다. 액정 분자들이 전기장에 평행하게 배열되려고 한다면 전압이 인가될 때 색소분자들은 들어오는 빛의 편광방향에 수직하게 배열한다. 그림 6·8(b)에서 보듯이 카이랄 네마틱에서 네마틱으로의 상전이가 유도된다. 이 결과 꺼진 상태는 밝은 색을 가지며 켜진 상태에서는 색이 없다. 이런 종류의 디스플레이도 투과 또는 반사형으로 사용될 수 있다. 편광자가 없으므로 보는 각도가 넓은 우수한 특성을 지닌 매우 밝은 디스플레이가 될 수 있다. 더구나 꺼진 상태에서의 비틀리려는 성질이 단순하게 표면배향 효과 때문이 아니고 카이랄 네마틱 물질이 사용되었다는 사실 때문에 켜진 상태에서 꺼진 상태로 가는 데 응답시간이 매우 빠르다.

6·7 복굴절 액정 디스플레이

복굴절에 대한 논의에서 빛이 액정을 통과하여 전파됨에 따라 한 방향과 그 방향에 수직방향으로 편광된 빛들 사이에서 '위상각(phase angle)'이 어떻게 연속적으로 변하는가를 설명했다. 이 효과 역시 액정 디스플레이를 만드는 데 사용될 수 있다. 그림 6·9에 나타난 상황을 생각하자. 두 편광자는 꺼진 상태에서 액정 방향자에 대해 45°의 각도로 배열되어 있다. 앞에서 언급했듯이 첫번째 편광자에서 나오는 빛이 두 개의 성분을 갖고 있다 ; 하나는 액정 방향자를 따라 편광되어 있고, 다른 하나는 방향자에 수직으로 편광되어 있다. 빛이 액정으로 들어감에 따라 이들 두 편광 사이의 위상각은 영(0)이다. 이들이 시편을 투과하면서 위상각은 증가한다. 그래서 때때로 빛은 원형으로 편광되거나 선형으로 편광되고, 또는 타원형으로 편광된다. 만약 시편의 두께가 적당하디면 시편으로부터 나오는 빛은 두번째 편광자의 축을 따라 선형으로 편광된다(두번째 편광자는 첫번째 편광자와 수직으로 배열되어 있다). 이때 빛은 투과하게 되고 디스플레이는 밝게 보인다. 만약 액정물질이 전기장에 의해 평행하게 배열되면 켜진 상태[그림 6·9(b)]에서는 방향자에 수직인 방향으로 편광된 빛이 같은 속도로 지나가기 때문에 어떤 복굴절도 나타나지 않는다. 이는 위상변화가 없다는 것이다. 그 빛은 두번

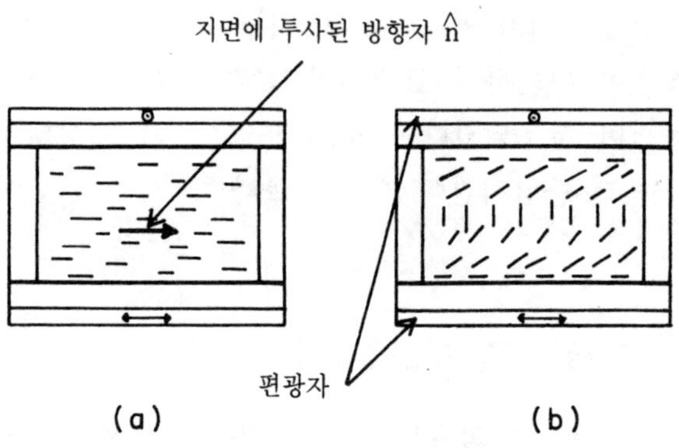

그림 6·9 선택적 간섭 액정 디스플레이. 편광자는 수직으로 놓여 있고, 전기장이 없는 상태에서 방향자와 편광자의 각도는 45°이다. 위상각의 변화는 전기장이 없는 상태 (a)에서 빛이 두번째 편광자를 투과할 수 있게 해준다. 또 전기장이 걸려 있는 상태 (b)는 위상각의 변화가 거의 없으므로 빛이 두번째 편광자를 거의 투과하지 못한다.

째 편광자를 통과하지 못하게 된다. 이 결과 시편이 투과형이나 반사형에 상관없이 밝은 바탕 위에 어두운 글자가 된다.

이와 같은 시편에서 나오는 빛의 위상각이 파장에 매우 의존하기 때문에 '선택적 간섭 액정 디스플레이(selective interference liquid crystal display)'라고 부른다. 꺼진 상태는 위상각이 유일하게 파장 하나와 일치하기 때문에 밝은 색을 띤다. 불행히도 이 색은 온도, 보는 각도, 시편의 두께에 의존한다. 이런 디스플레이의 두 가지 장점은 전압 문턱값이 '더욱 가파르고(sharper)' 응답시간이 비틀린 네마틱 LCD보다 다소 빠르다는 것이다.

이러한 디스플레이를 약간 변형한 것은 전기장에 수직으로 배열하려는 액정을 이용하는 것이다. 이 경우에 시편은 항상 복굴절을 가지게 되나 걸어준 전압에 의해 액정의 질서도가 약간 변하게 되어 나오는 빛의 위상각이 변화된다. 이러한 위상각의 변화로 인해 두번째 편광자를 투과하는 빛의 색이 변한다. 전압

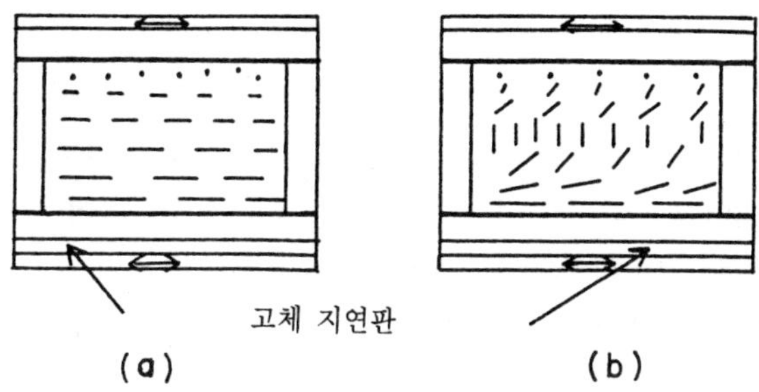

그림 6·10 고체 복굴절판을 이용한 LCD. 비틀린 네마틱 LCD가 편광면
을 90°만큼 회전시키거나(a), 회전시키지 않는다(b). 고체 지연판은 위상각
을 변화시키고 두번째 편광자를 통해 투과히기나 투과하지 못하게 한다.

의 변화가 클 때 두 개의 현저한 색(꺼진 상태와 켜진 상태)이
만들어진다. 그러나 전압이 중간값들을 가질 경우 연속적으로 변
하는 색의 조절이 가능하다. 이것을 '변조가능한 복굴절(tunable
birefringence)' 액정 디스플레이라고 하며 아름답고 연속적으로
변하는 색을 만들어 낼 수 있으며 투사형 디스플레이(projection-
type display)에 완벽하게 응용될 수 있다.

시편의 두께, 보는 각도, 온도변화 때문에 일어나는 색의 균
일성 문제를 해결하기 위하여 복굴절 효과는 비틀린 네마틱
LCD와 결합될 수 있다. 균일한 두께의 고체 복굴절 물질(예로
방해석)이 액정과 비틀린 네마틱 시편의 편광자 사이에 놓여 있
다(그림 6·10). 비틀린 시편을 투과한 후 빛은 시편이 켜져 있
는지 또는 꺼져 있는지에 따라 초기 편광방향에 평행 또는 수직
으로 편광된다. 이 두 경우에서 그 방향은 지연판(retardation
sheet)의 축과 45°의 각도를 이룬다. 지연판은 이것에 들어오는
빛에 대하여 90°의 각도로 편광된 빛을 만들어 내는 180° 위상
변화(phase shift)를 유도한다. 첫번째 편광자로부터 나온 빛이
비틀린 네마틱 시편을 통과하면서 회전되느냐 또는 되지 않느냐

에 따라 두번째 편광자를 투과하거나 투과하지 않는다. 실제로 지연판은 단 하나의 빛의 파장(색)에 대해서 이러한 방식으로 작용한다. 따라서 꺼진 상태에서 한 가지 색이 나타나고 켜진 상태에서는 보색이 나타난다. 다시 말해 이 디스플레이는 보색으로 구동되는 형태이다. 복굴절 물질은 고체이기 때문에 그 두께는 아주 균일하고 위상각 변화는 온도에 거의 의존하지 않는다. 보는 각도에 따른 문제점은 여전히 남아 있고, 비틀린 네마틱 LCD보다 약간 더 나쁘다.

6·8 스멕틱 액정 디스플레이

스멕틱 액정은 네마틱 액정이 전기장과 자기장에 쉽게 반응하는 것과는 달리 보통 반응을 하지 않는다. 이런 이유로 단순히 전기장이 인가되어서는 디스플레이 목적에 유용한 스멕틱 액정의 광학적 특성을 충분히 변화시키지 못한다. 그러나 스멕틱 액정의 조직은 스멕틱 상을 형성하기 위해 냉각하는 동안 전기장의 유무에 매우 큰 영향을 받는다. 예를 들어, 냉각되는 동안 전기장이 존재하면 전기장을 따라 방향자를 배열하려고 하는 액정은 유리 표면에 평행한 층들을 가진 스멕틱 상으로 될 것이다. 이것은 그림 6·11(a)에 그려져 있다. 이 조직은 매우 균일하고 빛을 거의 산란시키지 않는다. 만약 냉각되는 동안 전기장이 없다면 스멕틱 액정은 배열되지 않고 스멕틱 층들은 각각 다른 방향을 향한다. 이것을 '초원추형 조직(focal conic texture)'이라고 부르고 그림 6·11(b)에 그려져 있다. 이 조직에서 빛은 강하게 산란되어 시편은 우유빛 흰색으로 나타난다. 만약 색소분자가 스멕틱 액정에 존재한다면 다른 색이 만들어질 수 있다. 비록 전기

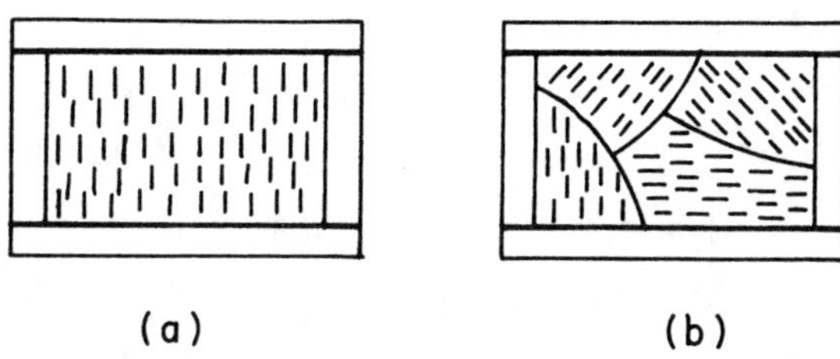

그림 **6·11** 스멕틱 액정 디스플레이. 네마틱 상에서 전기장을 인가하면서 냉각시키면 그림 (a)와 같은 상태가 형성되며, 투명하다. 전기장을 걸지 않고 냉각시키면 그림 (b)와 같은 상태를 만들고 빛은 강하게 산란된다.

장이 제거되더라도 투명한 조직과 산란하는 조직은 계속 남아 있다. 이것은 스멕틱 액정 디스플레이가 자주 재구동할 필요가 없다는 것을 의미하고 따라서 높은 다중구동에 이상적이다. 또한 별도의 편광자가 필요하지 않으므로 이들 디스플레이는 좋은 대비를 갖게 되고 넓은 시야각을 갖는다.

스멕틱 LCD는 두 가지 방법으로 구동되어 왔다. 첫째 방법은 국소열(local heating)을 유발하는 전압이 행에 걸려 액정상의 온도를 높인다. 열 펄스(heating pulse)에 바로 이어 전압이 그 행에서 투명하게 되어야 할 모든 열에 인가된다. 그 행과 전압이 걸린 열이 교차하는 화소는 전기장이 걸린 상태에서 냉각되어 투명하게 된다. 반면 그 행의 다른 화소는 열에 전압이 인가되지 않았으므로 냉각되어 색을 띠게 된다. 그리고 열 펄스가 다음 행에 걸리고 적당한 열에 전압이 인가된다. 이 과정은 연속적으로 모든 행에 이어지고 다시 첫번째 행으로 돌아와서 반복된다. 두번째 방법은 레이저를 이용한다. 먼저, 디스플레이 전체가 신속히 가열되어 전기장 속에서 냉각된다. 그 다음, 레이저가 투명한 디스플레이를 주사(scan)하여, 레이저가 비추는 부분만이 가열된다. 전기장이 제거되었기 때문에 레이저 빔에 의해 열을 받은 부분은 전압이 인가되지 않은 상태에서 냉각되어 색을 띠게 된다. 비록 레이저 구동 스멕틱 LCD의 정보내용이 매우 고도화될 수 있으나 레이저 자체와 레이저 투사광학기(projection optics)는 매우 가격이 비싸다. 여전히 이 디스플레이들은 넓은 면적의 투사에 유용하다. 열로 구동되든지 레이저로 구동되든지 간에 액정의 온도를 높이기 위해서 많은 전력이 소비되며, 낮은 전력소비라는 LCD의 주된 장점이 없어진다.

LCD의 다른 종류로 스멕틱 *A* 대신에 카이랄 스멕틱 *C* 액정을 사용할 수 있다. 그림 5·11에 그려져 있듯이 카이랄 스멕틱 *C* 액정은 스멕틱 층 하나에서 다음으로 방향자가 원추표면에서 회전한다. 충분히 얇은 시편에서는 액정과 표면의 상호작용으로 인하여 방향자가 회전하지 못하게 된다. 만약 방향자가 유리면에 평행하게 배열되어 있다면 그림 6·12에 그려져 있는 두 가지 상태가 가능하다. 그림 6·12에서 보여지는 두 상태에서 스멕틱 층은 지면에 평행하고 방향자는 스멕틱 층에 수직한 선과 22.5°의 각도를 가지면서 유리표면에 수평하게 있다. 스멕틱 상에 비틀림을 주지 않아도 스멕틱 상은 회전하려는 성질을 가지고 있으므로 분자들은 그 축에 수직한 임의의 축을 중심으로 회전하려고 한다. 만약 분자들이 이 방향을 따라 영구 전기 쌍극자 모멘트(permanent electrical dipole moment)를 갖고 있다면 액정은 방향자에 대하여 수직한 방향으로 분극을 갖는다. 전기장이 없는 곳에서 영구 분극(permanent polarization)을 갖는 상을 '강유전상(ferroelectric phase)'이라 부르고 이 시편은 '표면 안정화 강유전성 액정소자(surface stabilized ferroelectric liquid crystal device : SSFLC)'라고 부른다.

이 소자가 어떻게 한 방향에서 다른 방향으로 스위칭하는지 이해하기 위해서는 그림 6·12에 그려져 있는 두 상태가 각각

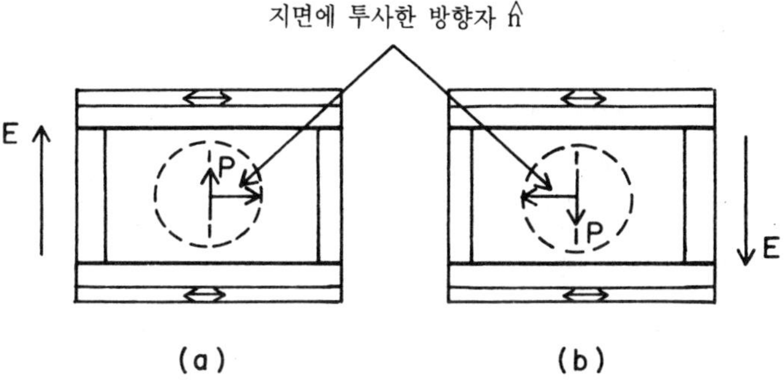

그림 6·12 표면 안정화(surface stabilized) 강유전성 LCD. 스멕틱 C* 액
정의 스멕틱 층은 지면에 평행하다. 방향자는 이 면에 수직한 선에 대해 22.
5°의 각도를 갖고 있으며 전기장이 분자에 수직한 영구 쌍극자에 작용하면
그림과 같이 두 개의 상태에서 구동된다. (a)에서 편광자들은 방향자와 하
나는 평행하고, 하나는 수직하므로 밝은 상태가 된다. 방향자가 그림 (b)에
서와 같이 편광자와 45°의 각도를 이루면 액정의 복굴절에 의해 180°의 위
상각 변화를 가지게 된다. 이 변화는 편광각을 90°만큼 변화시키게 되어 시
편은 어둡게 된다.

표면에 수직한 분극을 갖고 있다는 것을 명심해야 한다. 유리판
위에 있는 투명한 전극에 전기장이 인가되면, 분극은 전기장과
평행한 방향으로 움직이려고 한다. 한 방향으로 향해 있는 전기
장에서 액정은 그림 6·12(a)에서와 같은 상태를 갖게 된다. 반
면 반대방향으로 향한 전기장에서는 그림 6·12(b)에 보여진 것
과 같은 상태가 된다. 서로 직교하는 편광자들이 그림 6·12(a)
에서와 같이 방향자에 각각 수평과 수직으로 배열되어 있으면,
빛은 방향자를 따라 편광되어 있어서 위상차이가 발생하지 않으
므로 시편은 어두운 상태가 된다. 경사각(tilt angle)이 22.5°가
되면 그림 6·12(b)와 같이 액정상으로 들어오는 빛은 방향자에
대해 45°로 편광된다. 그러므로 빛의 두 성분(방향자에 수평하
거나 수직한)은 시편을 통과하면서 위상변화(phase shift)를 하

게 된다. 시편의 두께가 180° 위상변환을 가져오게 설계되면 나오는 빛은 선형으로 편광되며 들어오는 빛에 90°만큼 틀어진다. 따라서 시편은 밝아진다. 이런 디스플레이에서 응답시간은 다른 LCD보다 백 배에서 천 배 정도로 빠르다. 이것은 (1) 시료가 정렬된 영구 전기 쌍극자를 갖고, (2) 전기장에 의해 꺼짐과 켜짐 상태의 전이가 일어나기 때문이다. 이런 강유전성 LCD는 아마도 매우 짧은 응답속도를 필요로 하는 디스플레이에서 매우 중요한 역할을 할 것이다. 더구나 열 또는 레이저가 필요하지 않으므로 전력소비가 적어진다.

SSFLC 디스플레이가 상업적으로 개발되기 전에 액정의 시편에서 배향문제가 해결되어야 한다. 어떤 연구가들은 강유전성 액정이 어느 정도의 비틀림을 유지하도록 하여 이 문제를 극복하려고 하는 중이다. '나선구조 변형 강유전성(deformed helical ferroelectric, DHF)' 디스플레이의 향상된 성능에 대해서 언급하는 것은 아직 이른 감이 든다.

6·9 고분자 분산형 액정 디스플레이

액정 디스플레이 분야의 새로운 발전은 평평한 유리판 대신에 액정물질을 포함한 고분자를 이용하는 것이다. 이런 디스플레이들은 제작이 쉬우며, 기존의 LCD보다 몇 가지 중요한 장점을 가지고 있다.

액정물질은 그림 6·13(a)에서처럼 고체 고분자 매트릭스(solid polymer matrix)에 파묻힌 방울 안에 갇혀 있다. 이것은 아마도 제작이 어렵다고 생각될 수도 있으나 사실 매우 쉽다. 방울을 만드는 열쇠는 교차결합제(crosslinking agent)를 지닌 액

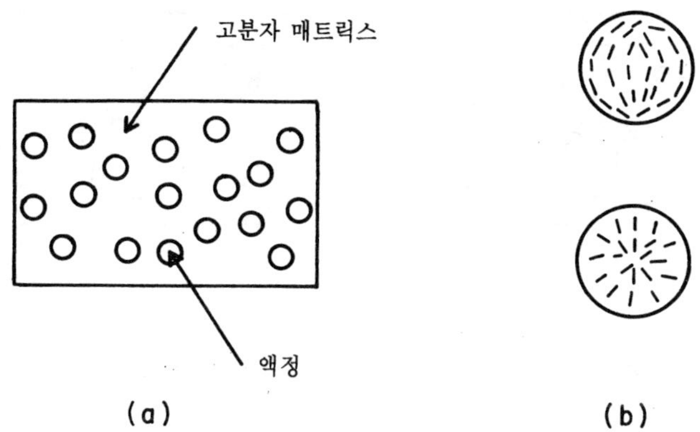

그림 6·13 고분자 분산형 액정 디스플레이. 액정 방울들이 (a)와 같이 고분자 전반에 분포되어 있다. (b)와 같이 두 개의 가능한 방향자 배열이 방울 내에서 가능하다.

체 고분자를 혼합하여 고체 고분자를 형성하는 것이다. 가장 일반적인 예로 두 종류의 물질(수지와 경화제)로 구성된 에폭시 수지이다. 한번 혼합되면 액체 고분자들은 화학작용으로 인해 교차결합하여 고체물질이 된다. 액정이 액체상태의 고분자 혼합물에 용해되면 교차결합 반응으로 액정은 고체 고분자 매트릭스로부터 분리되어 공 모양의 액정 방울로 만들어진다. 이 방울의 크기는 거의 균일하고, 교차결합 반응이 발생되는 비율을 조정함으로써 지름이 0.1에서 $10\mu\mathrm{m}$로 변하게 할 수 있다. 만약 고분자와 액정이 두 평행한 표면 사이에서 경화되면, '고분자 분산형 액정 (polymer dispersed liquid crystal : PDLC)' 막을 얻을 수 있다.

  이런 막들은 매우 효과적으로 빛을 산란시킨다. 그 이유는 그림 6·13(b)에 나타나 있다. 각 방울 안에 있는 액정의 방향자는 두 가지 배열 중 하나가 되며 액정이 고분자 표면에 수직 또는 평행한 배열 중 어느 것을 선호하는가에 달려 있다. 수직한

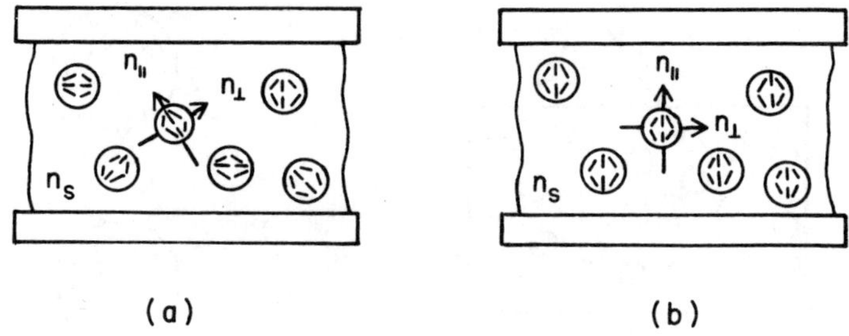

그림 6·14 전기장에 의한 액정 방울 속의 방향자 재배열. 방울 속의 방향자는 (a)와 같이 전기장이 없을 때는 정렬되지 않아서, 방울의 굴절률($n_\parallel$)과 고분자 매질의 굴절률(n_s) 사이의 차이에 의해 빛이 산란된다. 전기장이 가해지면 방울 속의 방향자들이 정렬하게 되어서, 두 개의 굴절률($n_\perp$와 n_s)이 같아지고, 빛의 산란이 줄어들어 투명한 상태가 된다.

배열인 경우가 방울의 중심에 단 하나의 전경 혹은 경사결함(disclination)을 형성하는 반면에 수평한 배열의 경우에 방향자의 방향이 결정되지 않은 두 점, 즉 두 개의 전경이 생기게 된다. 수평한 배열의 경우에 관심을 가져 보자. 전기장이 걸리지 않으면 완전히 임의의 방향인 두 전경을 잇는 선을 따라 각 방울은 배열된다. 완전히 방향자에 평행하게 편광된 빛이 액정(굴절률 $n_\parallel$) 속에서 한 속도로 진행한다면, 방향자에 수직으로 편광된 빛은 다른 속도로 진행한다(굴절률 $n_\perp$).

고체 고분자는 등방성이다. 그래서 일반적으로 액정의 굴절률과는 또 다른 하나의 굴절률(n_s)을 갖는다. PDLC를 통과하여 진행하는 빛은 그 막 표면에 수평으로 향하는 전기장을 갖는다. 그래서 이 빛은 전기장에 수직, 수평 또는 그 사이의 여러 각도로 향하는 방향자를 지닌 방울과 상호작용한다. 고분자 굴절률 n_s가 $n_\parallel$과 $n_\perp$와 동시에 같도록 하는 것이 불가능하기 때문에 굴절률의 갑작스러운 변화는 대부분의 방울로부터 반사를 유발한다. 그림 6·14(a)에 분명히 나타나듯이 전압이 걸리지 않았을 때 고분자에 분산된 액정막은 강하게 빛을 산란한다.

만약 PDLC막에 전기장이 인가되면, 액정분자가 전기장에 평행하게 배열하여 각 방울 속에서 방향자는 전기장에 평행하게 놓인 두 경사결함의 연결선과 같은 방향으로 배열된다. 이것은 그림 6·14(b)에 그려져 있다. 시편을 통과하는 빛은 방향자에 거의 수직한 전기장을 갖는다. 그래서 만약 굴절률 n이 고분자 굴절률 n_s와 같게 만들어지면 각 방울의 경계에서는 아주 적은 반사가 일어난다. 그러므로 PDLC막은 투명하게 변한다. 이러한 막에 의한 빛의 산란특성을 최적화하기 위하여 연구가들은 신중하게 적당한 물질, 방울 크기 그리고 막의 두께를 선택한다.

이 디스플레이에는 두 가지 중요한 장점이 있다. 첫째, 편광자가 필요 없기 때문에 이 디스플레이는 상대적으로 밝다. 둘째, 막의 두께는 다른 LCD들과는 달리 중요하지 않다. 대화면 디스플레이를 쉽게 제작할 수 있고 유연성도 좋다. 그러나 커다란 단점은 수직하지 않은 각도에서 볼 때 대비가 떨어진다는 것이다. 그 이유는 수직한 방향으로 진행하는 빛은 방향자에 대해 수직한 전기장을 가질 수 없기 때문이다(고분자 굴절률이 액정의 굴절률과 같기 때문이다). 또 다른 단점은 전압 문턱곡선이 '가파르지(sharp)' 않다는 것이다. 그러므로 이 디스플레이는 높은 다중구동이 어렵다. 아마도 이런 PDLC 디스플레이가 상품화된 중요한 측면은 큰 화면의 디스플레이를 제작하기 쉽다는 것 때문일 것이다. 건축물들과 자동차에서 개폐되는 창과 사무실 공간에서의 개폐 가능한 부분, 그리고 큰 광고판(항상 변하는) 등이 실현 가능하다. 사진 9에는 현재 사용되고 있는 개폐 가능한 창의 그림이 나와 있다. 이 창은 실제적으로 '미세캡슐화(microenca-psulation)'라고 부르는 두 단계의 처리 과정으로 제작된다. 첫째, 액정의 작은 방울은 고분자의 얇은 막으로 둘러싸이도록 한다. 다음에 이들 갇힌 방울은 플라스틱 또는 고분자 매트릭스 속에 넣는다. 이런 막은 PDLC막과 매우 유사한 특성을 갖는다.

　　이 장의 논의에서 분명히 알 수 있듯이, 액정 디스플레이는 많은 가능성을 지닌 기술 분야이다. 하나의 예로 최근 10년 동안 LCD 시장은 매년 25% 이상의 성장을 해왔다. 예를 들면 1988년에는 거의 10억 불에 도달하였다. 이 지수적 성장의 재미있는 한 측면으로는, 액정 디스플레이가 반드시 특성이 좋은 다른 디스플레이들을 대체하는 것만은 아니다. 액정 디스플레이는 새로운 방향으로 사용되고 있는 중이고, 따라서 새로운 시장을 열고 있는 중이다. 현재 LCD는 판매량에서 CRT에 이어 두번째이고, CRT와 경쟁하기 위해 LCD의 특성을 향상하기 위한 노력을 전세계에 걸친 연구기관에서 경주하고 있다. 미래에, 평판 LCD들은 도처의 CRT를 대체하게 되어 액정 디스플레이 시장은 분명히 폭발적으로 성장할 것이다. 텔레비전은 더 이상 방 한쪽 구석에서 공간을 차지하지 않을 것이다. 대신 평판 디스플레이가 벽에 걸릴 것이고, 책장에 의지하거나 단순히 사진틀처럼 테이블에 서 있게 될 것이다. 사진 10, 11, 12는 이 장에서 언급한 기술들을 이용한 제품들을 보여주고 있다.

다양한 종류의 디스플레이들에서 액정의 사용 가능성은 거의 30년 전에 나타났고, 고품질, 고신뢰도의 LCD들을 생산하는 기술을 개발하는 데 10에서 20여 년이 걸렸다. 이 장의 앞부분은 액정 디스플레이 분야에서 이루어 온 발전상을 논한 후, LCD에 반도체 기술을 사용한 최근의 노력에 대해 이야기하며 끝을 맺고자 한다. 지금은 디스플레이가 액정의 가장 중요한 응용이지만, 그 밖의 다른 가능성들이 존재하며 그 중 몇 가지는 완전히 개발되고 있는 중이다. 광 밸브나 온도 센서 등과 같은 소자를 포함한 이러한 응용들에 관해서는 이 장의 뒷부분에서 논의할 것이다.

7·1 재료

1장에서 논의된 바와 같이, 액정 상의 분자들은 길쭉한 모양을 가지며, 중심부가 상당히 단단한 구조로 형성되어 있다. 이것은 보통 둘 이상의 벤젠고리들을 직선으로 연결하여 만드는데, 이 중심 벤젠 고리의 끝부분에 붙어 있는 유연한 탄화수소 사슬들 역시 액정상을 형성시키는 데 필요하다. 벤젠 고리 사이의 연결기(linkage group)는 액정 구조의 가장 중요한 부분으로, 과학자들은 보통 연결기에서 그 이름을 딴다. 다양한 길이의 탄화수소 사슬들이 중심부에 덧붙여서 액정 화합물 종류를 형성할 수 있다. 이렇게 만들어진 화합물들은 상이한 액정상을 가지며, 과학자나 기술자들은 연구나 응용면에서 재료의 선택권을 가지게 된다.

액정 종류의 한 예로 초기에 개발된 액정들을 들어 설명하고자 한다. 그림 7·1은 *p*-azoxyanisole(PAA) 계열의 초기의

PAA 계열

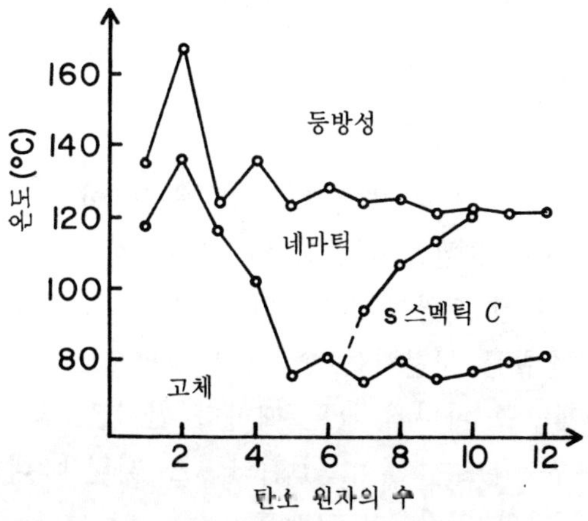

그림 7·1 *p*-azoxyanisole(PAA) 동족계열의 세 가지 액정. 이들 혼합물
에 대한 상과 상전이 온도는 그림 7·2에 나타나 있다.

그림 7·2 PAA 동족계열의 처음 12개 조합들에 대한 액정상들 및 상전
이 온도들.

세 종류의 액정을 보여주고 있다. 두 벤젠 고리 사이의 중심 연
결기는 모든 계열에 아족시(azoxy-)기로 연결되어 있다. 분자의
각 끝의 탄화수소에 있는 탄소와 수소 원자의 개수는 계열의 한

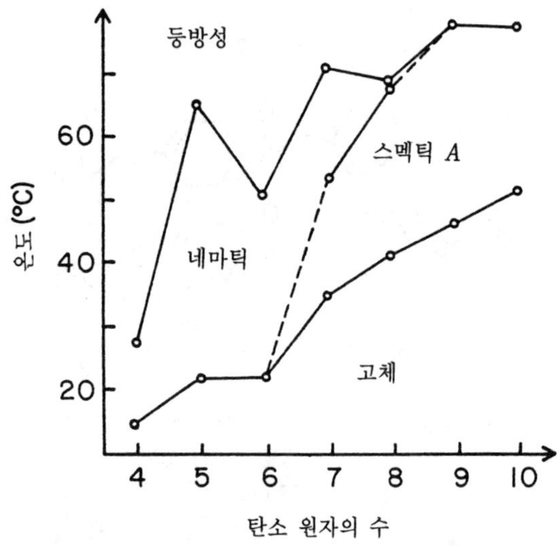

그림 7·3 alkylazoxybenzene 계열의 4번째에서 10번째 조합까지의 상들 및 상전이 온도들.

조합에서 다른 조합으로 변한다. 또한 액정상이 형성되는 온도와 형성된 액정상의 유형은 계열의 한 조합에서 다른 조합으로 변한다. 이것은 액정 계열의 전형이다.

　액정의 종류를 구분하는 한 가지 방법으로 사슬에 있는 탄소 원자의 개수를 하나씩 늘릴 때마다 전이온도의 변화를 나타내는 그래프를 만드는 것이 있다. PAA 계열에 대한 그래프가 그림 7·2에 나와 있다. 이 그래프의 두 가지 모양은 많은 종류의 액정들에서 흔히 볼 수 있는 경향이다. 첫째 경향으로는, 탄화수소 사슬의 길이가 증가할 때마다 액정상의 안정한 온도는 천천히 감소한다. 둘째 경향으로는, 탄화수소 사슬이 더욱 길어지면 스멕틱 상이 더 잘 나타난다. 이것은 긴 탄화수소 사슬이 층구조의 형성을 촉진시킨다는 것을 나타낸다.

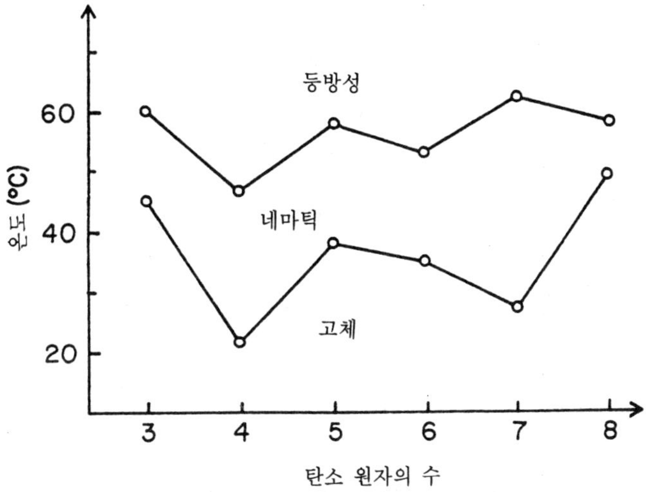

그림 7·4 산소를 포함한 사슬의 길이만을 변화시킨 액정 계열의 3번째에
서 8번째 조합까지의 상들 및 상전이 온도들. 4개의 탄소원자를 가지고 있
는 혼합물이 *p*-methoxybenzylidene-*p*-*n*-butylaniline(MBBA)이다.

PAA 계열에서는 하나의 산소원자가 탄화수소 사슬을 벤젠
고리에 연결시킨다. 탄화수소 사슬들이 벤젠 고리에 직접 연결될
때 약간의 다른 성질을 가지는 액정 계열이 만들어진다. 이 사실
은 그림 7·3에 묘사되어 있는데, 이 그림에는 이러한 계열에 대
한 전이온도 그래프가 나와 있다. 전이온도가 매우 낮고, 스멕틱
C 대신에 스멕틱 A의 상이 존재함을 주목하라.

액정 분자의 중심부는 어떤 액정상이 나타나는지를 결정하
는 데 있어서 가장 중요한 부분일 것이다. 양쪽 끝의 탄화수소
사슬의 길이와 사슬이 분자 중심부에 어떻게 붙어 있는지는 전
이온도 범위와 나타나는 상들에 변화를 준다. 그러므로 LCD에
적합한 물질의 개발에 있어서의 진보는 분자의 중심부에 벤젠
고리를 연결시키는 새로운 방식의 연구로 이루어져 왔다.

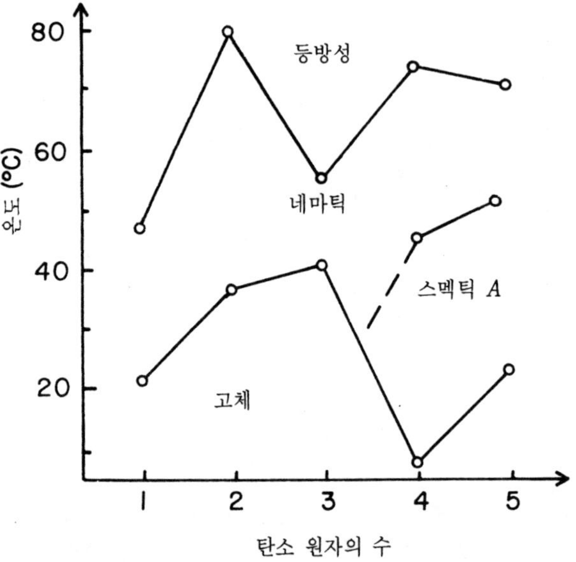

그림 7·5 산소를 포함하지 않은 사슬의 길이를 변화시킨 액정 계열의 1번째에서 5번째 조합까지의 상들 및 상전이 온도들. 1개의 탄소원자를 가지고 있는 것이 MBBA이다.

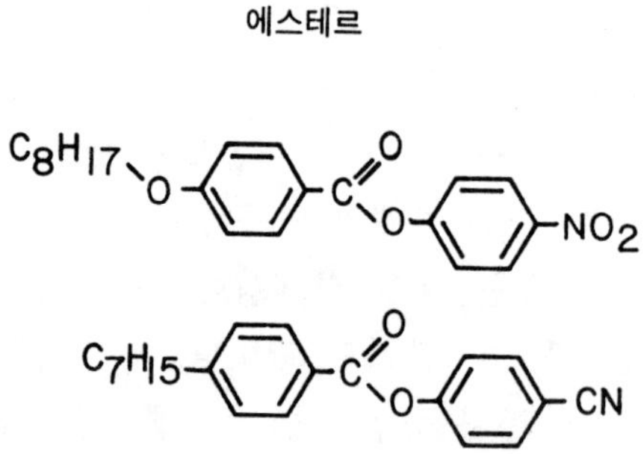

에스테르

그림 7·6 에스테르 분자를 형성한 액정의 두 가지 예. -NO₂,-CN기는 고도로 분극이 일어난다.

이 점은 1960년경 상온의 액정 개발에 대한 노력의 결과로 잘 알 수 있다. 아족시(azoxy-)와 아조(azo-) 계열의 액정 분자의 전이온도는 매우 높아서 그들은 디스플레이 응용에 부적합하여, 더 낮은 전이온도를 가진 계열에 대한 발견은 LCD 개발 초기에 있어서 매우 중요한 문제였다. 그 연구결과의 산물인 MBBA는 이미 2장에서 언급하였다. 이 계열의 액정들은 중간연결기 때문에 Schiff 바탕(bases)이라고 불린다. MBBA는 한쪽 탄화수소 사슬을 벤젠 고리에 연결시키는 하나의 산소원자를 가지나, 반대쪽 탄화수소 사슬을 연결시키는 산소원자는 없음에 유의하라. 더 많은 탄소와 수소 원자들을 산소 연결기에 결합하여 한 계열의 액정이 만들어진다. 이 계열에 대한 전이온도와 상들은 그림 7·4에 나와 있다. 전이온도가 얼마나 낮은가 보아 두라. 또 다른 계열들은 산소원자를 거치지 않고 벤젠 고리에 직접 연결된 사슬에만 탄소와 수소 원자를 덧붙여 만들어질 수 있다. 그림 7·5는 이 계열의 전이온도와 상들을 보여 주고 있다. 이런 계열의 분자에서는 낮은 온도에서도 액정상이 형성된다. LCD 기술의 초기 개발단계에서 사용하기 위해 연구된 또 하나의 중간 연결기는 benzoic산으로부터 형성된 에스테르(ester)이다. 이런 화합물들 중 두 가지 예가 그림 7·6에 나와 있다. 이런 화합물들의 전이온도는 꽤 낮으며, 상의 순서가 액정들간에 서로 다르다.

7·2 최근 재료

LCD에 적합한 재료개발에 늘 붙어다니는 가장 당혹스러운 문제점들 중의 하나가 화학적으로 안정한 액정이 없다는 것이다.

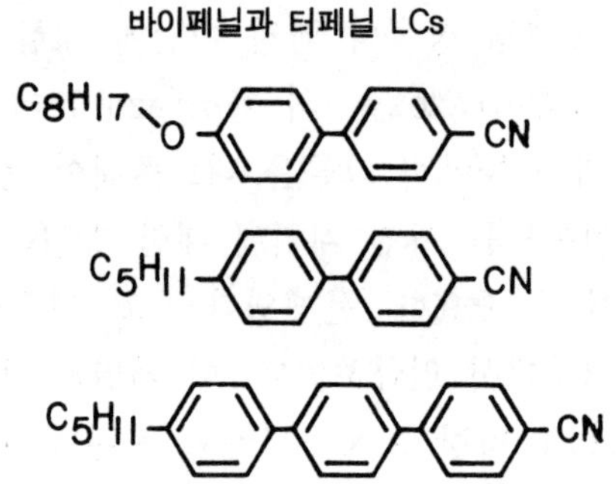

그림 7·7 디스플레이의 응용에 적합한 바이페닐과 터페닐 액정의 세 가지 예. 끝에 붙어 있는 시안(cyano : -CN)기는 극성기다.

지금까지 기술된 모든 화합물들은 수분, 고온, 그리고 자외선에 노출되었을 때 그 중간 연결기가 끊어진다. 그러므로 순수한 화합물들은 원래 화합물과 새로운 불순물로 된 혼합물이 된다. 이러한 불순물들은 보통 액정상을 형성하지 않아서, 전이온도와 액정의 온도 범위가 모두 불순물의 형성에 따라 바뀌게 된다. 따라서 상온에서 효과적으로 동작하게 설계된 디스플레이들이 비효과적으로 동작하기 시작하며, 상온 이상이나 이하로 온도가 변하게 되면 동작을 멈출 수도 있다. 이러한 이유로 액정 디스플레이가 이런 물질을 써서 생산되었더라도, 그들은 겨우 1~2년 정도밖엔 작동하지 못한다.

1970년대 초반 영국의 Hull 대학교에 있던 G. W. Gray 아래에서 연구하던 일단의 화학자들에 의해 돌파구가 만들어졌다. 그들은 벤젠 고리들을 함께 연결함으로써 중간 연결기를 완전히 제거하고, 바이페닐(biphenyl)과 터페닐(terphenyl) 화합물을 형성했다. 이러한 화합물들은 매우 안정해서, 고품질 LCD 개발을 가로막았던 가장 큰 문젯거리 중의 한 가지를 해소했다. 바이페닐 또는 터페닐 중간 뼈대에 기초한 화합물의 몇 가지 예가 그림 7·7에 나와 있다.

몇몇 액정의 중요한 특징 중 한 가지가 그림 7·7에 나와 있는 화합물 중 몇 가지에 의해 예시된다. 어떤 것들은 한쪽 끝에 탄화수소 사슬 대신에 짧은 극성기를 가진다는 데 주목하라. 많은 경우에 있어서 그러한 기의 존재는 비록 분자를 더 짧게 만들지라도, 분자의 액정 특성을 향상시킨다. 이렇게 겉보기에 역설적인 이유는 분자의 극성기가 분자들을 약하게나마 짝을 짓게 하여 단분자보다 길게 결합된 분자, 즉 이합체(dimer)를 형성하기 때문이다. 이런 짝의 형성은 X-선 연구에 의해 어떤 경우에는 스멕틱 층이 분자 길이의 1.5배 정도의 두께를 가진다는 것을 보여주었으며, 이미 5장에서 간략하게 논의하였다(그림 5·10을 보라). 액정 재료개발에 사용된 가장 일반적인 극성기들은 시안기($-CN$)와 질산기(nitrous dioxide : $-NO_2$)다. 이러한 액정들 중 몇 가지에 대한 전이온도도 역시 꽤 낮다.

최근에는 벤젠 고리의 하나 또는 그 이상을 사이클로헥산(cyclohexane) 고리로 대체하는 연구가 유망한 결과들을 산출해 왔다. 이런 화합물들은 역시 매우 안정하기 때문에, 다른 성질을 가진 완전히 새로운 계열의 액정 화합물에 대한 사용 가능성을 야기시켰다. 벤젠 또는 사이클로헥산 고리간의 대치 또한 최근 연구의 한 영역이다.

7·3 액정의 합성

유기화학의 표준공정을 이용하여 액정은 합성된다. 화학반응들은 요구되는 액정 화합물의 부분들과 유사한 이용 가능한 화학약품들로 시작하여, 이러한 부분들을 서로 연결시키는 데 쓰여

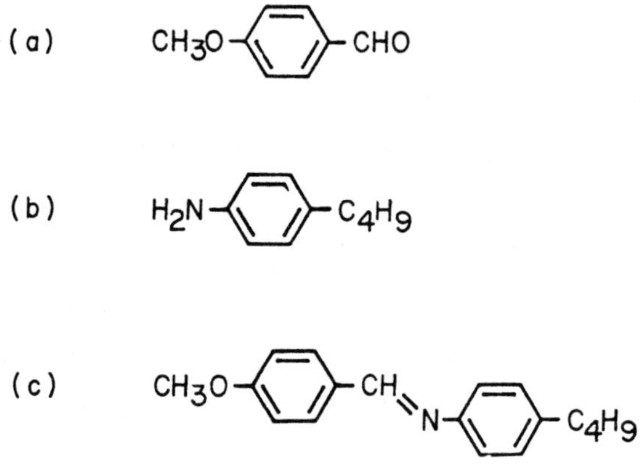

(a) $CH_3O-\langle\ \rangle-CHO$

(b) $H_2N-\langle\ \rangle-C_4H_9$

(c) $CH_3O-\langle\ \rangle-CH=N-\langle\ \rangle-C_4H_9$

그림 7·8 MBBA의 합성에 처음 사용되는 혼합물들과 최종적으로 얻어지는 혼합물. (a) *p-n*-methoxybenzaldehyde, (b) *p-n*-butyla-niline, (c) MBBA.

진다. 액정 연구에 대한 역사 중 어떤 기간 동안은 매우 간단하게 시작한 초기 화합물들만이 쓰여졌다. 그러므로 최종 액정 화합물을 얻기 위해 많은 단계의 반응들이 필요했다. 좀더 최근에는 복잡하게 시작한 화합물들을 상업적으로 얻을 수 있어서 합성은 더 적은 횟수의 반응들로 진행되고 있다.

　실제로 이루어지는 작업의 한 예로 MBBA의 합성을 살펴보자. MBBA는 *p-n*-methoxybenzaldehyde와 *p-n*-buthylaniline의 반응으로 합성될 수 있다. 이러한 화합물들이 모두 그림 7·8에 나와 있다. 그 반응은 MBBA(*p-n*-methoxybenzylidene-*p′-n*-buthylaniline)와 물을 생성하며, 그것도 역시 그림 7·8에 나와 있다. 이런 반응은 그 반응이 일어날 수 있는 적당한 조건을 형성하는 용매의 혼합물 내에서 행해진다. 그리고 반응 중에 생성된 물은 반응이 진행됨에 따라 제거되어야 한다. MBBA는 여과 기술과 용매의 증발에 의해 다른 화합물들로부터 분리된다. 마지막 단계는 MBBA를 정제하는 것인데, 보통 적당한 용매 내의 재결정화를 이용한다.

많은 경우에 있어서 액정 화합물을 합성하기 위해 반응하는 두 화합물들은 상업적으로는 거의 얻을 수 없다. 화학자들은 먼저 이런 화합물들을 생성하는 반응들을 행하는데, 그것은 상업적으로 얻을 수 있는 다른 물질들을 갖고 시작한다. 예로, *p-n-*methoxybenzaldehyde는 *p-*hydroxybenzaldehyde[그림 7 · 8(a)와 유사하나 CH_3O-기 자리에 HO-기를 가진 화합물]와 *n-*methylbromide(CH_3Br)의 반응에서 생성된다. 이 반응에서 수소브롬(hydrogen bromide)도 역시 떨어져 나온다. 유사하게, *p-n-*butylaniline은 *n-*butylbenzene[그림 7 · 8(b)와 유사하나 $-NH_2$ 기 자리에 단순히 수소원자만 있는 화합물]에서 시작하여 세 단계를 연속해서 거친 후 생성될 수 있다.

일반적으로, 이러한 반응들은 이루어지기 쉬운 것이 아니다. 조건이 맞지 않으면 반응은 전혀 일어나지 않거나, 초기 물질을 포함한 다른 반응이 일어나서 바람직하지 못한 생성물을 만들어 낼 뿐이다. 이러한 반응에 대한 생성물의 분리와 정제는 종종 쉬운 절차가 아닐 때가 있다. 효과적으로 액정 화합물을 합성하는 데는, 이런 형태의 기술에 능숙한 노련한 유기 화학자가 필요하다. 보통 힘든 시행착오를 범하면서 자세한 반응에 대한 주의 깊은 고려를 한 후에야 성공할 수가 있다.

7 · 4 혼합물

이용이 가능한 화합물을 형성하는 많은 액정을 사용하여 응

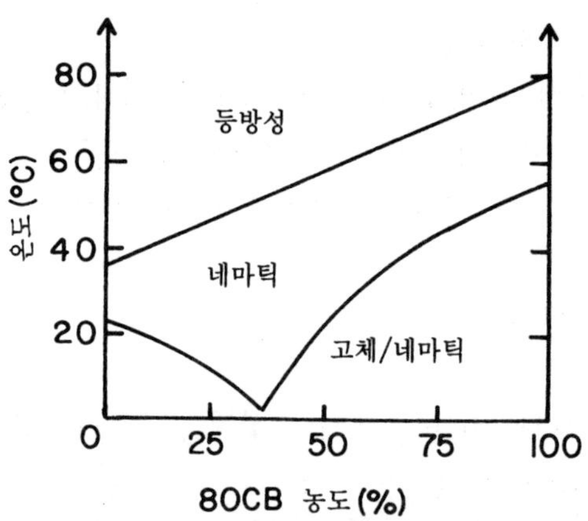

그림 7·9 pentylcyanobiphenyl(5CB)과 octyloxy-cyanobiphenyl(8OCB) 혼합물의 상전이 온도.

용에 적합한 액정을 선택하기가 쉬울 것처럼 보일지도 모른다. 그러나 이것은 단순한 일이 아니다. 어느 한 가지 응용을 위해서도 액정이 적당한 온도범위, 전기장에 대한 적당한 반응, 안정성, 적당한 점도 등을 가져야만 한다. 한 가지 액정으로 모든 정확한 성질들을 맞춘다는 것은 거의 불가능하다. 다행스럽게도, 둘 이상의 액정을 서로 섞는 방법으로 과학자나 기술자들은 액정의 성질을 거의 연속적으로 조절할 수 있다. 많은 액정들이 서로 혼합될 수 있고 그 성질은 원래의 화합물들의 중간적인 성질을 갖게 된다. 여러 가지 경우에 있어서 혼합물들은 원래의 액정들 각각의 것보다도 더 넓은 액정 상의 범위를 가진다.

이것은 p-n-pentyl-p'-cyanobiphenyl(5CB)과 p-n-octyloxy-p'-cyanobiphenyl(8OCB)의 혼합물에 대하여 그림 7·9에 나

와 있다. 5CB는 24°~35℃의 네마틱 범위를 가지고 8OCB는 67°~89℃의 네마틱 범위를 가지므로, 둘 다 디스플레이 용도에 는 부적당하다. 그런데 대략 35%의 5CB와 65%의 8OCB를 섞 은 혼합물은 LCD에 꽤 적합한 5°~50℃의 네마틱 범위를 가진 다. 고체－네마틱 전이온도에 있어서 최소값을 가지기 때문에 가 장 넓은 네마틱 범위를 가질 수 있는 혼합물을 '공융 혼합물(eu- tectic mixture)'이라 부른다. LCD에 사용되는 혼합물들은 공융 혼합물들인데, 보통 네 가지에서 열 가지 성분들로 구성된다. 비 교적 최근의 혼합물의 두 가지 예가 E43과 NP1694이다. E43은 바이페닐과 터페닐로 이루어져 있으며 －10°에서 84℃의 네마 틱 범위를 가지고, NP1694는 phenylcyclohexanes과 biphe- nylcyclohexanes으로 이루어져 있으며 －20°에서 86℃의 네마틱 범위를 가진다. 우수한 전기적 광학적 성질과 넓은 네마틱 범위 를 가지는 안정한 액정 혼합물에 대한 상업적 이용 가능성은 아 마도 고품질, 고신뢰도의 LCD의 최근 개발에 있어서 가장 중요 한 요소가 되고 있다.

7·5 색소

6장에서 논의된 바와 같이, 이색성 색소(dichroic dyo)들은 몇 가지 형태의 액정 디스플레이에 쓰이고 있다. 사용되는 색소 는 비교적 액정 내에서 잘 용해되어야 하고 LCD 응용에 필요한 특성이 감소되어서는 안된다. 게다가 색소는 안정되고, 대전되어 있지 않고, 강하게 빛을 흡수하고, 디스플레이에 적합한 색을 만 들어 내야 한다. 색소가 꺼짐과 켜짐 상태에서 차이가 많이 나는 흡수특성을 가지려면, 색소분자는 액정 내에 용해되어 있을 때

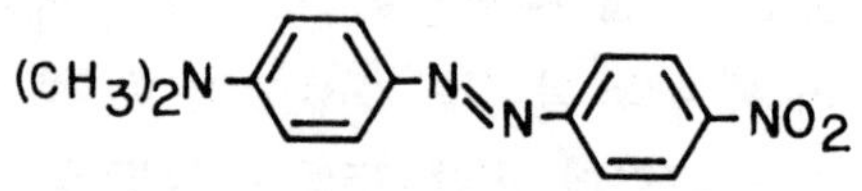

그림 7·10 액정 디스플레이 응용에 이용되는 이색성 색소 분자의 두 가지
예. (a) 아조(azo-), (b) anthraquinone.

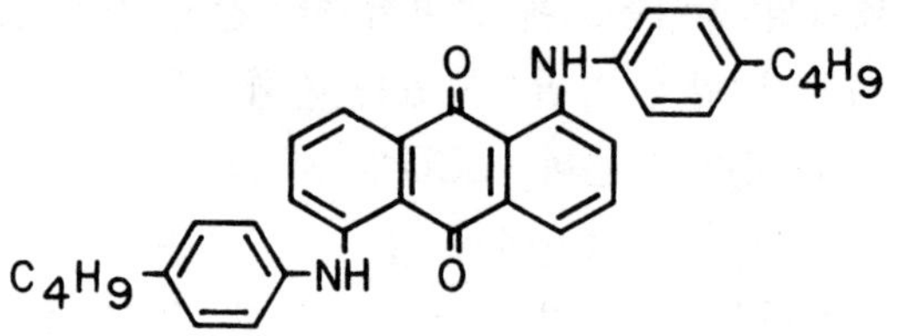

액정의 방향자를 따라 잘 배열될 수 있어야 한다. 그러므로 색소
분자들 자신은 모양이 길쭉해야 하며 액정은 높은 질서 매개변
수를 지녀야 한다.

　　LCD에 있어서 가장 많이 쓰이는 것으로 알려진 두 종류의
색소는 아조기(azo-)와 anthraquinone기에 기초를 둔 것들이
다. 앞에서 언급했듯이, 아조기는 화학적으로 불안정하여 이런
색소들은 시간이 지남에 따라 특성이 떨어진다. 이 사실은 불행
한 것이다. 왜냐하면, 아조색소의 다른 특성들은 anthraquinone
색소에 비해 우수하기 때문이다. 현재 진행되고 있는 연구에서
안정하고 디스플레이에 우수한 특성을 가진 anthraquinone 색소
나 여타의 색소를 만들어 내야 할 것이다. 그림 7·10에 이러한
몇 가지의 아조와 anthraquinone 색소가 나와 있다.

7·6 LCD 기술의 기타 요소들

모든 LCD에 있어서 액정은 두 개의 유리판 사이에 들어 있다. 사용되는 유리의 종류를 선택하는 것이 결정적인 것은 아니지만, 여러해에 걸친 연구에서는 상당한 양의 나트륨이나 다른 알칼리 이온들을 포함한 유리의 사용이 몇 가지 문제점을 야기시킨다는 것을 보여 주었다. 이러한 이온들은 유리 표면으로 이동해서 수분과 함께 시편 내의 액정 배향과 전기장 모양을 바꿀 수 있는 대전된 층을 형성한다. 이런 문제점을 피하기 위해서 두 가지 기술이 사용되어 왔다. 한 가지는 보로실리케이트(borosilicate)를 사용하는 것인데, 이것은 알칼리 이온을 거의 가지고 있지 않다. 또 한 가지는 알칼리 이온이 수분이 있는 접촉면으로 이동하는 것을 막기 위해서 이산화규소(silicon dioxide)의 층으로 유리를 코팅하는 것이다. 이러한 문제점은 유리 대신 플라스틱을 사용하여 극복할 수도 있다. 이것은 현재 연구중인 중요한 영역인데, 그 이유는 플라스틱이 낮은 파손성, 높은 균일성, 그리고 유연성의 또 다른 이점을 제공하기 때문이다. 이 분야에서 극복되어야 할 주요 문제점들은 값싼 플라스틱들은 보통 복굴절을 가지고 있으며 어떤 것들은 액정 화합물과 화학적으로 반응하는 것들이 있다.

매우 얇은 indium tin oxide(ITO) 층(10~50nm)은 보통 투명한 전극모양을 만드는 데 쓰인다. 이러한 얇은 막들은 입사된 빛의 80% 이상을 투과시키고 시편이 적절히 동작할 수 있을 정도로 낮은 전기저항을 지닌다. 투명한 전극재료는 원하는 형태로 아래와 위의 유리 표면 내부에 정확하게 형성되어야 한다. 이 두 가지 전극들의 모양은 오직 원하는 곳에서만 겹치게 만들어진다. 이런 식으로 각 요소에 전압이 인가되는 박막의 작은 줄들 사이에는 전극이 없으므로 시편이 동작하는 동안 나타나지 않는다. 이런 전극의 형태들은 ITO 막으로 완전히 입혀진 유리를 이용하여 만들어진다. 실크 스크린(silk-screening)이나 광전사법(photolithography) 등의 공정을 통해 마스크(mask)를 만들어서 막이 완전히 입혀진 유리에 그것을 사용한다. 그 다음 원하지 않는 ITO는 화학적 식각(chemical etching)으로 없앤다. 더욱 정밀한 선명도를 얻는 기술로는 ITO 위에 추가로 식각에 강한 재료로 된 막이 입혀진 유리를 사용하는 것이다. 마스크를 다시 제작해야 하지만, 이것은 유리의 어느 부분을 자외선에 노출할 것인가를 결정하게 된다. 추가로 입힌 층은 자외선에 노출된 후 식각에 대한 저항성을 잃게 되어, 유리는 마스크가 없던 곳에서 식각 용액과 접촉하게 된다. 실제로, 식각에 저항하는 막은 두 가지가 있다. 두번째 종류는 원래의 막이 자외선에 노출된 후에 식각에 대해 저항하기 때문에, 마스크는 원하는 전극모양의 역상으로 되어야 한다.

LCD에 대한 가장 일반적인 배향방식은 분자들이 유리표면에 평행한 수평배향조직(homogeneous texture)이다. 이 배향방식은 보통 긴 사슬 형태의 고분자를 얇게 입히고 그 다음 입혀진 막의 표면은 천과 같은 부드러운 물질을 이용하여 한 방향으로 문질러 주는 방법이다. 이러한 과정은 고분자 막 위에 모두 같은 방향으로 향하는 수많은 작은 홈(grooves)들을 만들거나, 아마 한쪽 방향으로 고분자 막을 단순히 잡아 늘리게 한다. 이런 작은 홈들 또는 늘어남은 방향자를 문지른 방향에 평행하게 놓이도록 만든다. 폴리비닐알코올(polyvinylalcohol), 몇 가지 사일렌(silanes), 그리고 폴리이미드(polyimides)는 잘 쓰이는 배향 재료의 예들이다. 첫번째 것은 수분을 잘 받아들이고, 두번째 것은 종종 신뢰도가 떨어지는 박막을 잘 형성한다. 세번째 것은 현재 널리 쓰이는 배향제이다. 수평배향조직을 만들기 위한 또 하나의 기술은 매우 경사진 각도에서 유리 표면 위에 산화규소(silicon oxide)를 증착시키는 것이다. 이 과정은 문질러진 막들에 의해 만들어지는 정도의 낮은 경사각을 만들기가 어려우며 특히 대형 디스플레이를 위한 공정에 적합하지 않다. 이 과정은 작은 면적에서 신뢰할 수 있는 결과를 달성할 수 있어, 대부분의 디지털 시계용 디스플레이의 제작에 사용된다. 수직배향구조(homeotropic alignment, 액정 분자가 유리 표면에 수직으로 배향되는)는 보통 양친매성(amphiphilic) 재료를 입힘으로써 이루어진다. 극성을 가진 끝들은 유리에 접촉해 있는 데 반해 비극성의 끝(보통 탄화수소 사슬)들은 액정 시편 내부를 향하여 있다. 양쪽 유리 표면 내부에 이렇게 향하여 있는 탄화수소 사슬들은 액정 물질을 유리에 수직으로 향하게 만든다.

LCD의 두께는 시편의 적절한 동작에 있어서 결정적인 하나의 요소이다. 문턱 전기장이 시편의 두께에 의존할 뿐만 아니라, 어떤 종류의 시편에 대해서는 그 두께에 의해 결정된 광학적 효과가 시편 동작의 핵심이 되기도 한다. 그러므로 시편의 두께(보통 $5\sim25\mu$m)는 정확하게 조절되어야 한다. 시편 바깥 주위의 봉합 물질은 보통 간격을 유지하기 위한 스페이서(spacer)로서도 사용된다. 전형적인 재료는 열가소성 플라스틱(thermoplastic)과 열경화성(thermosetting) 유기고분자이다. 이 기술은 때때로 두께의 균일성을 제공하지 못하므로, 부가적 수단으로서 액정재료 안에 적당한 반경의 유리섬유나 구슬을 넣는다. 이렇게 퍼져 있는 스페이서들은 눈에 보일 정도는 아니지만 봉합 재료들이 시편을 경화할 때 적당한 두께로 유지되도록 한다.

여러 종류의 액정 디스플레이에 사용되는 편광자들은 몇 가지 심각한 문제점을 야기시킨다. 예로, 편광자가 더욱 효율적으로 만들어짐에 따라(빛을 더 잘 편광시킴에 따라) 통과하는 빛의 양은 작아진다. 휘도(brightness)와 대비(contrast) 사이의 현재 타협선은 빛의 40%에서 45% 정도를 투과하는 편광자(이상적인 편광자가 투과할 수 있는 총량이 50%임을 기억할 것)를 활용한다. 이러한 편광자들은 시간에 따라 효율도 떨어지고 쉽게 긁힐 수도 있다. 현재, 편광자들은 셀룰로오스 아세테이트(cellulose acetate)의 층들 사이에 위치한 요오드(iodine)를 포함한 폴리비닐 알코올 막을 잡아 늘여서 만든다. 색편광자를 원한다면, 폴리비닐 알코올에 요오드 대신 색소를 포함시킨다. 편광자는 아크릴 접착물이 유리 표면에 부착되어 있고 보호를 위해 플라스틱 층으로 덮여 있다. 반사형 편광자는 금속막 반사경을 추가하여 만든다. 이러한 편광자들이 LCD 제조에 있어서 값비싼 부품(재료와 조립품)이라는 것은 재미있는 사실이다. 그러므로 더 높은 효율, 더 낮은 가격, 그리고 더 긴 수명의 편광자에 대한 연구는 LCD 기술의 계속되는 진보에 대단히 중요하다.

7·7 능동 행렬 디스플레이

LCD 기술의 최근 발전상 중 가장 괄목할 만한 부분 중의 하나는 액정 디스플레이에 반도체 소자를 접목시킨 것이다. 그 개념은 매우 간단하다. 액정 시편 그 자체가 최고의 특성을 가질 수 없다면, 단순히 여기에 전기적인 소자를 결합시켜 특성을 최적화시키는 것이다. 오직 한 개의 액정 시편을 포함한다면 이것은 쉽겠지만, LCD는 수많은 요소를 가지며, 각 요소들은 추가된 전기적인 소자들과 함께 수정되어야 한다. 그런데 이런 일은 LCD의 요구를 만족시키기에 충분히 작은 소자들로 구성된 대형

Back-to-Back 다이오드 디스플레이

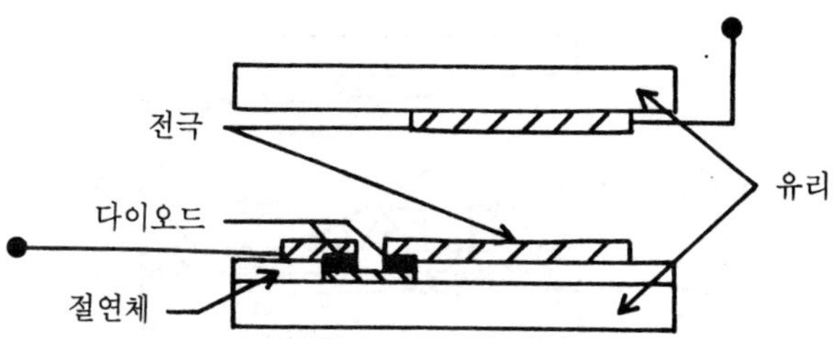

그림 7·11 Back-to-back 다이오드 능동 행렬 디스플레이의 한 소자. 액정은 두 유리 사이에 채워진다. 전압은 외부 단자에 연결된 두 전극에 의해 인가된다.

집적회로를 생산해 낼 수 있는, 고도로 발달된 반도체 산업으로 인해 더욱 쉬워졌다.

이런 기술은 대형 LCD 행렬 디스플레이를 보면 가장 잘 나와 있다. 지난 장에서 논의한 바와 같이 다중구동(multiplexing)은 개개의 화소들간의 연결을 단순화시켰지만, 액정 시편의 문턱 특성은 다중구동될 수 있는 화소의 개수를 제한한다. 비선형 소자는 문턱 특성을 개선하기 위해 사용될 수 있다. 비선형 소자란 출력이 비선형적 방식으로 입력에 관계하는 전기적인 소자를 말한다. 예를 들어서, 비선형 소자가 그림 7·11과 같이 액정 화소와 직렬로 연결되어 있으면, 그 화소는 비선형 소자에 실린 전압이 그것의 문턱값에 도달하기 전에는 켜지지 않을 것이다. 비선형 소자가 매우 가파른 문턱 특성을 가진다면, 액정 시편과 비선형 소자의 결합 또한 역시 가파른 문턱 곡선을 가질 것이다. 게다가, 화소는 비선형 소자와 액정 시편에 대한 문턱 전압의 합과 같은 전압에서 켜질 것이다. 문턱 특성의 가파름과 문턱 전압 자체의 증가는 가능한 다중구동의 정도를 상승시킨다. 그러한 체계

박막 트랜지스터 디스플레이

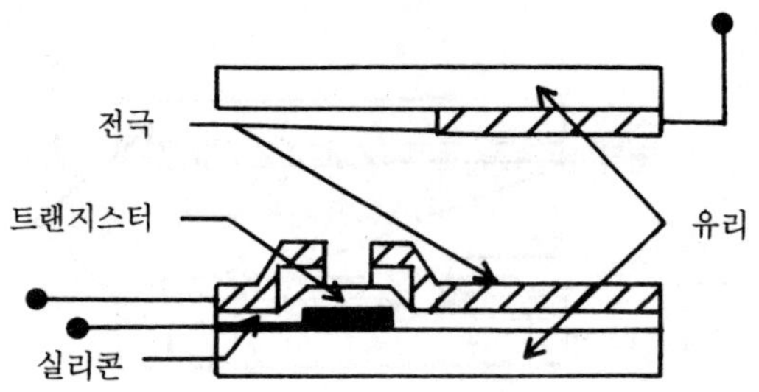

그림 7·12 박막 트랜지스터 능동 행렬 디스플레이의 한 소자. 액정은 두 유리 사이에 채워진다. 외부 연결들은 다른 회로 전극들에 연결된 디스플레이의 세 전극들을 보여 준다.

는 비선형 소자들이 단지 두 개의 단자만을 가지기 때문에 이단자(two terminal) 소자를 가진 '능동 행렬 구동(active matrix addressing)'이라고 불린다. 아직도 각 화소들에 두 개의 연결만이 요구됨에 유의하라. 그림 7·11에 나와 있듯이, 비선형 소자는 전극구조를 가진 유리 위에 제작된다. 이런 목적에 알맞는 비선형 소자의 예들이 back-to-back 실리콘 다이오드(silicon diode)와 금속−절연체−금속(metal-insulator-metal : MIM) 소자들이다. 따라서 전압은 back-to-back 실리콘 다이오드와 액정에 직렬로 걸린다.

　이단자 비선형 소자 대신에 삼단자(three terminal) 비선형 소자를 쓰는 것은 더욱 흥미롭다. 이런 목적에 걸맞는 삼단자 소자의 가장 좋은 예는 박막 트랜지스터(thin film transistor : TFT)이다. 그림 7·12는 그러한 소자의 연결과 어떻게 유리 기판 위에 제작될 수 있는가 하는 것을 보여 준다. 삼단자 소자를 가진 능동 행렬 디스플레이의 동작은 매우 어렵다. 삼단자 소자는 스위치처럼 행동한다. 소자의 제어단자에 걸린 작은 전압은 액정 시편에 더 큰 전압이 걸리게 만들어서, 그것을 구동시킨다. 적당한 삼단자 소자를 사용함으로써, 액정 화소는 삼단자 소자의 제어단자에 대한 적당한 전압으로 다시 구동될 때까지 켜진 또는 꺼진 상태로 있을 것이다. 이것은 다른 화소들을 제어하는 데 사용되는 전압들로부터 그 화소를 효율적으로 고립시킨다. 게다가, 삼단자 소자의 제어 단자에 걸리는 전압을 조금만 조절해도 액정 화소의 밝기가 정밀하게 조절된다. 그러므로 이런 형태의 디스플레이는 뛰어난 계조표시(gray scale)가 가능하도록 설계될 수가 있다.

삼단자 소자의 사용을 통해 가능한 제어에는 각 화소에 대해 둘이 아닌 세 개의 연결에 의한 복잡성이 추가로 뒤따른다. 또 한편으로는, 고도로 발달된 대규모 집적기술은 이와 같이 아주 복잡한 것을 가능케 한다. 실제로, 각각의 화소에 대해 분리된 제어선을 사용하여, 이러한 삼단자 능동 행렬 디스플레이를 직접 구동하는 것이 가능하다. 현재 개발되고 있는 한 가지 고안은 디스플레이 그 자체에 있는 유리기판 위에 이러한 제어선으로 적절한 전압을 걸어 주는 데 필요한 전기적인 회로들을 직접 제조하는 것이다. 이것은 디스플레이와 다른 회로간의 연결을 단순화시킬 것이다.

7·8 액정 광 밸브

모든 액정 디스플레이들은 디스플레이의 다른 부분들로부터 나오는 빛의 세기를 조절할 수 있다. 이런 특징은 연구가들이 디스플레이뿐 아니라 다른 가능한 응용들을 고려하도록 재촉했다. 일반적인 개념은 액정의 방향자 배열이 평판 내에서 위치에 따라 다르다면 액정 평판에 입사되는 균일한 세기의 빛이 평판의 서로 다른 부분들에서는 서로 다른 세기로 나올 것이라는 것이다. 통과해 나오는 입사광의 비율을 조절하는 데 쓰일 수 있는 소자에 대한 이름이 '광 밸브(light valve)'다. 광 밸브가 장소에 따라서 나오는 빛의 비율을 조절할 수 있는 능력을 가지고 있다면, 그 소자는 '공간 광 변조기(spatial light modulator : SLM)'로 알려져 있다. 액정 광 밸브(LCLV)와 액정 공간 광 변조기(LCSLM)는 광 증폭기, 대형 영사 시스템, 광학 데이터 처리(optical data processing), 가시광선-적외선 변환기(visible-to-infrared light converters) 등의 수많은 응용에 쓰인다.

광학 데이터 처리의 영역은 중요하므로 다소 논의할 필요가 있다. 최근에 컴퓨터 기술이 폭발적으로 성장함에 따라 고속 계산의 힘을 과시했다. 전자 컴퓨터의 속도에 있어서 그 이상의 증진이 기대되지만, 전자 소자가 얼마나 빨리 동작할 수 있는가에 대해서는 본래부터 존재하고 있는 한계가 있다. 이미 그것들을 병렬로 작동시킴으로써(분리된 소자들을 이용한 동시 작동) 컴퓨터의 속도를 증가시키려는 노력이 진행중이다. 이 기술도 역시 그것의 한계를 지니고 있다. 최소한 천 배 정도 속도가 빠른 광에 의한 계산은 컴퓨터 기술의 대혁명을 일으킬 만한 잠재력을 지니고 있음이 분명하다. 전형적인 광학 소자들의 실제 속도는 현재의 전자 소자들보다 더 빠를 뿐만 아니라, 광학적 정보 통로를 병렬로 만들기가 더욱 쉽다는 것이 이러한 새로운 개발 영역의 잠재력을 증명해 준다. 그러한 기술의 심장부가 SLM인데, 그것은 현 세대의 컴퓨터에서 전자 스위칭 소자와 같은 기능을 광학적으로 수행한다. 액정 SLM은 그러한 시스템에 대한 유망한 후보일 것이며, 그것의 용도에 대한 연구는 지금 진행중이다.

6장에서 논의된 대부분의 액정 디스플레이는 전기적으로 구

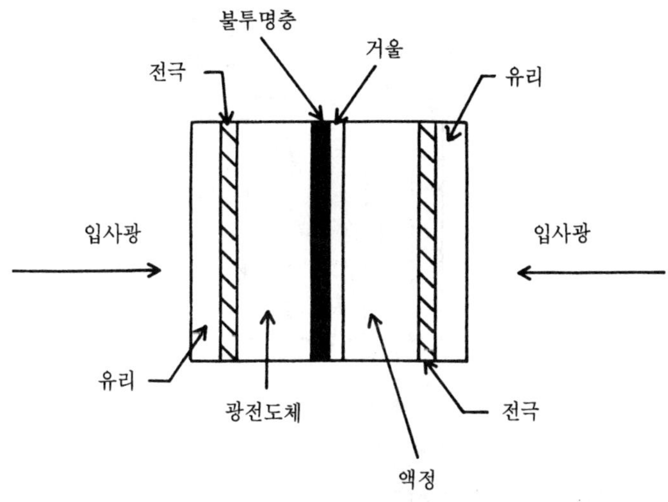

그림 7·13 광전도 화상 전달 소자. 실제 화상은 왼쪽에서 입사하는 빛에 의해 광전도체에 형성된다. 광전도체는 동일한 화상을 가지도록 액정에 전기장을 인가한다. 이 화상은 액정의 오른편에서 입사하는 빛에 의해 보인다.

동되었지만(전압 신호가 액정 소자들을 제어하였다), 우리는 디스플레이가 광학적으로 어떻게 구동될 수 있는가를 알고 있다 [레이저 빔을 주사함(scanning)으로써]. 그런데 액정 광 밸브의 경우 관심사의 많은 부분이 광학적 구동에 있다. 왜냐하면 이 방식이 더욱 세밀하고(해상도가 더 높고) 더 빠르다. 예를 들어서, 그림 7·13에 나온 LCLV를 보라. 액정 시편은 광전도 층과 직렬로 놓여 있다. 그러한 층의 전기 저항은 그것에 입사되는 빛의 양에 따라 역으로 변한다. 전압이 액정 시편과 광전도 층을 가로질러서 걸려 있다면, 작은 양의 빛이 그 층에 입사된 경우에는 액정에 작은 전압이 걸리고 많은 양의 빛이 그 층에 입사된 경우에는 액정에 상대적으로 큰 전압이 걸린다. 액정 시편이 반사 방식으로 작동되도록 설계되어 있다면, 반대면에서 입사된 밝은

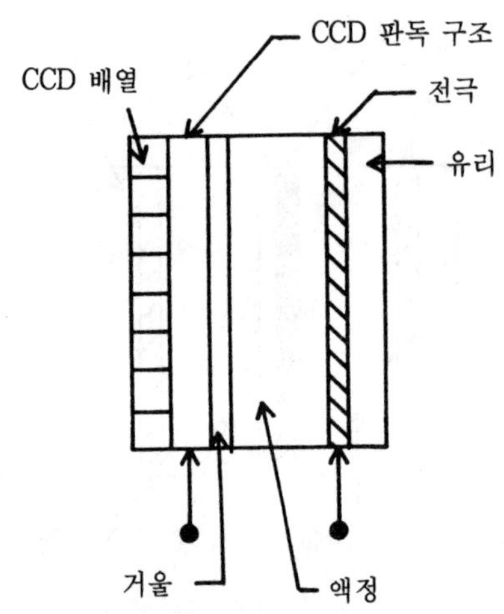

그림 7·14 전하 결합 소자(CCD) 화상 전달 시스템. 왼쪽에서 입사한 빛은 CCD 배열에 화상을 형성하고, 이는 CCD 판독 구조에 의해 액정으로 전달된다. 액정 화상은 오른쪽에서 입사한 빛에 의해 보여진다.

빛은 이 화면에 밝은 화상을 만들 것이다. 이 화상은 반대면에 입사되는 더 밝은 빛의 형상에 대응된다. 화상을 만드는 데 아무런 지연 요소가 없기 때문에, 이것이 '실제 시간(real time)'의 화상이 됨을 명심하라. 화상을 처리하기 위해서 그것을 가로질러 주사해야만 하는 어떤 시스템도 이보다 매우 느리다.

　액정 광 변조기는 꼭 화상을 포착하는 데만 쓰일 필요는 없다. 이미 포착된 화상을 처리하는 데도 유사한 소자들이 쓰일 수 있다. 이것은 '광 처리(optical processing)'라고 불리는 분야의 한 영역이며 LCSLM의 장점은 그들이 다양한 기능을 수행할 수 있는 정도의 속도이다. 앞에서 언급한 바와 같이, 광 처리 시스템에 있어서 액정 소자들은 전기적 또는 광학적으로 구동될 수 있다. 예로 액정 광 밸브는 그림 7·14에 보인 것처럼 일련의 '전하 결합 소자(charge-coupled devices : CCDs)'들과 직렬로 놓여질 수 있다. 여기서 TV카메라는 CCD 시야에 포착된 정보들을 전압신호로 바꾼다. 2차원 CCD 배열은 적당한 장소에 있는 정보를 국소화된 전하 다발로 저장한다. CCD 판독 구조에 적절한 제어 전압을 걸어 주는 것은 모든 전하가 액정 시편으로 확산되게 하며, 존재하는 전하량에 의존하는 다른 정도의 변형을 만든다. 이런 방식으로 전체의 2차원 화상은 전달되고 나서 즉시 읽혀진다.

7·9 미래의 액정 디스플레이

현재 액정 디스플레이 시장은 음극선관(CRT) 시장의 바로 다음이지만, 그 차이는 CRT가 모든 텔레비전에 쓰이는 관계로 엄청나다. 따라서 LCD 텔레비전이 CRT 텔레비전의 품질을 획득한다면, LCD 시장은 지금으로는 상상하기 어려울 정도로 크게 신장될 것이다. 능동 행렬 디스플레이를 사용한 LCD 컬러 텔레비전들은 이미 작은 휴대용 모형으로 실용화되어 있다. 사진 12는 그러한 제품에 대한 사진이다. 화면의 질은 상당히 괜찮은 편이지만, CRT가 만드는 것에는 아직 못 미친다.

LCD 텔레비전들은 지금 6인치 화면으로 실용화되어 있지만, 그 크기는 몇 년 이내에 10인치 이상으로 거질 것이다. 이 분야의 연구가들 사이에서, 20인치급의 평판 텔레비전은 1995년 전후로 해서 시장에 나올 것으로 예상하고 있다. 미래에, LCD는 디스플레이가 작거나 낮은 전력 소모가 중요해지는 장치에서 더욱더 빈번히 사용될 것이다. 시계, 계산기, 타자기, 전화기, 그리고 랩탑 컴퓨터 등은 계속해서 LCD를 사용할 것이다. 우리는 자동차 계기판, 휴대용 장비, 그리고 비행기 조종실 등에서 그들을 더욱 자주 보게 될 것이다. 대형 LCD가 실용화될 전망이다. 예를 들어, 교통 신호와 광고 간판은 쉽고 신속히 바뀌는 대형 신호에 대한 기회를 제공할 것이다. 우리가 유리를 통과하는 빛의 양을 선택할 수 있는 유리창(tunable window)들도 일반화될 것이다. 더욱 발전하게 되면 LCD는 고속 디스플레이 혹은 고정보 디스플레이 시장으로 나아가게 될 것이다. 액정 소자를 이용한 광정보 처리는 새롭고 실질적인 응용이 될 것 같다. 마찬가지로 액정 광 밸브를 이용한 대형 영사 시스템은 가까운 미래에 현실화될 수 있을 것이다.

7·10 액정 온도 센서

액정이 사용될 수 있는 가장 흥미로운(그리고 아름다운) 방식 중의 하나는 카이랄 네마틱 액정의 선택적 반사 성질을 이용한 온도 측정이다. 5장에서 논의한 바와 같이, 카이랄 네마틱 액정은 액정 내에서 파장과 피치가 같은 빛을 반사한다. 연속적인 여러 파장을 가진 백색광이 카이랄 네마틱 액정에 들어와서 비틀린 축에 평행하게 진행한다면, 오직 액정에서의 파장이 피치와 같은 빛만 반사된다. 그러므로 액정은 관측자에게 반사된 빛의 파장에 의해 정해진 특별한 색을 가진 것으로 나타날 것이다. 카이랄 네마틱 액정의 피치는 온도에 따라 바뀌기 때문에, 이러한 물질에 의해 반사된 색도 역시 온도에 따라 바뀐다. 이런 방식으로 카이랄 네마틱 액정의 색을 관측함으로써 간단히 온도를 측정할 수 있다. 그러한 온도계들은 때에 따라 유용하며, 사람의 이마, 어류 저장 탱크의 물, 또는 방의 온도를 재는 데 쓰일 수 있다.

카이랄 네마틱 온도계의 유용성은 원하는 온도 범위 내에서 반응하는 소자를 쉽게 설계할 수 있다는 것이다. 많은 카이랄 네마틱 화합물들은 가시광선 영역의 피치를 가지지만, 온도에 따라 각 화합물의 피치는 서로 다르게 변화된다. 적당한 화합물들을 함께 혼합함으로써, 액정 온도계 디자이너들은 요구되는 어떠한 온도 범위에 대해서도 스펙트럼의 다른 색깔을 반사하는 재료를 만들 수 있다.

실제로, 아주 민감한 온도계들은 이런 방식으로 만들어질 수 있다. 어떤 카이랄 네마틱 액정들은 매우 작은 온도 간격에 대해 격렬한 변화를 일으키는 피치를 가진다. 말하자면, 적당한 액정들을 혼합함으로써 디자이너들은 1°보다도 작은 온도 간격에 대해 가시광선 스펙트럼을 반사하는 온도계를 만들 수 있다. 그러한 온도계들은 엄청나게 작은 온도 차이도 나타낼 수 있으며 온도 도표 응용에 유용하다. 예로, 피부와 열적 접촉이 잘 되도록 고안된 그러한 물질로 만든 필름은 생생한 색채로 피부의 온도 윤곽을 보여 준다. 많은 국소적인 의학적인 문제점들(예를 들어, 피부 바로 아래에 있는 종양)이 주변 조직들과 다른 온도를 가지기 때문에, 이것은 의학에서 중요한 진단 도구가 될 수 있다. 그러한 이상이 생기면, 그것은 액정 박막에 다른 색깔의 영역으로 나타날 것이다. 약간의 온도 차이에 의한 시험과 외과 수술을 피할 수 있다는 가능성은 분명히 매우 중요하다. 사진 13은 상업적으로 이용되는 기기로 찍은 사진이다.

액정 온도 센서들은 정신 질환 치료 때에 생물학적 송환 기작(biofeedback mechanism)으로 사용된다. 필요한 모든 것은 센서를 피부 가까이에 놓아두는 것이다(예를 들어 두 손가락 사이에). 액정 소자의 장점은 매우 값이 싸고 생물학적 송환(심장 박동수, 혈압, 뇌파 등등)에 사용되는 기존의 모니터보다도 사용하기가 더욱 쉽다는 것이다.

　그러한 액정 박막들은 또한 거의 모든 소자의 온도 자료를 도표화하는 데 쓰여질 수도 있다. 정밀한 오븐 또는 전자 기기와 같은 몇 가지 경우에 온도에 대한 정보가 이런 장치를 적절히 고안하는 데 중요하다. 다른 경우에, 액정 박막은 비파괴 검사의 형태로 사용될 수 있다. 예를 들어서, 불량한 전기 접속은 보통 양호한 접속보다 약간 더 뜨겁다. 인쇄 회로 기판(printed circuit board)과 같은 장치가 적절히 기능을 수행한다 하더라도, 불량한 전기 접속은 보통 시간이 지나면 그 장치가 더 이상 기능을 제대로 수행하지 못할 정도로 나빠진다. 카이랄 네마틱 박막은 약간 더 뜨거운 접속 상태를 보여 줄 수 있기 때문에 그 장치가 더 이상 나빠지기 전에 수리할 수 있게 된다.

　얼마 전에는, 그러한 액정 물질들이 '기분 반지(mood ring)'로 사용되었다. 이러한 반지들은 약간의 온도차에 따라 다른 색깔을 반사하며 사람들의 다른 '기분(moods)'을 나타내는 의미를 가졌었다. 어린이용 장난감 제조업자 중 적어도 한 명은 인형이나 게임에 이러한 액정 센서를 채용할 생각에 대해 연구했다. 그 생각은 인형들이 '기분'을 나타내거나 게임의 전략이 게임하는 동안에 약간의 온도변화에 따라 바뀔 수 있다는 것이다. 몇몇 예술가들도 역시 카이랄 네마틱 액정을 그림물감의 용액으로 사용해 보았다. 다른 혼합물들을 사용함으로써, 예술가는 다른 색을 띠는 작품을 만든다. 그런데 더 중요한 것은 그 색깔이 방의 온도가 약간만 변해도 바뀐다는 것이다!

　이러한 기술의 중요한 부분은 카이랄 네마틱 물질을 가진 박막을 생산하는 능력이다. 박막들은 온도 감지 재료와 대상물 사이의 좋은 열적 접촉을 허용하고, 액정이 다른 물질들과의 접촉으로 인해 오염되지 않도록 한다. 이러한 박막들은 6장에서 논의된 미세캡슐화(microencapsulation) 과정을 거쳐 만들어진다. 이 기술은 디자이너로 하여금 캡슐에 들어가는 물질의 불순물을 잘 제어할 수 있게 하는데, 그 물질은 민감한 온도계를 설계하는데 있어서 결정적인 것이다. 카이랄 네마틱 액정은 고분자 집합체들(PDLC 디스플레이에서 한 것처럼) 같은 액정 속에 혼합함으로써 고분자 박막 내에 분산될 수 있다. 기술 자체는 매우 쉬운 것이지만 캡슐 속에 넣어진 물질의 순도는 더 이상 제어하기 힘들기 때문에, 이 기술은 온도 측정에 있어서 심각한 한계를 가질 수도 있다.

왜 카이랄 네마틱 액정이 작은 온도 변화 구간에서도 피치가 급격한 변화를 보이는가 하는 것은 더 이상 신비가 아니다. 그러한 변화들은 스멕틱 상으로의 전이 바로 위의 온도 구간에 있는 카이랄 네마틱 상에서 보통 발생하고, 일반적으로 상전이에 관한 몇 가지 기초 물리학을 보여 준다. 스멕틱 상은 비틀리기 위해서 필연적으로 휘어지는 층들을 가지고 있어서, 층이 없는 네마틱 액정보다 스멕틱 액정을 비틀리도록 하는 것은 아주 더 힘들다. 온도가 카이랄 네마틱에서 스멕틱 상전이를 향하여 내려갈 때, 분자들은 순간적으로 그리고 단지 국소적으로만 층 내에 배열되기 시작한다. 이들 층들이 영구적으로 유지되기에는 온도가 너무 높지만, 분사들의 작은 집합체들은 순간적이나마 층 질서를 보여주기 시작한다. 온도가 스멕틱 전이에 가까워지면, 이렇게 국소적으로 층을 유지하려는 시간의 길이가 더 길어지고 분자들의 집합체는 더욱 커진다. 이것은 카이랄 네마틱 액정이 비틀리는 것을 더욱더 어렵게 하여, 피치가 길어진다. 이러한 모든 것들은 스멕틱 전이 부근에서만 일어나기 때문에, 피치의 변화는 전이 바로 위의 작은 온도 구간에서 일어난다. 전이점에서, 물질 전체는 보통 전혀 비틀리지 않은(다시 말해서, 무한대의 피

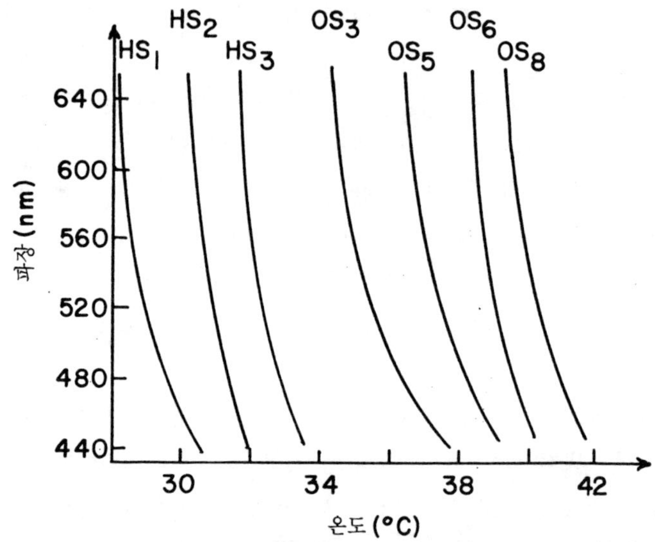

그림 7·15 응용 목적으로 만들어진 일곱 가지의 카이랄 네마틱 혼합물의 온도에 대한 파장 곡선. 각 혼합물은 2° 정도의 온도구간에서 가시광선 스펙트럼의 모든 색깔을 반사하지만, 그 현상은 각 혼합물마다 약간 다른 온도에서 일어난다.

치를 가진) 스멕틱 액정으로 바뀐다. 다른 물질들을 함께 혼합함으로써, 스멕틱 전이온도 부근의 어떤 온도에서 카이랄 네마틱이 생기도록 만들 수 있으므로, 카이랄 네마틱이 가시광선을 반사하는 온도는 완벽하게 조절이 가능하다. 혼합물의 경우 화합물의 적당한 선택으로 역시 가시광선이 반사되는 구간의 크기를 조절할 수 있다. 그림 7·15는 상업적 응용을 위해서 제조된 몇 가지 혼합물에 대한 자료를 보여 주고 있다. 어떤 종류의 온도계는 약 2° 사이의 온도 범위에 대해 반응하는 서로 다른 혼합물을 가진 점들(dots)을 사용한다. 그러나 온도가 각 점에서 2°만큼만 변할 수 있을 뿐이다. 주어진 온도에서 한 개의 점만이 주어진 색을 띠게 되고, 그 온도는 색깔을 띤 점 옆에 쓰인 숫자로 표시된다.

7·11 기타 응용

액정의 몇 가지 덜 중요한 응용들은 주위 환경의 변화에 따라 다채로운 반응을 보여 주는 액정의 일반적인 성질과 관계가 있다. 예로, 카이랄 네마틱 액정은 그들이 온도변화에 대해 반응하는 것과 똑같은 방식으로 압력변화에 반응하여 그들의 피치를 바꾼다. 이들 피치 변화를 위해 상당히 큰 압력변화(대기압보다 매우 큰)가 필요하지만, 일정온도에서 유지되는 카이랄 네마틱 소자는 압력에 따라 다른 색깔을 나타내므로 압력 센서로 사용될 수 있다. 마찬가지로, 카이랄 네마틱 액정이 어떤 증기에 노출되면 피치의 변화가 일어나고 동시에 그들이 반사하는 빛의 색깔도 변한다. 그러한 소자들은 낮은 농도에서도 이러한 증기를 검출하는 센서로 쓰일 수 있다. 물체를 때리는 초음파는 그것의 온도를 약간 올라가게 한다. 따라서 액정 박막들이 이러한 파의 존재를 알아내는 데 사용될 수 있다. 3장에서 논의되었던 프레데릭츠 전이(Freedericksz transition)는 전자기장의 세기를 측정할 수 있는 기기의 기초이다. 이러한 외부 장들은 액정의 박막 시편 속의 방향자 배열에 영향을 미치기 때문에, 시편의 성질들은 외부 장의 세기가 변함에 따라 바뀐다. 우리는 시편의 전기, 자기, 또는 광학적 성질(예를 들어, 그것의 정전 용량)을 알아낼 수 있고, 그것을 외부 장의 세기를 측정하는 데 사용할 수 있다. 장의 세기에 대한 디지털 판독 기능을 가진 기기를 만드는 것은 비록 긴 시간 동안에 걸쳐 정확도를 유지하는 데 문제가 있긴 하지만 실현 가능성이 매우 높다.

액정의 응용에서 이 상들의 역학적인 성질을 이용하는 일은 드물지만, 최소한 한 가지 가능성은 연구되고 있다. 어떤 액정상(예를 들어, 스멕틱 B 상)의 점도는 등방적인 액체상의 점도보다 훨씬 높다. 그러한 물질이 브레이크, 클러치 또는 베어링 등의 유압요소로 쓰인다면, 이러한 성분들의 마찰 정도는 그 물질의 상에 의존한다. 이론상, 장치 내의 온도 또는 압력변화는 상변화를 일으킬 수 있고 그것에 의해 상당히 큰 영역에 걸쳐 장치의 특성이 조절된다. 그런 생각을 바탕으로 기존의 액체로는 불가능한 장점을 얻기 위하여 상 변화를 사용한 '영리한(smart)' 장치들을 제작하는 것이다. 액정이 이렇게 사용될 때 일어나는 현상에 대해 이론적으로 정확한 우리의 지식은 현재 부족한 실정이어서, 많은 이론적이고 실험적인 연구가 이러한 장치들이 실현되기 전에 요구된다.

액정의 마지막 한 가지 응용은 과학적으로 중요한 것이다. 아주 흔히 과학자들과 기술자들은 액체에 용해되어 있는 물질의 성질을 측정한다. 두 가지 중요한 예가 떠오른다. 첫째, 화학반응들은 종종 액체 용액 내에서 이루어진다. 둘째, 여러 물질을 함유한 시편은 가끔 혼합물이 액체 속을 통과해 나가도록 함으로써 그 구성요소들에서 분리될 수 있다. 혼합물의 다른 성분들이 액체를 통과해 나가는 속도비가 다르기 때문에 다양한 성분들은 서로 다른 시간에 실험기기의 끝 부분에서 나오게 된다. 분석화학의 이런 영역은 '크로마토그래피(chromatography)'라고 불리며, 그것은 미지의 혼합물 내에 무엇이 있는지 조사하거나 실제로 혼합물을 성분별로 분류하는 데 쓰일 수 있다. 이러한 기술은 화학, 생물학, 그리고 의학에서 수행되는 많은 분석들에서도 매우 중요하다.

이러한 상황 모두에서 쓰이는 용매들은 액체이기 때문에, 조사하려는 물질의 분자들은 등방성 환경에 놓여 있다. 때때로 비등방성 용매(말하자면, 액정)를 사용하는 것은 물질의 행동양식을 엄청나게 중요한 방식으로 변화시킨다. 예를 들어서, 화학반응들은 때때로 등방성 액체에서와는 다른 방식으로 액정에서 일어난다. 이것은 화학자들이 다른 방식으로는 불가능한 반응을 제어할 수 있도록 한다. 마찬가지로, 등방성 액체를 통과하는 속도비는 같을지라도 액정을 통과하는 속도비는 다른 경우도 있다. 아주 작은 차이를 가진 분자들에 대해서 다른 방법들이 실패할 때 액정을 사용함으로써 종종 분리해 낼 수가 있다. 액정들은 그러한 연구에서 비등방성 매질로서 사용되는 빈도가 증가하고 있으며, 이 기술의 위력은 이제 막 개발되기 시작하였다.

비록 앞에 얘기한 몇 가지 이러한 응용들이 현재로서는 덜 중요하지만, 이러한 상황이 언제까지나 계속되리라고는 아무도 확신할 수 없다. 그 기능들 중 하나를 수행하는 액정의 능력은 엄청난 비중의 미래기술에 대한 초석이 될 수도 있다. 혹시 지금으로부터 10년 후에 액정의 응용에 대해서 논의할 어떤 사람은 LCD보다도 이러한 가능성들 중의 하나에 더 많은 노력을 하게 될 것이다. 시간이 말해 주겠지만, 액정의 환경에 있어서 거의 모든 변화에 대한 미묘한 반응은 많은 목적에 유용하리라는 것을 확신한다. 액정이 얼마나 중요하게 되고 어떤 분야에서 중요하게 될지는 전세계에 걸친 연구실에서 지금 이 순간에도 일하고 있는 과학자들과 기술자들이 대답해야 할 문제이다.

제 8 장
농도 전이형 액정

　이제까지 논의에서는 어떤 물질의 상이 존재하는가를 결정하는 변수가 온도인 액정계에 관심을 집중해 왔다. 이 밖에도 두 가지 다른 가능성이 있다. 첫째는 압력이다. 지금까지는 물질에 작용하는 외부 압력은 대기압과 같다고 가정해 왔다. 만약 시편 위의 압력이 상당한 정도로 변하게 되면, 상은 마치 온도가 변하는 것과 같이 변하게 된다. 사실, 압력은 온도와 반대되는 방법으로 작용한다. 온도를 일정하게 유지하면서 압력을 높이면, 마치 압력을 일정하게 유지하면서 온도가 낮아지는 것과 같은 상전이를 관찰할 수 있을 것이다. 이미 언급했던 두번째 가능성은 두 액정의 혼합물에서의 농도이다. 그림 7·9에서 분명하게 나타나는 것과 같이 온도가 일정하게 유지되는 동안 혼합물의 한 성분의 농도가 변하게 되었을 때 상전이가 일어난다. 이들 모든 경우에서도 역시 온도는 상전이를 결정하는 가장 중요한 변수로 남아 있다 — 따라서 이런 물질 모두를 '온도전이형(thermotropic)' 액정이라 부른다.

　한편 다른 물질과 혼합되었을 때 액정상을 나타내는 또 다른 유형의 물질이 존재한다. 물질의 상을 결정하는 데 온도가 여전히 중요한 변수로 남아 있을지라도, 다른 성분에 대한 한 성분의 상대적인 농도는 상당히 중요하다. 이런 물질들을 '농도전이형(lyotropic)' 액정이라 부르고 온도전이형 액정과 같은 정도의 흥미와 중요성을 가지고 있다. 예를 들면, 가끔 비누 접시의 바닥에서 볼 수 있는 '끈적거리는 것(goo)'은 비누/물 혼합물의 농도전이형 액정상이다. 마찬가지로, 우리 몸속에 있는 세포벽의 구조는 인지질/물 혼합물의 액정 특성에 기인한다. 농도전이형 액정은 과학적으로 흥미있으며 기술적으로도 중요하다. 이는 아래의 논의에서 분명하게 될 것이다.

8·1 양친매성 분자

우리는 기름과 물이 섞이지 않는다는 이야기를 들어 왔다. 왜 어떤 액체는 혼합되지 않는 반면 어떤 것들은 혼합되는가에 대한 어느 정도의 통찰력을 얻기 위해 여러 종류의 액체를 혼합한다고 해보자. 조사 결과는 기름과 물이 두 가지 일반적인 액체 종류의 대표라는 것을 보여 주었다. 같은 종류에 속하는 액체는 보통 혼합되는 반면 서로 다른 종류에 속하는 액체들은 혼합되지 않는다. 그러나 이것은 아주 단순화된 것이다. 왜냐하면 쉽게 한 종류로 구별되지 않는 액체가 존재하기 때문이다. 그리고 온도 같은 다른 변수들 또한 중요하다. 먼저 혼합현상을 일반적으로 기술하기 위해서는 이러한 행위를 유발하는 각 종류에 있어서 분자들의 차이점이 무엇인가를 살펴보아야 할 것이다.

이 질문에 답하기 위하여, 아마도 각 종류를 대표하는 분자들의 구조를 생각해야 할 것이다. 물을 포함하고 있는 종류에 속하는 분자들이 '극성(polar)'이라는 것을 알아냈다. 이것은 간단하게 이들 분자들을 구성하는 원자들의 결합이 균일하지 않은 전하 분포를 나타낸다는 것을 의미한다. 분자의 한쪽은 양으로 대전되고 다른 쪽은 음으로 대전된다. 반면 기름을 포함하는 종류에 속하는 분자들의 원자는 거의 균일한 전하 분포를 가지고 결합되어 있다. 이들 분자는 '비극성(nonpolar)'이나. 그림 8·1은 물과 데칸(decane, 전형적인 기름)의 분자구조(대전된 부분이 표시되어 있는)를 보여준다.

한 분자가 두 부분으로 구성되어 있을 때, 즉 한쪽은 스스로 물과 혼합하고 다른 쪽은 그렇지 않은 부분으로 구성되어 있을 때 흥미로운 현상이 발생한다. 물에 잘 녹는 부분을 '친수성(hydrophilic, water-loving)' 그룹이라 부르고 물에 잘 녹지 않

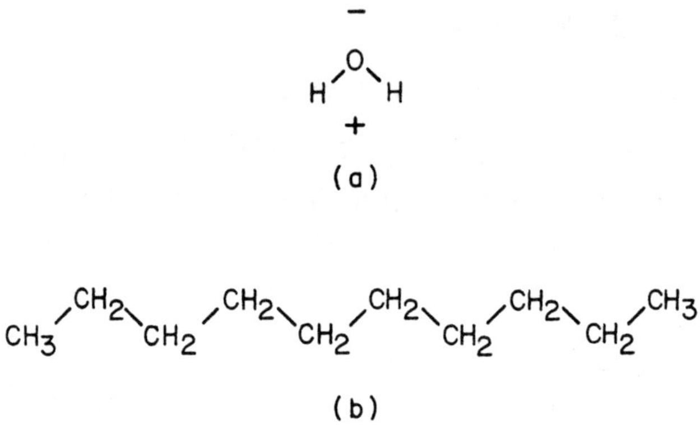

그림 8·1 극성 분자인 물(a)과 비극성 분자인 데칸(b).

는 부분을 '소수성(hydrophobic, water-fearing)' 그룹이라 부른다. 이런 분자들은 양쪽 모두의 특성을 나타낼 수 있다. 그래서 그들을 '양친매성(amphiphilic, 양쪽 모두에 친화하는)' 분자라고 부른다. 양친매성 분자들의 두 가지 중요한 형태는 비누와 인지질(phospholipid)이다. 이 두 가지는 뒤에 아주 상세하게 논의될 것이다. 양친매성 화합물은 또한 '계면활성제(surfactants)'로 알려져 있다. 앞으로 알게 되겠지만, 이렇게 되는 이유는 양친매성 분자들이 액체표면으로 이동하는 경향을 가지기 때문이다. 이 사실은 중요한 과학적이고 기술적인 면을 내포하고 있다.

전형적인 '비누' 분자는 그림 8·2(a)에 그려져 있다. 이것은 나트륨(sodium) 원자와 탄산기(carboxyl)의 결합에 의해 형성된 극성인 머리 그룹(head group)과 탄화수소 고리(hydrocarbon chain)로 구성된 비극성 꼬리 사슬(end chain)로 이루어져 있다. 이 분자의 일반적 상징이 또한 그려져 있다. 이것은 친수성 머리 그룹을 표현하는 작은 원과 소수성 꼬리 사슬을 표현하는 지그재그 선으로 구성된다. 비누는 또한 다양한 길이의 탄화

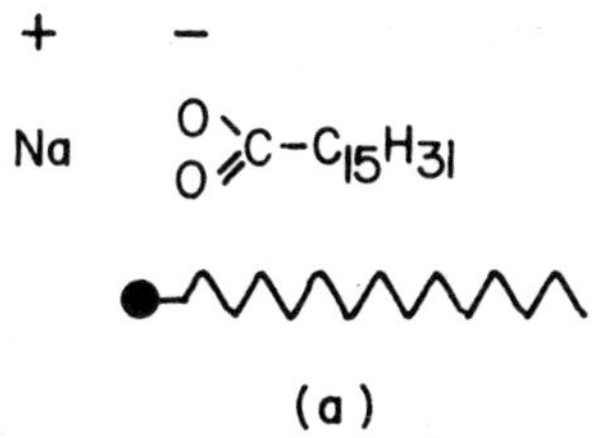

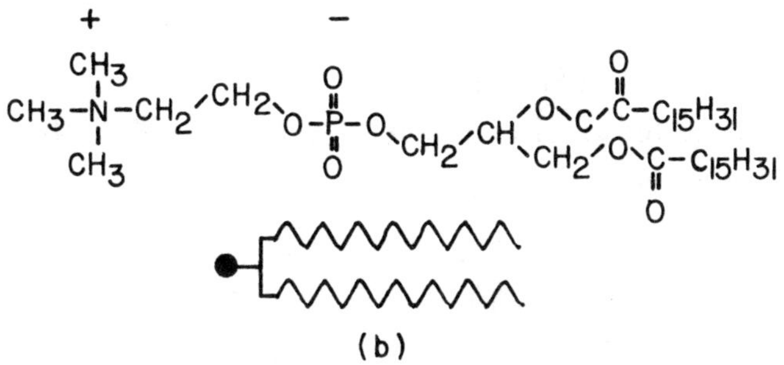

(a)

(b)

그림 8·2 전형적인 비누 분자 나트륨 로레이트(sodium laurate)(a)와 전형적인 인지질 분자 dipalmitoylphosphatidylcholine(b).

수소 사슬과 함께 수많은 다른 극성 머리 그룹을 결합하여 만들 수 있다. 어떤 비누는 극성 머리 그룹에 연결된 두 개의 탄화수소 사슬을 갖고 있다.

전형적인 '인지질' 분자가 그림 8·2(b)에 그려져 있다. 이 것은 인 원자를 갖고 있는 커다란 극성 머리 그룹과 두 개의 비극성 탄화수소 꼬리 사슬들로 구성되어 있다. 이것의 단순화한 상징은 두 개의 지그재그 선들이 연결된 작은 원이다. 여러 가지 가능한 머리 그룹과 다른 길이의 탄화수소 사슬의 결합으로 인하여 매우 많은 종류의 인지질이 존재한다.

8·2 양친매성 분자로 형성된 구조

만약 작은 양의 양친매성 물질이 물과 혼합하게 되면 분자들은 용액으로 바뀔 수 있다. 양친매성 물질의 농도가 증가함에 따라 두 가지 가능성 있는 구조 중 하나가 형성되기 시작한다. 만약 양친매성 분자들이 비극성 부분에 비해 강한 극성 머리 그룹을 갖는다면 양친매성 분자들은 공모양으로 배열되기 시작한다. 즉 바깥쪽에는 극성 머리 그룹으로 되고 중심쪽에는 탄화수소 꼬리가 있게 된다. 이 구조를 '마이셀(micelle)'이라 부르고 양친매성 물질의 양이 어떤 농도, 즉 '임계 마이셀 농도(critical micelle concentration)'라고 부르는 농도 이상이면 안정하다. 만약 양친매성 머리 그룹이 소수성 부분에 대해 충분히 강하지 않으면 분자들은 공모양 '수포(vesicles)'를 형성하기 시작한다. 이 공모양 수포는 내부와 외부에 물을 갖는 층을 형성하는 양친매성 분자들의 '이중층(bilayer)'이다. 이들 구조의 횡단면이 그림 8·3에 나와 있다.

이 두 가지 구조가 왜 안정한가를 이해하는 것은 어렵지 않다. 구조의 바깥쪽에 있는 친수성 머리 그룹은 물분자와 접촉하는 반면 소수성 꼬리 사슬은 서로 연결되고 극성 머리 그룹에 의하여 물로부터 보호된다. 만약 양친매성 물질의 농도가 더 증가하면, 더욱 많은 마이셀 또는 수포가 형성된다. 어떤 경우에는 마이셀과 수포의 크기와 모양이 그들의 수가 증가하더라도 거의 균일하게 유지된다. 또 다른 경우 마이셀의 모양은 공모양에서 원통모양으로 바뀌기도 한다. 어떤 경우에는 몇 개의 이중층을 지닌 수포가 형성된다(이웃층에 대하여 각각 안쪽으로 존재). 이들 수포의 구조는 양파모양과 유사하지만, 물이 각 이중층과 그 이웃 층 사이에 존재하는 점에서 다르다.

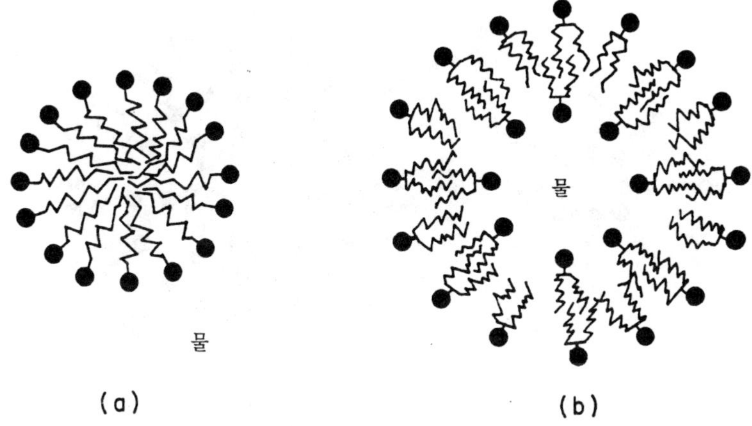

그림 8·3 물속에서 양친매성 분자의 두 가지 간단한 구조의 횡단면: (a) 마이셀과 (b) 수포.

만약 양친매성 물질이 기름과 같은 비극성 액체에 첨가되면 유사한 구조가 형성된다는 것을 주시하여야 한다. 이 경우에 있어서 마이셀 또는 수포는 안쪽으로 극성 머리 그룹을 갖고 바깥쪽으로는 비극성 꼬리 사슬을 형성한다. '역구조(inverted structure)'라 불리는 이들의 횡단면은 그림 8·4에 나타나 있다. 이들 구조는 또한 양친매성 물질의 양이 증가함에 따라 모양이나 이중층의 수가 변한다. 앞으로 물과 같은 극성 용매에서 형성된 구조에 대한 논의에 중점을 둘 것이지만, 이와 대응되는 역구조 또한 가능하다는 것을 항상 명심하여야 한다.

만약 양친매성 물질의 농도가 더욱 증가하면(보통 50%부근), 마이셀 또는 수포는 더 큰 구조를 형성하기 위하여 서로 결합하는 점에 도달한다. 이러한 구조 중의 하나가 '육방상'[hexagonal phase : 때때로 '중간 비누상(middle soap phase)'이라고 부른다]이다. 이 상에서는 양친매성 분자들의 긴 원통모양의 막대는 육방 배열에 있는 막대의 장축을 따라 배열한다. 좀더 높은

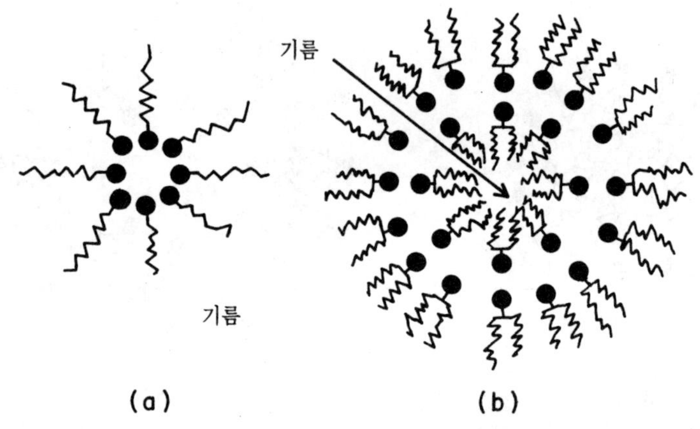

그림 8·4 기름 속에서 양친매성 분자의 두 가지 간단한 구조의 횡단면 : (a) 마이셀과 (b) 수포.

농도에서 형성되는 일반적인 구조는 '박판상(lamellar phase)'이라 불리고〔때때로 '청결 비누상(neat soap phase)'이라 불린다〕, 이 상에서 양친매성 분자들은 물에 의해 서로 분리되어 있는 평평한 이중층을 형성한다. 때로는 일반적으로 알려지지 않은 상이 육방 또는 박판상 사이의 농도에서 형성된다. 이러한 '입방상'〔cubic phase : 때때로 이를 '점성 등방상(viscous isotropic phase)'이라고도 부른다〕은 양친매성 분자의 공들이 입방격자 형태로 배열되어 이루어져 있다. 이 공들이 서로서로 고립되거나 또는 어떤 방법으로 연결되었는가는 아직 해결되지 않은 문제이다. 육방 또는 박판상의 교차결합이 그림 1·14에 그려져 있다. 의심할 바 없이, 이들 구조들 중 하나가 비누접시에 있는 '끈적거림'의 원인이다.

　이러한 구조 또한 액정이다. 양친매성 분자들은 구조 전반을 통해 확산된다. 이렇게 함으로써 구조에 따른 평균방향으로 정렬하게 된다. 이러한 구조 중 어떤 것에서는 위치 질서가 존재한다. 그래서 스멕틱 액정과 많은 유사성을 가진다. 하지만 스멕틱 액정과는 달리 양친매성 분자들의 밀도는 한점에서 다른 점으로 극적으로 변한다. 이런 구조 자체는 대부분 양친매성 분자들로 구성되어 있지만 구조들 사이에 있는 물은 상대적으로 적은 양친매성 분자를 포함한다. 양친매성 분자들은 이런 구조와 물 양쪽을 통하여 자유롭게 확산될 수 있다. 그래서 양친매성 분자들이 풍부한 구조와 물이 풍부한 용매 사이에서 구조의 질서를 유지하면서 또한 큰 밀도차이를 나타내게 된다.

어떤 극성 머리 그룹이 이런 구조를 형성하는지 또는 그렇지 않은지에 대한 많은 연구가 있어 왔다. 이런 연구를 통해 머리 그룹은 그런 구조를 형성하기 위하여 이온화(한 원자가 다른 원자에 전자 하나를 줌으로써 형성된)될 필요가 없다는 것을 알았다. 마찬가지로 모든 극성, 비이온화 머리 그룹이 그런 구조를 만드는 데 효과적인 것은 아니다. 따라서 그러한 액정상의 형성은 양친매성 분자의 친수성과 소수성 경향 사이에서 미묘한 균형의 결과임이 분명하다. 그리고 아마도 완전하게 이해하기는 어려운 과정이 될 것이다.

온도가 이런 상의 안정성에 대해 중요한 효과를 갖는다는 것은 놀라운 사실이 아니다. 사실 온도가 충분히 높지 않다면 이런 상은 형성되지 않는다. 이렇게 되는 이유는 이러한 구조 모두가 서로서로에 대해 움직일 수 있는 양친매성 분자들을 필요로 한다는 것이다. 만약 온도가 너무 낮다면, 분자는 단단한 결정성 구조를 형성할 것이다. 이런 온도에서 물과 섞였을 때 양친매성 물질의 결정은 단지 물과 접촉하여 존재한다. 결정이 형성되지 않고 이들 액정구조가 형성되는 온도를 '크래프트 온도(Kraft temperature)'라 부른다. 크래프트 온도는 양친매성 분자들의 농도가 증가함에 따라 약간 증가한다.

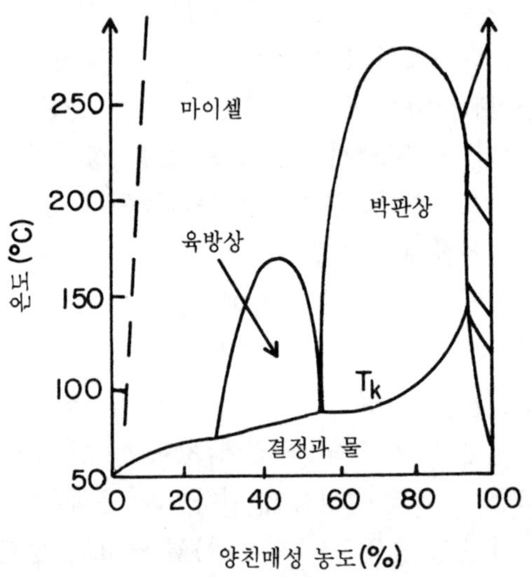

그림 8·5 전형적인 비누의 상도. 거의 수직인 점선은 마이셀이 형성되기 위한 최저 농도이다. 크래프트(Kraft) 온도 T_k는 결정/물 부분과 나머지 부분을 나누는 선이다. 100% 농도에 매우 근접한 부분에서 여러 가지 액정상이 나타난다.

양친매성 물질의 농도와 온도 변화에 따른 이들 계의 행동을 요약하기 위해 우리는 두 액정의 혼합물이 어떻게 행동하는가를 묘사하기 위해 사용했던 상도와 같은 도표를 이용할 것이다. 오른쪽으로 가면서 양친매성 분자들이 증가하는 농도가 수평축을 따라 그려져 있으며 온도는 수직축이다. 상도의 어느 점에서 한 상은 안정하고 곡선은 서로 다른 상이 안정한 구역을 나눈다. 전형적인 비누에 대한 상도는 그림 8·5에 있다. 임계 마이셀 농도(거의 수직한 점선)와 크래프트 온도(상도의 나머지에서 결정과 물을 나누는 곡선)를 정의하는 곡선을 보라. 전형적인 인지질에 대한 상도는 그림 8·6에 있다. 수포형성에 대한 임계 농도는 매우 작은 농도에서 발생하기 때문에 이 도표에 나와 있

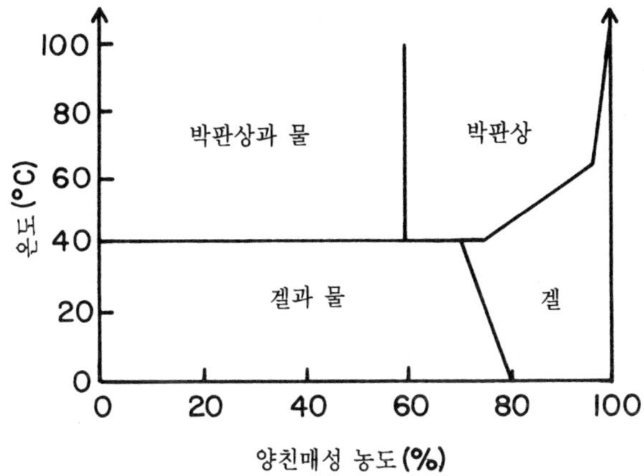

그림 8·6 전형적인 인지질의 상도. 여러 가지 액정상과 고체상이 높은 농도에서 나타나지만 이 그림에서는 생략되어 있다.

지 않다. 다음에서 설명하겠지만 크래프트 온도의 개념이 인지질에 대해서는 거의 유용하지 않다. 두 상도에서 추가로 생기는 액정상(보통 역상)은 매우 높은 농도에서 존재하고 다양한 결정상은 낮은 온도에서 형성된다.

어떤 인지질의 '겔상(gel phase)'은 매우 흥미롭다. 이 양친매성 분자는 박판상과 마찬가지로 이중층을 형성한다. 그러나 탄화수소 꼬리 사슬은 고체상에서 존재하는 것처럼 단단하다. 이것은 탄화수소 꼬리 사슬이 액체상에서 있을 때처럼 자유롭게 변하는 배열을 갖게 되는 박판상과는 다르다. 겔상의 단단한 꼬리 사슬은 인지질 분자의 극성 머리 그룹을 밀집한 육방 배열 속에 정렬되도록 한다. 많은 물질은 온도가 낮아지게 됨에 따라 상변화와 함께 방향 질서와 위치 질서가 증가하면서 하나의 겔 상보다 더 많은 상을 갖는다. 액정 마이셀과 물을 혼합한 고체결정 사이에서는 급격한 변화가 발생하지 않기 때문에 이들 전이온도들 중의 하나를 크래프트 온도로 정의한다는 것은 많은 문제가 있다. 마지막으로 이중층이 어떤 겔상에서는 물결 모양으로 파동한다는 점이다. 이러한 사실은 박판상에서는 적용되지 않는다.

8·3 혼화성 간격

어떤 비이온화 양친매성 물질에서처럼 이들 구조가 형성될 때 생기는 서로 상반되는 경향 사이의 미묘한 균형이 강조된 적은 없었다. 이온화된 한쪽 부분에서와 마찬가지로 이들 양친매성 화합물은 우선 마이셀을 형성한 후 양친매성 물질의 농도가 증가함에 따라 다양한 액정상이 형성된다. 그러나 온도가 충분히 높다면, 그 결과는 양친매성 물질의 농도가 증가함에 따라 아주 판이하다. 아주 낮은 농도에서 보통 마이셀이 형성되나 어떤 농도에서는 이 마이셀은 깨어지고, 이 계는 두 개의 분리된 상을 형성한다. 즉 하나는 물이 풍부하고 다른 하나는 양친매성 분자가 풍부하다. 만약 농도가 더욱 증가하면, 마이셀이 다시 형성되고 두 개의 분리된 상은 일반적인 물과 마이셀의 균질상(homogeneous phase)을 형성하기 위해 결합된다.

따라서 더 높은 온도에서는 두 화합물이 섞일 수 없는 지역이 존재한다(즉 이들은 '혼화'되지 않는다). 그래서 연구자들은 이를 '혼화성 간격(miscibility gap)'이라 한다. 이 간격은 그림 8·7에서 나타난 비이온화 양친매/물 계의 상도에서 보여질 수 있다. 이 혼화성 간격은 그림에서 '두 가지 상(two phases)'이라고 표시한 지역이다. 온도가 증가함에 따라 혼화성 간격이 넓어지는 것을 주목하라. 어떤 경우에는 이 모습이 역으로 나타나고, 만약 온도가 높아지면 혼화성 간격은 더욱 좁아지고 결국 사라

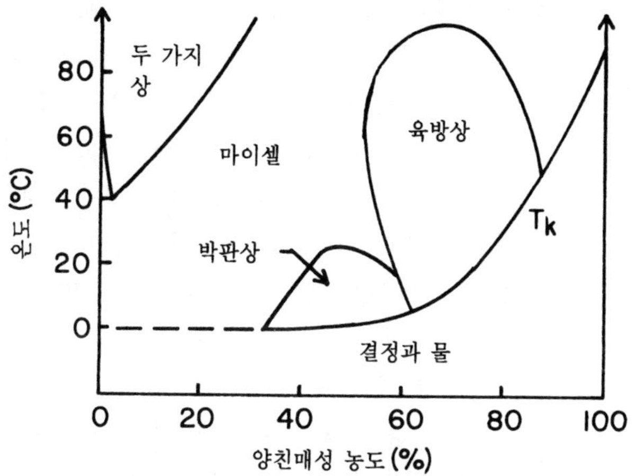

그림 8·7 물 속에서 dodecyldimethylphosphide oxide의 상도. 두 가지 상 이라고 표시되어 있는 곳은 이 계에서의 혼화성 간격을 나타낸다.

진다. 이 기이한 행동은 양친매/물 계에서 마이셀 형성이 미묘한 균형의 결과라는 직접적인 증거인 것이다. 온도와 농도의 변화는 이러한 균형조건을 급격하게 변화시킬 수 있다.

8·4 물/기름 혼합물에서의 양친매 화합물

만약 기름이 양친매성 물질/물 혼합물에 첨가되면 상황은 더욱 흥미롭다. 비록 기름이 물과 혼화하지는 않지만 양친매성 물질/물 혼합물은 그 구조 속으로 기름이 합쳐지는 데에 거의 어려움이 없다. 양친매성 물질/물 혼합물의 마이셀 상에 관심을 집중하자. 기름이 첨가됨에 따라 기름은 양친매성 분자의 '친유성(oliophilic:oil-loving)' 탄화수소 사슬과 접촉하여 마이셀 내부에 축적된다. 기름이 풍부한(oil-rich) 분리된 상이 없으므로 양친매성 물질/물 혼합물은 효과적으로 기름을 '용해(dissolve)'하는 것이다. 이 과정이 바로 비누와 세제가 세척제로서 효과적인 이유이다. 우리는 약간 다른 방법으로 이 현상을 묘사할 수 있다. 컵 속에 물과 기름을 함께 넣는다고 상상하자. 할 수 있는 만큼 흔들고 저어도, 이들은 섞이지 않고 결국 두 가지 상으로 분리된다. 자 이제는 기름과 물에 약간의 양친매성 물질을 섞는다고 가정하자. 컵 속의 액체를 충분한 정도로 흔들면 액체는 약간 탁하기는 하나 균일하게 유지된다. 양친매성 분자들은 두 액체들 사이의 모든 경계로 옮겨가고(그것은 계면활성제이다), 효과적으로 한 액체로부터 다른 액체를 '보호(shielded)'한다. 그래서 약간의 양친매성 물질이 첨가되면 실제로 물과 기름은 섞인다.

이 과정을 좀더 상세하게 생각하여 보자. 만약 마이셀 상에서 물과 양친매성 물질의 혼합물을 가지고 시작한다면, 약간의 기름을 첨가하게 되면 기름이 이들의 중심으로 합쳐짐에 따라 마이셀을 약간 부풀어 오르게 한다. 부풀은 마이셀은 대단히 안정하다. 더 많은 기름이 첨가됨에 따라 마이셀은 계속하여 부풀어 오르고 결국 양친매성 분자가 실질적으로 어떤 상(기름)과 다른 상(물) 사이의 장벽이 되는 점에 도달한다. 여기서 이 계는 두 상의 결합으로 기술해야 하는 '유제(emulsion)'라고 불린다. 따라서 양친매성 화합물은 '유화제(emulsifier)'이다. 유제를 형성하기 위해 필요한 양보다 적은 기름농도에서 생기는 약간 부푼 마이셀의 단일상을 '미세유제(microemulsion)'라 부른다.

세 가지 구성성분의 혼합물로부터 나타나는 상이 무엇인가를 부분적으로 묘사하기 위하여 우리는 이전과 같은 형태의 상도를 이용할 수 있다. 남아 있는 유일한 문제는 우리가 물에 대한 기름의 비율을 선택해야 하고 이 비율을 일정하게 유지시켜야 한다는 것이다. 그 다음에 선택한 기름/물 혼합물에 양친매

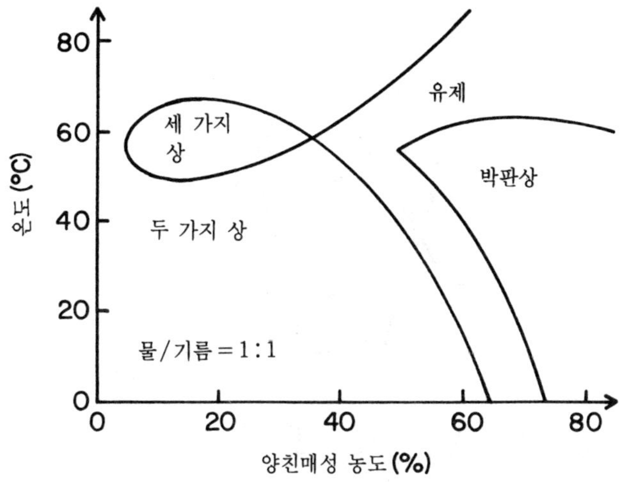

그림 8·8 전형적인 세 가지 구성성분계의 상도. 물과 기름의 양은 항상 같고 양친매성의 양은 변한다.

성 물질을 첨가시킬 수 있고, 다양한 온도와 양친매성 물질의 농도에서 존재하는 상이 무엇인가를 결정할 수 있다. 대표적인 상도가 그림 8·8에 그려져 있다. 박판상과 마이셀 상에 추가하여 어떤 농도에서는 기름과 물이 두 가지 상(기름과 물) 또는 세 가지 상(기름, 물, 양친매)으로 분리된다는 것을 주목하라.

　세 가지의 구성성분의 혼합물을 부분적으로 묘사하기 위한 다른 방법은 온도를 균일하게 유지하면서 세 가지 구성성분 모두의 상대적인 양을 변화시키는 것이다. 세 가지의 구성성분의 모든 가능한 비율은 정삼각형 내부에 있는 점으로서 표현될 수 있다. 즉 삼각형의 각 점은 한 구성성분의 100%를 표현한다. 삼각형 내부에 있는 한 점에 의해 표현되는 구성성분의 양을 결정하기 위하여 간단하게 그 화합물의 100%를 표현하는 정점으로부터 반대편에 수직으로 선을 긋는다. 이 선의 길이는 삼각형의

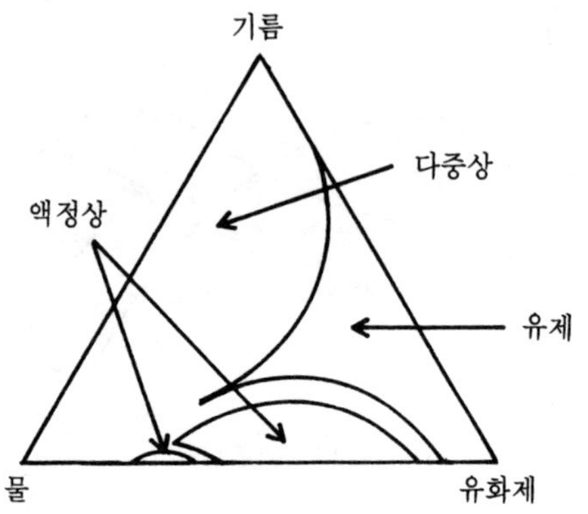

그림 8·9 전형적인 물-기름-유화제 계의 상도. 세 가지 구성성분 계의 상도를 어떻게 활용하는지 본문을 참조하라.

높이를 100%로 하는 범위에서 그 화합물의 농도의 측정인 것이다. 그림 8·9는 대표적인 상도를 보여 준다. 액정상과 마이셀상, 그리고 유제와 두 가지 상이 있음을 주목하라.

8·5 응용

우리가 논의하는 양친매성 물질/물/기름 혼합물은 농도전이형 액정에서의 가장 오래 되었고 가장 중요한 응용(세제로서의 사용)으로 이어진다. 양친매성 혼합물은 거의 3천 년이 넘도록 비누로서 사용되어 왔으나, 그들이 어떻게 작용하는지는 매우 최근에 알게 되었다. 많은 의문이 아직도 풀리지 않은 채 남아 있다. 예를 들면 그림 8·8에서의 상도는 어떤 양친매성 물질이 특정 온도에서 기름을 물 속에 녹이는 데 매우 효과적인지를 보여 준다. 왜 이렇게 되는지 우리는 아직도 완전하게 이해하지 못했다. 어쨌건 이 의문은 기술의 중요한 국면을 언급한다라는 것에 대해 전혀 의심할 바가 없다. 세제가 사용되는 바로 그 온도에서 최상으로 작용하는 세제를 개발하는 것이 얼마나 유용한가를 생각해 보라. 아마도 보통 세제가 뜨거운 온도에서 세척하는 만큼이나 효과적으로 찬물에서도 세척이 되게 하는 세탁 세제를 개발할 수 있을 것이다. 말할 필요도 없이 비누, 분말, 크림 그리고 모든 종류의 거품제 등을 만드는 세제산업은 매우 거대하다.

양친매싱 물질/물/기름이 형성하는 구조에 대한 많은 연구는 원유사업을 위하여 수행되었다. 다공성 바위에 포함되어 있는 기름의 상당부분은(50% 정도까지) 유전이 고갈된 후에도 여전히 남아 있다. 만약 이들 기름이 효과적으로 마이셀로 합쳐지도록 하는 값싼 양친매성 물질/물 혼합물로 가득 채워지게 되면 기름은 유전으로부터 양친매성 물질/물/기름 혼합물로 뽑아 내어 추출될 수 있다. 이런 과정을 통해 잠재적으로 사용가능한 기름의 양은 엄청나다.

농도전이형 액정은 음식유화제로서 음식산업에서 활발하게 사용된다. 이들 화합물의 첨가는 구조, 색, 맛 또는 점성을 유지하기 위하여 쓰여진다. 유화제는 마요네즈, 샐러드용 드레싱, 마시멜로(marshmallow), 거품 크림, 맥주, 치즈, 아이스크림 그리고 젤리에 사용된다. 한 가시 흥미로운 에는 빵의 제조와도 연관이 있다. 빵 속에 첨가물을 혼합하게 되면 빵이 잘 부풀어 오르고 적당하게 구워지게 된다. 어떤 곡물은 자연적으로 액정 화합물을 가지고 있으며 이는 유화제로서 첨가물과 좋은 혼합물이 되도록 한다. 천연 유화제가 없거나 보통 하급의 빵을 만들어 내는 곡물은 합성 액정의 첨가로 인해 좋은 빵으로 만들어질 수 있다.

농도전이형 액정구조에 대한 중요한 의학적 응용이 있다. 예를 들면 어떤 약은 핏속에서 잘 용해되지 않는다. 그래서 결과적으로 몸의 중요한 활동영역으로 피의 흐름에 의해 운반되지 않는다. 피에 약간의 양친매성 물질을 첨가하면 약이 더욱 잘 용해될 수 있다. 따라서 몸 전체를 통해 더욱 효과적으로 운반된다. 이러한 양친매성 물질은 물론 무독성이어야만 한다. 만약 양친매성 물질이 체온에서 최상으로 작용하도록 고안된다면 단지 적은 양만을 핏속에 더해도 충분할 것이다.

또 다른 가능성이 있는 의학적 응용은 이와는 약간 다르다. 입을 통하여 먹지 못하는 약은 소화기관의 효소가 약을 분해하기 때문인데 이를 위해서 소화기관에 약이 있을 동안 약을 보호하도록 양친매성 화합물로 만든 캡슐에 넣을 수 있을 것이다. 또한 이러한 양친매성 화합물은 핏속에서 녹아서 투약할 수 있게 고안된다.

8·6 마이셀로 형성된 유사 온도전이형 액정

아주 극성이 큰 액체, 약한 액체 그리고 양친매성 물질의 세 가지 혼합물은 공모양과는 다른 마이셀 또는 수포를 형성한다. 보통 이것은 양친매성 화합물의 농도가 매우 좁은 범위 내에 있을 때만 가능하다. 이 범위 내에서 막대모양의 마이셀, 원판모양의 마이셀, 또는 타원단면 모양 등이 형성된다. 이들 마이셀들은 선호하는 방향으로 자발적으로 정렬하는 전형적인 액정 분자들처럼 행동한다. 많은 연구를 통해 이런 마이셀이 기본적인 액정상을 형성하기 위하여 배열되는 예들이 발견되었다. 그러한 영역이 좁다는 것은 공모양이 아닌 마이셀을 형성하는 이러한 현상이 매우 정밀한 균형의 결과임을 지적하고 있다. 이와 같은 혼합

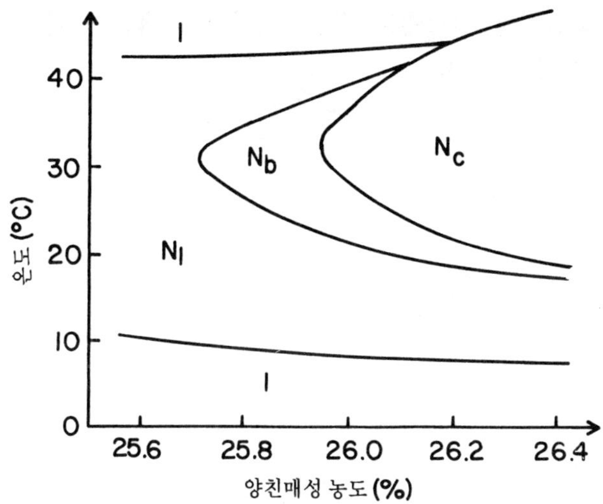

그림 8·10 중수-데카놀-세슘 로레이트 계 상도의 일부분. 마이셀은 막대형(N_c), 원판형(N_I) 또는 복합형(N_b)이다

물에 대한 상도가 그림 8·10에 그려져 있다. 그림에서 농도의 범위가 얼마나 작은가를 명심하라.

8·7 마지막 발견의 하나

지난 25년 동안 농도전이형 액정에서 수행되었던 많은 연구는 온도전이형 액정과 비교할 때 대단히 미미하다. 하지만 지금은 변화되기 시작하고 있다. 이제까지 살펴본 바와 같이 농도전이형 액정의 잠재적인 응용에는 네 가지 중요한 영역이 있다; 세제, 음식 유화제, 원유 추출, 그리고 의학 기술이다. 이러한 응용을 성공적으로 이끌기 위해 회사 또는 개인에게 성패를 건 돈은 어마어마하다. 과거에 과학의 다른 영역에서처럼 이와 같은 상황은 항상 연구활동을 극적으로 증가시키고 있다. 마찬가지 현

상이 농도전이형 액정에도 적용되리라고 기대하는 전적인 이유
가 바로 여기에 있다.

제 9 장
고분자 액정

　고분자 물리학과 화학은 새롭고 관심 있는 과학의 한 분야로 벌써 우리의 생활 양식에 중요한 영향을 주어 왔다. 고분자 과학은 기초 과학과 공학의 양쪽에서 확립되며 빠르게 성장하는 분야로 그 미래는 한층 밝다. 앞으로 이 장에서 살펴보겠지만 이러한 개발에 있어서 고분자 액정이 중요한 역할을 계속하고 있다. 비록 이 책이 고분자의 전체 분야에 대한 충분한 논의를 담고 있지 못하지만, 고분자 액정을 이해하기 위한 중요한 측면들을 강조하기 위해 고분자의 일반적 소개로 시작해야 할 것이다. 고분자 액정의 서로 다른 형태와 그들의 특성들은 그 다음에 논의할 것이다. 또한 고분자 액정의 몇 가지 중요한 응용 분야들을 기술함으로써 끝을 맺겠다.

　어떤 의미에서는 보다 적절한 이 장의 제목은 '거대분자 액정(macromolecular liquid crystals)'이다. '거대분자'는 단순히 매우 큰 분자들이고 우리가 아는 것과 같이 고분자는 거대분자의 특별한 형태이다. 이 장의 끝까지 앞으로 논의할 어떤 것들은 전통적인 의미에서 고분자가 아닌 매우 큰 분자들과 관계하고 있기 때문에, 보다 더 일반적인 용어(거대분자 액정)가 더 나은 선택일 것이다. 그러나 지난 20년 동안 고분자 액정에 관한 지식의 진보와 새로운 기술의 발전은 최고의 가치로 인정받기에 충분할 만큼 중요시되어 왔다.

9·1 고분자

　임의의 단위가 반복되며 길게 이어져서 구성된 큰 분자를 '고분자(polymer)'라고 한다. 구성의 기본단위이고 분자 내에서 반복되는 단위를 '단량체(monomer)'라고 한다. 단량체는 화학적

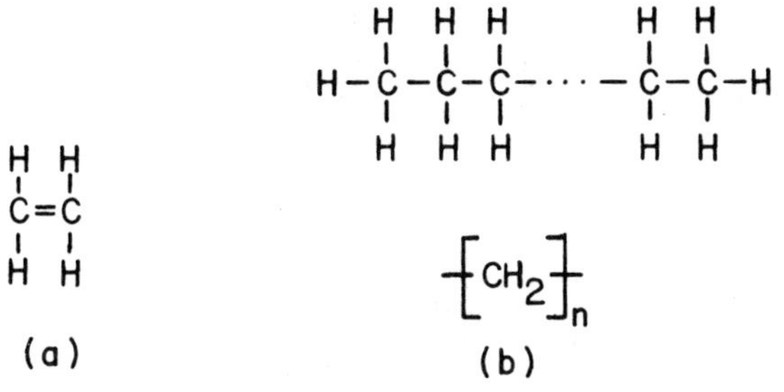

그림 9·1 전형적인 단량체. (a) 에틸렌 단량체, (b) 폴리에틸렌 단량체의 두 가지 가능한 표현(고분자 전체를 나타내는 방법과 반복되는 요소만 나타 내는 방법).

으로 결합된 원자들로 구성되어 있으며 같은 방법으로 단량체들은 고분자 내에서 서로 화학적으로 연결되어 있다. 단량체들 사이에서 결합을 일으키는 화학 반응을 '중합반응(polymeriza-tion)'이라 부른다. 단량체를 문자 M 으로 나타낸다면 고분자는 문자들의 열 $MMMMMMMMM$ 으로 나타낼 수 있다. 그림 9·1은 이들의 전형적인 예를 나타낸다. 기본 단위는 왼쪽에 나타낸 '에틸렌(ethylene)' 분자이다. 고분자의 부분은 오른쪽에 '폴리에틸렌(polyethylene)' 고분자를 고분자 표시기호로 나타내었다. 소문자 n 은 고분자에서 괄호 안의 단위가 반복하는 횟수를 나타낸다.

단량체는 폴리에틸렌의 경우처럼 간단히 몇몇 원자들로 이루어지거나 어떤 경우 매우 복잡한 구조를 가질 수 있다. 단량체의 성질들이 근본적으로 고분자의 성질들을 결정하고, 이것은 큰 범위의 물리적 성질에서도 역시 그렇다는 것을 알 수 있다. 그림 9·2는 우리에게 익숙한 고분자들의 예를 나타낸 것이다. 이들 몇 가지 예에서 보듯이 이들 물질들의 성질이 얼마나 다른가를 고려해야 한다. 고분자를 이루기에 가능한 단량체의 수는 매우

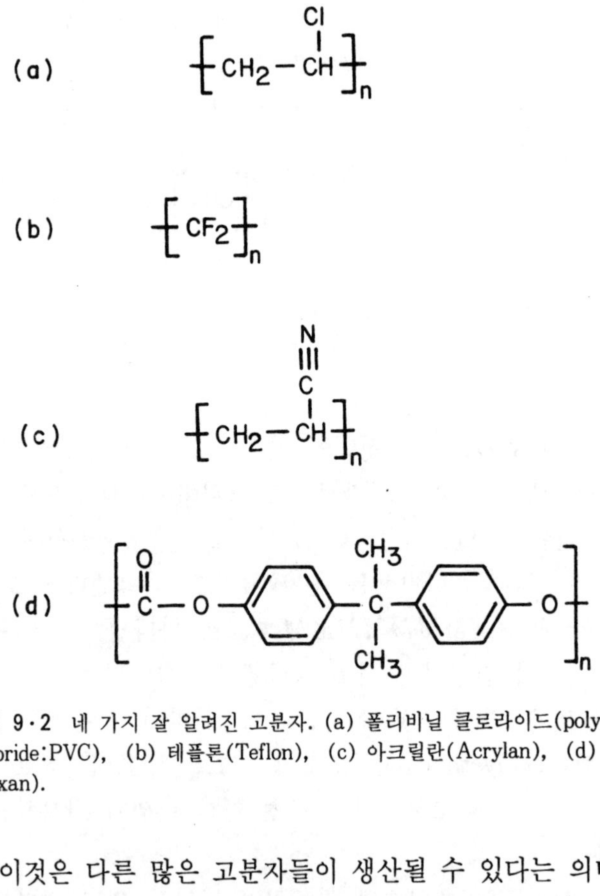

(a) 분자 구조식 [PVC]

(b) 분자 구조식 [Teflon]

(c) 분자 구조식 [Acrylan]

(d) 분자 구조식 [Lexan]

그림 9·2 네 가지 잘 알려진 고분자. (a) 폴리비닐 클로라이드(polyvinylchloride:PVC), (b) 테플론(Teflon), (c) 아크릴란(Acrylan), (d) 렉산(Lexan).

많고, 이것은 다른 많은 고분자들이 생산될 수 있다는 의미다.

　모든 중합과정은 언제나 같은 수의 단량체를 가진 고분자를 만들지는 못한다. 그러므로 어떤 고분자 물질의 시료도 다른 수의 단량체들로 이루어진 고분자의 분자들을 포함한다. 따라서 고분자 시료를 기술하기 위해서는 고분자 분자에서 '중합도(degree of polymerization)'라고 불리는 단량체들의 평균 숫자를 기술해야 하며, 또한 얼마나 많은 고분자 분자들이 평균 숫자와 다른가를 기술해야 한다. 예를 들면 고분자의 시료가 100의 중합도를 갖는 경우 약 3분의 2의 고분자 분자들이 이 평균과 15 정도 많거나 적은 수의 다른 단량체를 갖는다(즉 85에서 115 사이). 일반적으로 같은 수의 단량체를 가진 고분자를 생성시키기 위한 중합 반응은, 반응을 하는 동안 단량체들의 결합이 매우 불규칙하게 일어나기 때문에 조절하기가 매우 어렵다. 따라서 각각의 고분자 분자들의 길이는 거의 통제할 수 없다. 이 결과로 고분자당 단량체의 수는 일반적으로 통계적인 분포를 이루게 된다.

고분자는 두 종류의 단량체의 혼합 속에서 화학 반응으로 생성될 수 있다. 이러한 과정의 결과를 '공중합(copolymer)'이라 한다. 두 종류의 단량체(M과 m)들이 불규칙하게 결합되어 있으면 이런 형태의 고분자($MmMMmMmmmMmMM$)를 '불규칙 공중합(random copolymer)'이라 한다. 두 개의 단량체가 한 종류의 짧은 연결을 갖는 첫 번째 형태($MMMM$ 또는 $mm mmm$)를 형성해서 이들이 결합되어 나타난 최종 고분자가 ($M MMMmmmmMMMMMmmmm$) 형태이면 '블록 공중합(block copolymer)'이라 한다. 끝으로 한 단량체의 짧은 순서($mmmmm$)에 매우 길게 연결된 다른 단량체 ($MMMMMMMMM$)들이 측사슬로 연결되어 있으면, 이것을 '그래프트 공중합(graft co-polymer)'이라 한다. 공중합체의 성질들은 많은 원인에 의해 달라진다. 이것들은 공중합체의 형태, 두 단량체의 특성, 하나에 대한 다른 형태의 단량체의 상대적인 양, 블록 공중합체와 그래프트 공중합체에서 짧은 쌍의 크기 등이다. 또한 공중합이 가능한 단량체의 수가 매우 많아서 선택할 수 있는 결합의 수는 더욱 커진다. 거기에 더하여 두 단량체들이 결합되어 공중합체를 만들 수 있는 다른 방법들이 있고, 이것은 공중합체의 수를 무제한으로 만든다. 따라서 이들 모든 공중합체들의 물리 화학적 특성의 범위는 거의 상상할 수 없을 정도로 넓다.

모든 다른 물질들과 마찬가지로 고분자는 하나 이상의 상을 갖는다. 고체 상태의 고분자는 결정체 또는 비정질이 될 수 있다. 결정상에서 고분자는 특별히 정렬된 위치를 점유한다. 비정질상에서는 고분자들이 불규칙하게 배열되어 있고 각각의 위치에서 자유롭게 움직이지 못한다. 고분자의 비정질 고체 상태는 '유리상(glass phase)'이라고 불리는데 이것은 유리가 비정질상을 갖고 있기 때문이다. 종종 이들 두 상은 특정 온도 범위에서 서로 공존할 수 있다. 결정형이건 유리상이건 고체 고분자는 열을 가하면 녹게 된다. 어떤 종류의 물질은 녹아서 액정상이 되는데 이것을 고분자 액정이라고 한다. 대부분의 경우 고분자들은 액정상을 갖지 않고 액체 상태로 녹게 된다. 충분히 높은 온도에서 기체 상태가 가능하지만 일반적인 고분자는 그 온도에 도달하기 전에 분해되어 버린다.

고분자에서의 이러한 상전이에 대해서는 한 가지 더 언급되어야 할 것이 있다. 보통의 고분자 시료는 다양한 수의 단량체를 포함하고 있기 때문에 하나의 분자들로 구성된 물질과 같이 상전이가 일어나는 온도가 정확하게 결정되지 않는다. 이런 현상을 이해하는 것은 어려운 일이 아니다. 고분자의 정확한 상전이 온도는 그 속에 있는 단량체의 숫자에 의존한다. 시료가 서로 다른 숫자의 단량체들로 이루어졌다면, 서로 다른 모든 분자들이 온도 변화가 일어날 때 동일하게 행동하지 않는다. 그 결과로 넓은 온도 범위에서 상전이가 일어나는데 이러한 현상들은 아주 일반적이다. 이에 반해 순수 물질의 경우에는 하나의 온도에서 상전이가 일어난다. 온도 전이형 액정의 혼합물에서도 역시 같은 현상이 일어난다. 상전이의 온도 범위가 얼마나 넓은가 하는 것은 혼합물의 각 성분들, 그리고 그 성분들의 상대적인 양이 포함되는 많은 요인들에 의존한다. 고분자의 경우에 있어서 가장 중요한

요인은 고분자 시료 내의 단량체 수가 어느 정도나 변하는가 하
는 것이다.

9·2 온도 전이형 고분자 액정

　고분자들이 특정한 형태의 단량체들로 형성되면 고분자는
고체, 액체 상뿐 아니라 액정상을 갖는다. 당연히 이들 단량체들
은 스스로 액정상을 형성할 수 있는 분자들과 거의 유사하고, 그
들은 일반적으로 두 가지로 나누어진다. 첫번째는 단단하고 비등
방성이며 높은 분극성으로 구성된 단량체이다. 온도 전이형 액정
과 같이 이들 단량체들은 막대형이나 원판형이다. 두번째는 액체
속에서 결정성을 보유하는 고분자들로 '양친매성(amphiphilic)'
단량체들이다. 양친매성 단량체에 의한 이러한 고분자의 행동은
상대적으로 이 분야의 연구 활동의 결과가 미약하여 거의 알려
져 있지 않다. 그러므로 이 장에서는 단단하고 비등방성을 갖는
비양친매성 단량체들로 구성된 고분자 액정을 주로 다루겠다.
　고분자를 형성하는 데 단량체들은 서로 다른 두 가지 방법
으로 연결된다. 단량체들이 하나에 다른 하나가 서로 붙어서 긴
단일 사슬을 형성한다면 '주사슬 고분자(main chain polymer)'가
된다. 단량체들이 가지로 확장되어 고분사 사슬을 형성하면 '측
사슬 고분자(side chain polymer)'가 되고 두 경우 모두 단량체
의 장축이나 단축을 따라 고분자 사슬이 연결된다. 그림 9·3은
이러한 형태의 네 가지 고분자를 나타내는데 여기서 막대모양과
원판모양은 단량체들을 나타낸다. 어떻게 화학자들이 이렇게 다
양한 방법으로 서로 연결된 단량체를 얻었느냐는 것은 중요한
문제이고, 이것은 고분자 액정의 합성에서 논의될 것이다.

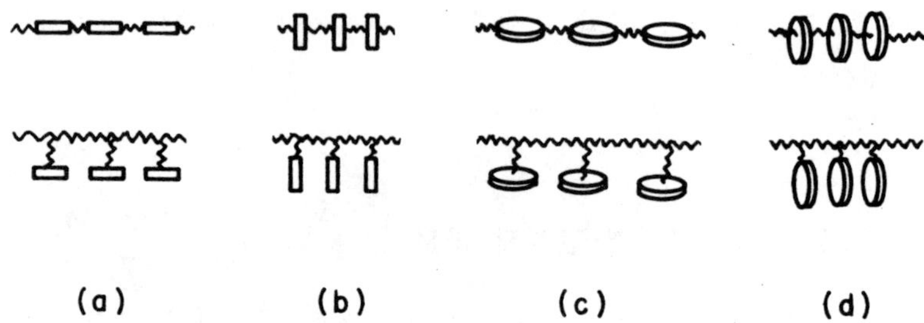

(a)　　　　**(b)**　　　　**(c)**　　　　**(d)**

그림 9·3 비등방성 단위(막대와 원판들)로 이루어진 고분자 형태. 윗줄은 주사슬 고분자이고, 아랫줄은 측사슬 고분자이다.

　단단하고 분극성이 있는 단량체의 사용은 때때로 고분자를 연구하는 과학자를 매우 어렵게 만든다. 고온에서 녹는 고분자를 만드는 단량체의 경우 액정상이나 등방상의 연구는 매우 어렵다. 게다가 그러한 단량체로 만들어진 고분자들은 때때로 일반적인 용매에는 거의 녹지 않는다. 다시 말해서 이들 고분자들을 가지고 연구하는 것은 매우 어려운 일이다. 이러한 어려움에도 불구하고 과학자들은 유용한 고분자 액정을 많이 만들어 냈고, 그들이 원하는 특성을 가진 물질을 만들어 내는 일반적 규칙을 발견해 왔다.

　예를 들면, 많은 실험에서 단량체의 단단한 부분이 연결되는 부분에서 멀리 떨어져 있고 부드러운 부분이 연결부분에 가까이 있을 때 유용한 고분자 액정이 되는 것을 볼 수 있다. 그림 9·3은 이러한 단량체를 사용하여 만들어진 고분자를 그린 것이다. 막대 또는 원판 모양은 단량체의 단단한 부분을 나타내고 파형선은 보다 부드러운 부분을 나타낸다. 연결된 지점 근처의 부드러운 부분을 '간격 띄우개(spacer)'라 부른다. 단단하고 비등방성인 부분이 그대로 유지될 때 간격 띄우개의 길이가 고분자에 미치는 영향을 알아보기 위해 많은 연구가 진행되어 왔다. 마찬가지로 많은 다른 연구들에서 간격 띄우개의 크기는 일정하게 유지하고 단단한 부분을 바꾸는 방법으로 고분자합성을 연구하였다. 이런 모든 연구에서 네마틱, 카이랄 네마틱, 스멕틱 상을 갖는 수백의 고분자 액정들이 발견되었다.

주사슬 고분자든지 측사슬 고분자든지, 단량체의 단단한 비등방성 부분이 액정상에서 방향 질서를 나타낸다. 네마틱 상에서 단단한 부분은 온도 전이형 액정과 마찬가지로 어떠한 방향으로 향하려고 한다. 이들에서는 위치 질서가 없고, 고분자의 다른 부분들은 위치 질서도뿐 아니라 방향 질서도 또한 나타낼 수 없다. 그림 1·13은 주사슬 고분자와 측사슬 고분자들의 네마틱 고분자 액정상에서의 질서도를 나타낸다. 막대는 단량체의 단단하고 비등방적인 부분을 나타내고 있다. 액정에서 기술한 것과 같이 방향 질서의 정도를 나타내는 방향 질서도 S를 고분자 액정에서도 마찬가지로 사용한다. 이 값은 고분자의 단단하고 비등방적인 부분이 얼마나 잘 배열되어 있느냐를 기술한다. S값은 액정에서와 비슷하게 고분자 액정에서도 고분자의 질서도를 결정한다. 그림 9·4와 그림 1·5를 비교해 보면 쉽게 알 수 있듯이 어떤 경우 S의 온도 의존성은 온도 전이형 액정에서와 매우 유사한 행동을 보여준다.

이런 경우에는 고분자 액정에서 방향자의 방향이 일정하지 않고 카이랄 네마틱 액정과 같이 나선형으로 회전을 한다. 예상하는 바와 같이 네마틱 액정 분자들로 이루어진 단량체들은 고분자에서 네마틱 상이 되고 카이랄 네마틱 액정 분자들과 비슷한 단량체들은 고분자에서 카이랄 네마틱 상을 형성한다. 마지막으로 단량체의 단단하고 비등방적인 부분이 액정상처럼 층 내에서 어떤 위치를 유지하려고 하는 것이 가능하다. 이런 경우 고분자에서 스멕틱 액정상이 나타난다. 이런 모든 경우에 어떤 종류

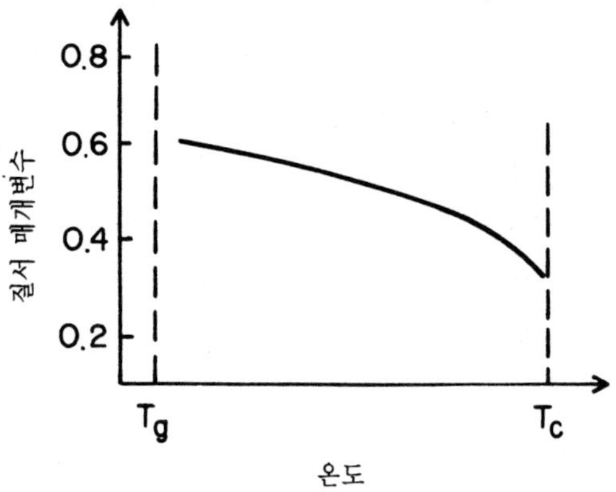

그림 9·4 전형적인 고분자 액정의 방향 질서 매개변수의 온도 의존성. T_c 는 등방상으로의 전이온도이고, T_g는 유리질상으로의 전이온도를 나타낸다.

의 질서를 갖는 것은 단지 고분자의 단단하고 비등방적 부분임을 명심하라. 주사슬이건 측사슬이건 고분자의 더 부드러운 부분은 거의 상을 나타내지 않고 유동적이며, 어떤 종류의 질서도도 없다. 이 사실은 그림 1·5에서 명확히 나타난다.

고분자 액정은 하나 또는 그 이상의 액정상을 가질 수도 있다. 그림 9·5는 고분자 액정의 예와 그것이 형성할 수 있는 상을 나타낸다. 액정과 마찬가지로 많은 상전이 순서가 가능하다. 이들 고분자들의 순수한 시료들이 온도에 따라 액정상을 형성하기 때문에 '온도 전이형' 고분자 액정이라 불린다.

우리가 논의했던 것과는 아주 다른 온도 전이형 고분자 액정의 또 다른 한 예가 있다. 어떤 원유 피치(petroleum pitch)와 콜타르(coal tars)는 접합 방향성 고리(fused aromatic ring)로 구성된 '탄화수소 분자'를 포함한다. 이들 물질들이 열을 받으면 분자들이 중합되어 접합 방향성 고리들로 구성된 더 큰 분자를 만든다. 이들 중 보다 작은 '단량체'와 보다 큰 '고분자' 두 예들

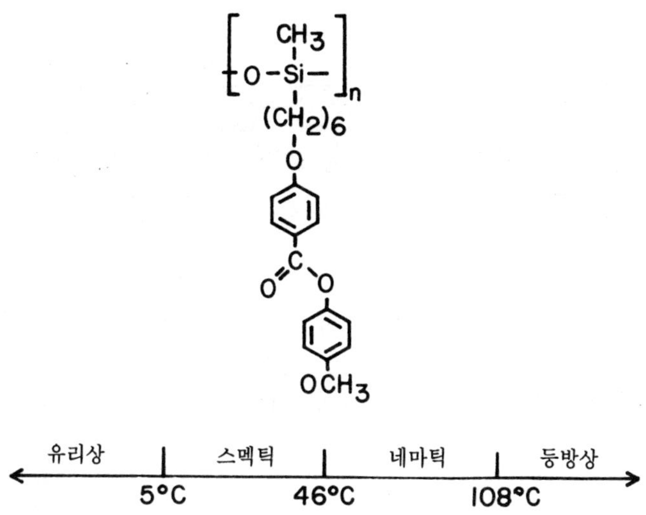

그림 9·5 전형적인 폴리실록세인(polysiloxane) 측사슬 고분자의 상전이
와 구조.

을 각각 그림 9·6에 나타냈다. 사슬과 같이 연결된 고분자들을
'선형 고분자(linear polymers)'들이라 하고 이 큰 원판과 같이
연결된 분자들을 '조직망 고분자(network polymers)'들이라 한
다. 이 큰 원판과 같이 연결된 조직망은 '원판상(discotic)' 액정
의 분자들의 경우에서와 같이 다른 것에 대해 그들의 면들이 서
로 평행하려고 히는 경향이 있다.

온도 전이형 고분자 액정은 고분자 물질이 열을 받아 고체
상태에서 녹게 될 때 형성된다. 이런 이유로 이들 고분자 액정들
은 때때로 '고분자 용융(polymer melt)'이라고 언급한다. 하나의
다른 가능성이 있다. 어떤 매우 큰 거대 분자(종종 고분자)는 일
반적인 용매에 용해될 때 방향 질서를 가지게 되어 액정상의 형
태를 띤다. 이런 경우 농도는 온도보다 중요하게 되며 이들 상태
들을 '농도 전이형 고분자 액정(lyotropic polymer liquid crys-

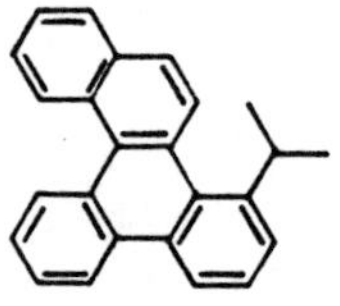

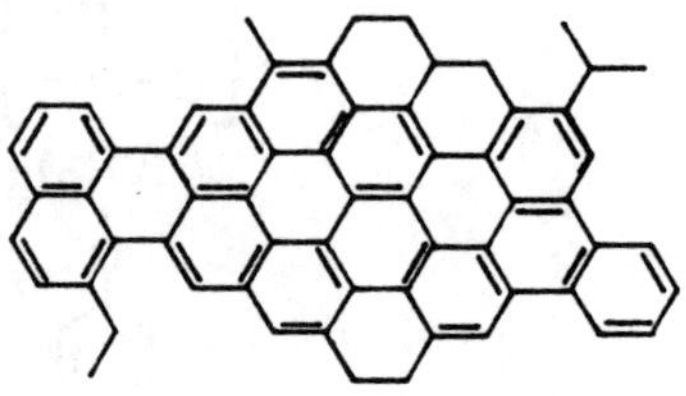

(a) **(b)**

그림 9·6 조직망 '단량체'(a)와 '고분자'(b)의 예.

tals)' 혹은 '고분자 용액(polymer solutions)'이라고 한다.

9·3 농도 전이형 고분자 액정

거대 분자가 용액 안에서 액정상을 갖기 위한 첫번째 필요 조건은 분자가 매우 단단해야 한다는 것이다. 즉 서로 강하게 결합된 단단한 단량체의 경우에 이런 특성을 갖는다. 한 가닥 또는 두 가닥으로 꼬인 구조를 갖는 거대 분자들이 강한 결합으로 묶인 구조도 매우 단단한 분자와 같이 액정상을 형성한다. 두번째 필요 조건은 용매에 거대 분자가 용해되어야 한다는 것이다. 액정성 상은 이들 거대 분자들의 농도가 충분히 높아서 서로 지속적으로 상호작용할 수 있는 경우에 생성된다. 거대 분자들이 충분히 높은 농도에서도 용매에 녹지 않으면 액정상은 생성되지 않는다. 이전에 언급한 바와 같이 이들 두 조건들은 종종 상호 배타적이다. 보통 단단한 분자들일수록 덜 용해된다. 과학자들은 때때로 물질을 용해시키기 위해 매우 강한 용매(황산 같은)를 사용한다. 따라서 많은 종류의 합성되거나 자연적인 큰 분자들은 여러 종류의 용매들 속에서 액정상을 형성한다.

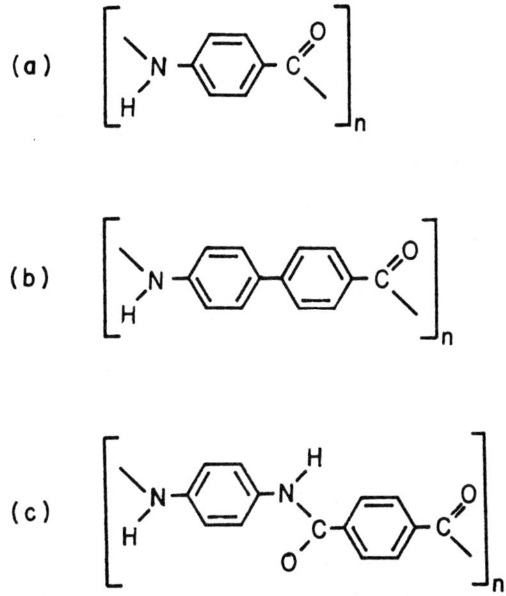

(a)

(b)

(c)

그림 9·7 액정상을 갖는 '방향성 폴리아미드(aromatic polyamides)'의 세 가지 예. 이중 (c)는 '케블라(Kevlar)'라고 알려진 고강도 섬유를 생산하는 데 사용된다.

　합성 고분자 액정의 좋은 한 예가 '폴리아미드(polyamides)' 이다. 폴리아미드를 만드는 세 가지의 전형적인 단량체들을 그림 9·7에 나타냈다. 단량체와 단량체 사이의 결합들은 액정 분자들의 중앙 부분과 단단한 부분에서 발견되는 것과 유사하다. 이 두 경우에서 결과로 생긴 분자나 고분자는 매우 단단하다.

　나선구조의 액정상태를 갖는 큰 분자들은 대부분이 생물학적으로 중요한 분자들이다. 예를 들면 '섬유소(cellulose)'에서 파생된 많은 고분자 액정의 경우이다. 섬유소 자신은 반복되는 단위를 가진 선형 사슬의 구조를 가진 고분자이다. 그 단위는 그림 9·8에 나타낸 바와 같이 '글루코스(glucose)', 즉 설탕에서 유래

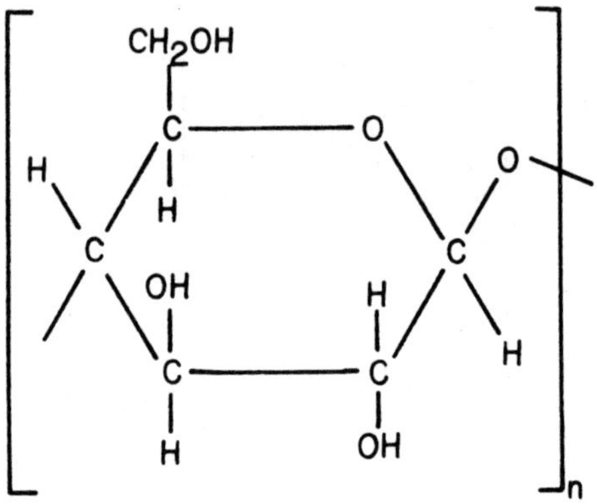

그림 9·8 섬유소의 기본 단위. '설탕 글루코스(sugar glucose)'로부터 유래한다.

된다. 단량체의 중앙부분에는 화학적 구조($-H$, $-OH$, $-COOH$)들이 연결되어 있다. 이들 중 일부가 거대한 화학적 구조와 대체된다면 선형 사슬은 나선형 구조가 되어 단단해지고 액정상을 갖게 된다.

'아미노산(amino acids)'은 새로운 형태의 고분자 액정의 기본 단위구조이다. 그림 9·9에서 보여주듯이 전형적인 아미노산은 매우 다른 두 가지 반응기를 가진다. 아미노산 한쪽 끝의 '카르복실기(carboxyl group ; $-COOH$)'는 다른 한쪽 끝의 '아미노기($-NH_2$ group)'와 반응하여 아미노산의 사슬을 형성한다. 그 결과 '폴리펩티드(polypeptides)'라고 불리는 거대분자가 된다. 그들의 구조는 기본적으로 긴 나선구조를 이루며 매우 단단한 거대분자가 된다. 물에 용해되어 높은 농도가 될 때 액정상이 나타난다.

어떤 종류의 다중핵산(polynucleic acid)들도 고분자 액정상을 갖는다. 이들 거대 분자들에 있어서 두 개의 사슬은 이중나선

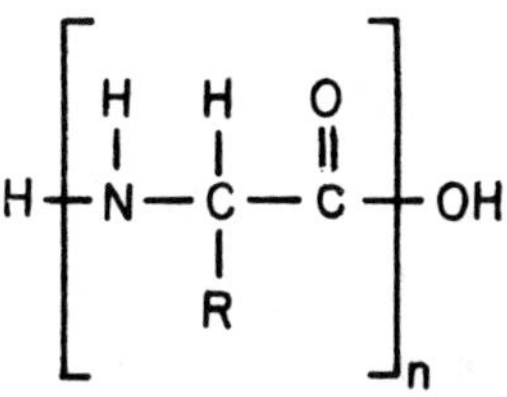

R = hydrogen or organic group

그림 9·9 폴리펩티드의 기본 단위. 각 단위는 아미노산에서 유래한다.

구조를 가진다. 이들 사슬들은 교대하는 설탕(섬유소와 같은)과 인지질(phosphate∶phospolipid와 같은)의 잔기(residues)들로 구성되어 있다. 그 이중나선 사슬들은 서로 설탕 잔기들에 있는 질소염기(base)쌍들에 의해 함께 연결되어 있다. DNA(deoxyribonucleic acid)가 가장 중요한 예이다. 이중나선구조는 매우 단단하고 이들 다중핵산들은 물에서 높은 농도일 때 액정상을 형성한다.

액정상을 형성하는 거대분자의 마지막 예는 담배 모자이크 바이러스(tobacco mosaic virus) 같은 선형 바이러스이다. 선형 바이러스는 적은 양의 RNA(ribonucleic acid) 또는 DNA를 둘러싼 단백질(아미노산들이 연결된 사슬)로 구성된다. 이것의 구조 역시 나선형이고 바이러스는 액정상을 이룰 수 있을 정도로 충분히 단단하다.

이들 거대 분자는 모두가 나선구조를 갖고 있기 때문에 분자들이 서로가 정확히 평행을 유지하지 않고 상호작용을 하려고 한다. 그 결과로 이들 몇몇의 분자들은 네마틱 상태가 아닌 카이랄 네마틱 상을 갖고 선택 반사에 의해 선명한 색깔을 만들어낸다. 그러나 한 가지 재미있는 것은 이들 카이랄 네마틱 상의 피치가 고분자뿐 아니라 용매에도 의존한다는 것이다. 어떤 용매에서는 고분자가 오른손 방향의 카이랄 네마틱 상이 되고 다른 용매에서는 왼손 방향의 상이 된다. 또 다른 경우에서는 적절한 용매에서 농도를 적당히 조절하면 네마틱 상을 만들어 낼 수 있다. 큰 분자간의 힘은 명확하게 그들 자신의 나선형 분자들 사이와 그 분자들과 용매 분자들 사이의 상호작용에 기인한다.

9·4 고분자 액정의 합성

두 개의 서로 다른 반응기를 갖는 단량체 사이에 화학적 결합을 형성하도록 반응시킬 수 있다면, '축합(condensation)'이라고 불리는 방법으로 고분자를 합성시킬 수 있다. 예를 들어 양끝에 카르복실기($-COOH$)를 가진 한 분자와 양끝에 '하이드록실기(hydroxyl group : $-OH$)'를 가진 다른 분자가 있는 경우를 생각해 보자. 이 두 개의 분자들은 반응할 때 물을 만들어 내며 서로 같이 결합하여 다른 분자가 된다. 이 새롭게 형성된 분자, 즉 한쪽 끝에는 ($-COOH$)가 또 다른 한쪽에는 ($-OH$)가 연결된 분자는 서로 결합하여 폴리에스터(polyester) 중합체를 형성할 수 있다. 약간 다른 예로서 양끝에 카르복실기를 가진 분자는 물을 만들어 내며 양끝에 아민기($-NH_2$)를 가진 다른 분자와 반응한다. 이때 한쪽 끝에 카르복실기와 다른 쪽에 아민기를 가진 분자가 만들어진다. 이것들은 다른 분자들과 중합되어 폴리아미드(polyamides)를 형성한다. 앞에서 언급했듯이 나일론은 이러한 방법으로 합성할 수 있고, 아미노산은 유사한 방법으로 고분자를 형성할 수 있다. 이 축합의 두 가지 예들을 그림 9·10에

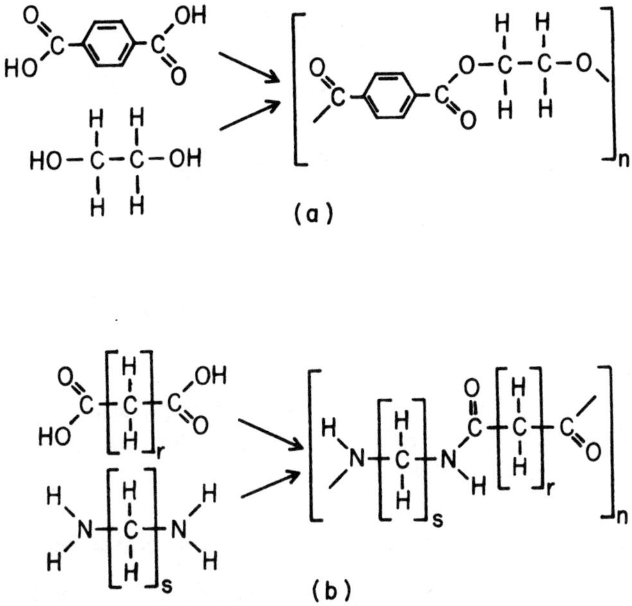

(a)

(b)

그림 9·10 축합의 두 가지 예. (a) 테레프탈릭 산(terephthalic acid)과 에틸렌 글리콜(ethylene glycol)이 폴리에스터 대크론(polyester Dacron)을 이룬다, (b) 두 개의 단량체(r과 s는 탄소원자 수)가 고분자를 이룬다.

나타냈다.

물과 같은 생성물을 만들지 않으면서 고분자들을 합성하는 것도 가능하다. 예를 들어 단량체가 원래 결합할 때 이용될 수 있는 반응하지 않는 전자쌍을 갖고 있다면 이를 효과적으로 수행할 수 있다. 그림 9·11(a)에 있는 프로필렌(proypylene) 단량체를 생각해 보자. 하나의 쌍을 이루지 않는 전자를(그림에선 R로 나타냄) 가지고 있는 분자와의 반응은 탄소-탄소 이중결합 안에 있는 전자들 중의 한 전자와 분자내의 쌍을 이루지 않는 전자와 쌍을 이루게 하여 진행시킬 수 있다. 그림 9·11(b)에서

$$(a) \qquad CH_2{=}CH{-}CH_3$$

$$(b) \qquad R{-}CH_2{-}CH^{\ominus}{-}CH_3$$

$$(c) \qquad R{-}CH_2{-}CH{-}CH_2{-}CH{-}CH_2{-}CH^{\ominus}$$

그림 9·11 부가반응의 예. (a) 프로필렌 단량체, (b) 자유 라디칼 R을 갖고 있는 초기반응의 결과, (c) 두 개가 부가반응에 의해 폴리프로필렌(polypropylene)으로 된 결과.

보는 바와 같이 이 반응에서 생성된 새로운 분자는 아직도 쌍을 이루지 않은 전자를 갖고 있다. 이 새로운 분자는 쌍을 이루지 않은 전자를 갖고 있던 첫번째 분자가 했던 것처럼 이중결합을 갖고 있는 다른 단량체와 결합할 수 있다. 이것은 그림 9·11(c)에 나타나 있다. 이와 같은 방법으로 고분자는 단량체들을 계속 붙임으로써 점점 길어진다. 결과적으로 프로필렌 단량체들이 고분자 폴리프로필렌을 만든다. 이러한 형태의 중합 반응을 '부가(addition)'라 하고 PVC와 테플론과 같이 잘 알려진 고분자들을 생산하는 데 있어서 중요한 반응이다.

고분자 액정들을 합성하는 기술의 마지막 예는 앞의 경우와 매우 다르다. 단순히 단량체에서 출발하는 대신에 한 고분자에 단량체들을 반응시키는 것이다. 이 방법은 측사슬 고분자의 합성에 매우 유용한데, 여기서 시작하는 물질은 길고 부드러운 고분자와 짧고 단단한 단량체이다. 아주 간단하게, 단단한 단량체는 길고 부드러운 고분자와 결합되어 측사슬 고분자를 형성한다. 이

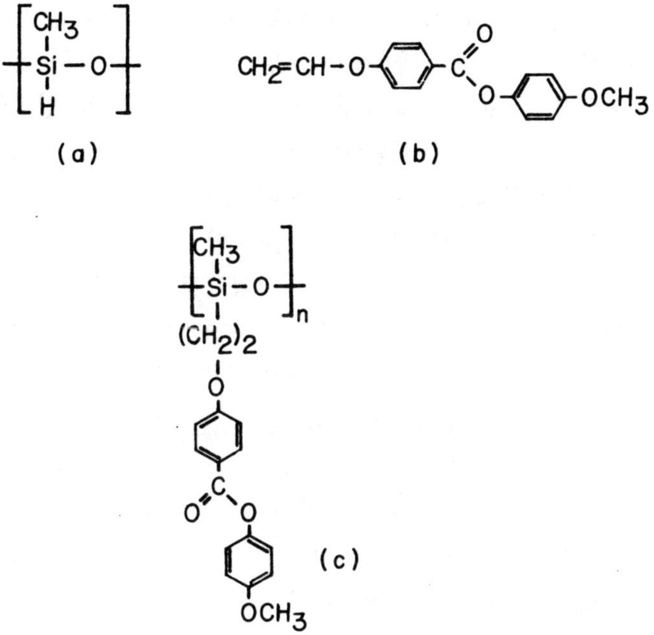

（a）

（b）

（c）

그림 9·12 변형반응의 예. (a) 전형적인 폴리실록세인의 단량체, (b) 끝
단에 반응기를 가지고 있는 비등방성 분자, (c) 결과적으로 얻어진 고분자
액정의 단량체.

와 같은 '변형(modification)'반응의 좋은 예는 폴리실록세인
(polysiloxanes)의 합성이다. 그림 9·12(a)는 길고 부드러운 고
분자의 반복되는 단위를 나타내고 있고, 그림 9·12(b)는 단단
한 반응기가 끝에 있는 단량체를 나타낸다. 변형반응에 의한 측
사슬 고분자는 그림 9·12(c)에 나타나 있다.

　한 가지 명심할 점은 이러한 중합반응들이 여러 가지 다양
한 방법으로 진행될 수 있다는 점이다. 어떤 경우에 있어서 보통
의 고분자 분자들 속에 있는 단량체들의 수는 반응이 일어날수
록 증가하고 이러한 반응에서 대부분의 고분자 분자들은 거의

같은 중합도를 가지고 있다. 그러므로 전형적인 고분자 분자들 속의 단량체들의 수는 반응 동안에 밀집된 아주 뾰족한 분포를 유지하지만 단위 고분자 분자당 단량체의 수는 점점 일정하게 높아지는 쪽으로 분포가 이동한다. 이와는 달리 가장 큰 중합도를 갖는 고분자 분자들은 단량체 분자들보다 오히려 자기들끼리 반응을 하는 경우가 있는데 이때는 소수의 큰 고분자 분자들이 생성된다. 이 경우에 고분자 분자당 단량체들의 수의 분포는 앞의 경우와는 매우 다르다. 반응이 시작하면 어떤 고분자 분자들은 많은 수의 단량체들을 갖고, 반면에 다른 나머지 고분자 분자들은 적은 양의 단량체들만을 갖게 된다. 반응이 계속되면 아주 큰 고분자 분자들의 수는 증가하지만 아주 작은 고분자들의 수는 감소한다. 여기서 단량체들의 분포가 낮은 수에서 높은 수로 점차적인 이동이 있는 것이 아니라 단지 다수의 작은 고분자 분자들에서 다수의 큰 고분자 분자들로 점진적인 전환만이 있다.

또한 여기서 중요한 것은 이러한 중합반응이 어떻게 멈추는가 하는 것이다. 말단 반응기들의 수가 그들 사이에 더 이상 반응할 기회가 없어질 만큼 감소하면 중합과정은 멈추게 된다. 다행히 대부분의 말단 반응기들이 큰 고분자 분자들을 형성하도록 결합되어 있기 때문에 이러한 현상이 일어난다. 그러나 또 다른 가능성도 존재한다. 그것은 한 말단 반응기가 불순물이나 반응하지 않은 '초기 반응기(starting group)'에 결합되는 것이다. 또한 어떤 말단 반응기는 정상적으로는 반응하지 않는 반응기(보통은 전자의 전이에 의해 생겨난)에 결합될 수도 있다. 이점은 점점 길어지는 고분자를 생성하는 어떤 반응들과 그러한 고분자의 생성을 끝내게 하는 다른 반응들이 있다는 것이다. 과정이 점점 진행됨에 따라 이 두 가지 형태의 반응은 말단 반응기들의 수가 작아질 때까지 일어난다. 그러므로 중합의 결과는 중합과정 중에 두 가지 형태의 반응들의 상대적 속도에 좌우된다. 이것을 염두에 둔다면 왜 이 중합과정들이 보통 매우 다른 길이의 고분자들을 만들어 내는가에 대해서 이해하기 쉽다. 거의 같은 수의 단량체 단위들을 갖고 있는, 즉 단순 분산을 하고 있는 고분자들을 합성하기 위해서는 대단한 주의가 요구된다.

9·5 고분자 액정의 응용

고분자 액정의 가장 중요한 용도에 대하여 이해하기 전에 우리는 먼저 일반적으로 고분자들이 왜 그러한 물질인지를 알아야 한다. 만약 액체 상태의 고분자가 유리상이나 결정상으로 냉각되게 되면 고분자는 다른 큰 유기 분자들이 형성하는 고체상의 성질과 비슷한 성질을 갖게 된다. 일반적으로 이러한 성질은 모두가 응용에 유용한 것은 아니다. 그러나 만약 녹아 있는 고분자가 흐르는 동안이나 흐름을 막 멈추었을 때 굳어진다면 길게 엉킨 고분자는 한쪽 방향으로 당겨지고 늘어선 채 고체상으로 만들어진다. 이러한 물질의 특성은 다른 물질과 비교하여 아주 이질적이고 다른 많은 응용에서도 대단히 유용하다. 바꾸어 말하면 고분자의 유용성은 우리가 긴 고분자 사슬을 만드는 능력에 달려 있다. 어떤 물질의 액정상 내에서의 고분자 사슬들은 이미 질서도가 있기 때문에, 이 물질들은 굳어질 때 고분자 사슬들의 더욱 큰 질서도를 가질 수 있다. 이런 사실은 고분자 액정의 가장 중요한 응용, 바로 초고강도 섬유(ultra-high-strength fibers)를 만드는 데 이용된다.

고분자 분자들을 한 방향으로 정렬하기 위해 흐름을 사용하는 모든 과정은 공통적으로 다음 세 가지 과정이 포함되어 있다.

첫째로 물질이 액체나 액정 상태로 되어야 한다. 이것은 순수한 고분자에 열을 가하거나 용매를 첨가함으로써 가능하다. 둘째는 이 액체는 고분자 사슬을 정렬시켜 적합한 최종 모양을 만들 수 있는 방법으로 흐르게 해야 한다. 세번째는 이 액체가 순수 고분자의 경우 냉각시키거나 고분자 용액의 경우 용매를 제거시켜 굳어져야 하는 것이다.

두번째 단계가 세 가지 중 가장 중요하다. 고분자를 가열하여 흐르게 하는 전형적인 방법은 '나사형 사출기(screw extruder)'를 사용하는 것이다. 그림 9·13에서 보듯이 고체 형태(대개 둥글게 뭉친 모양)의 고분자는 사출기의 한쪽 끝으로 들어가게 되고 나사가 진행함에 따라 밀려나가게 된다. 사출기의 바깥에 있는 가열기가 고분자가 움직이는 동안 가열하게 되며, 고분자가 녹아 완전히 섞이도록 한다. 다른 한쪽은 '성형구(die)'인데 이것은 녹아 있는 고분자를 좁은 구멍으로 내보내게 한다. 구멍의 좁은 정도가 나사를 돌림에 따라 발생하는 사출기 내부의 압력을 결정하게 된다. 고온 고압과 성형구의 기하학적 모양의 결합이 고분자를 한쪽 방향으로 정렬시킨다. 높은 질서도를 가진 고분자는 성형구(대개 가는 판이나 섬유 모양)에서 급속히 냉각되며 높은 질서도를 가진 고체가 된다.

이 과정에는 몇 가지 변형이 있다. '송풍 사출(blow extrusion)'이라 불리는 과정에서는 공기 제트가 성형구에 있는 막으로 분사되고 이것은 굳어지기 전에 긴 원통 모양의 고분자 거품을 만든다. 이 과정에 의해 고분자 물질은 아주 얇게 만들어진다. 우리 주변의 모든 플라스틱 봉지는 이런 방법으로 만든다. '송풍 성형(blow molding)'은 이것과 약간 다르다. 원통 모양의 고분자 조각이 금형 안에 위치하고 있는 얇은 관 주위로 밀려나오도록 하는 것이다. 압축 공기가 얇은 관을 불게 되고 금형의

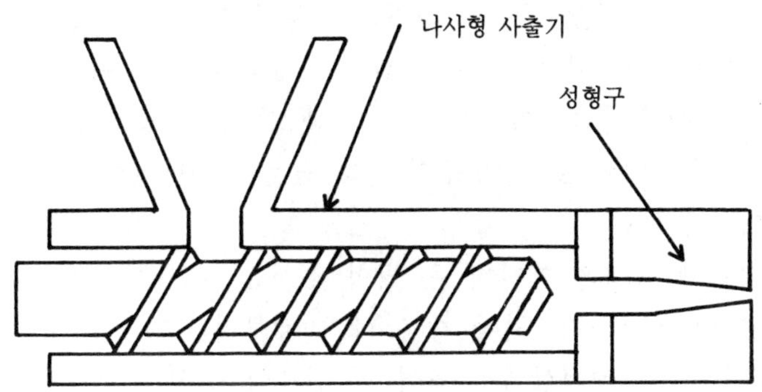

그림 9·13 간단한 나사형 사출기(screw extruder) 그림. 고체형태의 분자
가 사출기의 한끝으로 들어가서 가열되고, 섞이며 나선형을 따라 움직이고
이것을 좁은 구멍으로 밀어낸다.

모양을 갖출 때까지 물질을 팽창시킨다. 플라스틱 병들은 이와
같은 방법으로 만든다. 만약 액체 고분자를 어떤 모양의 구멍
(cavity)에서 굳도록 한다면 단단한 물질이 된다. 이와 같은 과
정은 '주입 성형(injection molding)'이라 불린다. 또한 얇은 막의
고분자는 그 물질을 두 개의 롤러 사이에서 흐르게 하여 만들
수 있다. 이와 같은 '압착 롤러(calendering)' 과정은 고분자 덩
어리를 얇은 판으로 만들거나 이미 만들어져 있는 판을 좀더 얇
게 하는 데 사용할 수 있다. 마지막으로 '섬유방적(fiber spin-
ning)' 과정은 꼬인 고분자 섬유로부터 실을 만드는 것이다. '방
적돌기(spinneret)' 위의 작은 관은 고분자들이 얇아지고 모이도
록 하여 꼬인 섬유다발을 형성한다.

　분자들간에 서로 정렬하려는 힘의 결과로 고분자들은 흐름
에 의해 한 방향으로 배열된다. 만약 흐름이 없다면 온도에 의한
불규칙적인 분자들의 운동은 액체 고분자들의 이러한 힘들을 이
겨내고 아주 작은 정도의 질서도만을 허용하게 될 것이다. 유체
의 흐름은 불규칙적인 액체 고분자의 열 운동을 이겨낼 수 있는

방향 질서를 추가로 만들어 내거나 고분자 액정 내의 방향 질서도를 증가시킨다. 물론 흐름이 원하는 효과를 갖기 위해서는 조건들이 맞아야 한다. 그러므로 이런 과정들을 사용하기 전에 온도, 고분자, 유동속도, 성형구의 형태 등을 달리한 많은 실험들이 선행되어야 한다.

고분자 액정은 대단히 큰 방향 질서를 갖는데 이것은 특정한 용도에 응용된다. 가장 좋은 예가 케블라(Kevlar)인데 이것은 폴리아미드 액정상에서 얻어 낸 섬유이다. 케블라는 비록 나일론(이것은 액체상에서 형성되었다)보다 밀도가 약간 높지만 거의 삼십 배나 강하다. 사실 같은 무게로 비교하면(강철이 5배나 밀도가 큼) 케블라가 강철보다도 강하다. 이것이 여러 분야에 응용되는 것은 당연하다. 케블라가 실제로 응용되는 몇 가지 예는 자동차 타이어, 방탄조끼, 정박 케이블 등이다.

고분자 액정은 전기와 자기장에도 반응한다. 이것은 고분자 액정이 디스플레이의 목적으로 사용될 수 있다는 것을 의미한다. 전기장 및 자기장은 고분자 액정의 방향을 바꿀 수 있으며, 따라서 광학적 성질을 변화시킨다. 만일 고분자 액정이 고체상으로 냉각된다면, 고분자 액정의 질서를 유지시키는 것이 가능하다. 이 경우 자기장 혹은 전기장이 제거된 후에도 그러한 질서를 유지할 수 있으므로, 고분자 액정을 이용한 디스플레이는 저장능력을 가질 수 있다. 예를 들자면, 레이저를 이용해서 국소적으로 가열하여 온도를 높여 액정상으로 만들 수 있다. 만일 이 시편에 전기장이 걸리지 않는다면 레이저에 의해 가열된 부분은 배열되지 않은 상태로 냉각되고 영구적인 영상을 형성하게 될 것이다. 이 영상은 레이저를 이용해서 다시 지울 수 있는데 이때 시편에 전기장을 인가한 상태에서 냉각해야 한다. 고분자 액정은 디스플레이 목적에 있어서 아주 매력적인 성질을 가지고 있다. 액정 고분자들은 상대적으로 가격이 저렴하고, 안정하며, 무엇보다도 중요한 점은 얇은 막으로 성장시킬 수 있다는 것이다.

앞에서 언급한 바와 같이, 액정은 물질을 분리함(chromatography)에 있어 유용한 매개체이다. 액정 고분자들은 그러한 목적을 위해 한 가지 이점을 제공한다. 그것은 액정 고분자가 고온으로 가열되었을 때 가스로서 분자를 적게 방출한다는 것이다. 그렇기 때문에 액정 고분자는 물질 분리에 사용되는 어떠한 다른 물질보다도 효율적이다.

초고강도 섬유와 전기 광학 디스플레이는 최신 기술의 누 가지 중요한 분야이다. 미래에는 고분자 액정이 이러한 두 가지 분야에서 분명히 큰 역할을 할 것으로 규정지을 수 있다. 그러나 그 외에도 중요한 다른 응용 역시 가능할 것으로 보인다. 예를 들면, 생물학적으로 중요한 거대분자들의 액정 질서는 세포의 작용에 결정적으로 중요하다. 세포 내의 어떤 구조, RNA 혹은 DNA 자체의 기능이 거대분자들이 방향질서를 가지고 있거나 없거나에 과연 영향을 받을 것인가? 이 질문에 대한 대답은 그렇다로 보인다. 따라서 연관된 과정에 대한 지식은 중요한 의학적 발견에 새 장을 열 것이다.

제 10 장
이론, 결함, 그리고 유체격자

지금까지의 장들은 지난 30년 동안 액정이 중요한 기술적 응용에 사용되어 왔음을 예시하였다. 아직 논의하지 않은 부분은 액정에 대한 연구가 과학적으로도 그에 못지않게 중요하다는 점이다. 과학자들은 왜 어떤 분자들은 액정상을 형성하고 어떤 특성을 갖는가를 이해하기 위해 노력하면서, 그들 스스로가 물질의 다른 상에서와 마찬가지의 의문이 있다는 것을 알게 되었다. 실제로 물질의 많은 상에 적용가능한 중요하고도 새로운 개념이 액정계에서도 유효하다는 것을 처음으로 보였다. 이 장에서는 우선 액정상 자체와 여러 가지 액정상들 사이에서 발생하는 상전이에 대한 몇 가지 이론을 논의할 것이다. 그 다음에는 액정에서 생기는 결함들(defects)과 이 결함들이 왜 액정상을 이해하는 데 중요한지 살펴볼 것이다. 마지막으로 우리는 어떻게 자연이 이들 결함들을 정돈하여 실로 독특한 물질상을 만들어 내는가를 살펴볼 것이다. 간단히 말해, 이 장에서 액정의 과학적인 측면을 기술할 것이다. 과학의 모든 영역과 마찬가지로, 액정 과학에 대한 얘기는 창의적이고 새로운 개념들, 눈부신 실험들, 그리고 흥분되는 놀라움들로 가득차 있다.

10·1 액정상의 이론

자연을 연구하는 사람들은 거의 모든 과정이 매우 복잡하다는 것을 금방 인식할 것이다. 지금까지 과학의 성공은 우리들로 하여금 이러한 복잡성을 간파하고 다양한 자연의 과정들에 어떤 질서를 부여하도록 만든 간단한 개념을 밝힐 수 있는 인간의 능력에 달려 있다. 이런 의미에서는 과학의 업적은 창의성, 천재성, 그리고 불굴의 인간 정신에 대한 기념비다. 액정상은 수많은 분자들의 상호작용에 의해 생기기 때문에, 액정상을 이해하기 위한 시도는 복잡한 현상을 이해하려는 노력의 매우 좋은 예이다. 가장 빠른 컴퓨터조차도 아주 많은 분자들을 포함하는 계산은 불가능하다. 따라서 과학자들은 수많은 분자들을 각각 따로 고려하지 않고 이들 분자들의 행위를 알 수 있는 방법을 생각해야만 했다. 이어지는 이야기는 몇 가지 이러한 시도에 대한 기술이다.

액정상을 기술하는 데 가장 영향력 있는 이론적인 시도는 두 명의 독일 과학자 W. Maier와 A. Saupe에게서 시작된다. 비록 그들의 이론이 1960년에 제창되었지만, 이것은 수많은 이론적 업적에 대한 출발점이다. '마이어-사우페 이론(Maier-Saupe theory)'은 액정 분자들 사이에서 작용하는 가장 중요한 힘은 '분산력(dispersion force)'이라는 가정에서 출발한다. 이 힘은 영구 전기 쌍극자를 갖지는 않으나 유도 전기 쌍극자를 지닐 수 있는 두 분자들 사이에서 발생한다. 만약 한 분자의 전자구조가 요동하고(온도 효과 때문에), 이로부터 순간적인 전기 쌍극자를 얻는다면, 이 쌍극자의 전기장은 다른 분자들을 약간 분극시킨다. 이것에 의해 두번째 분자에 유도 전기 쌍극자가 발생한다. 두번째 분자에 유도된 쌍극자는 첫번째 분자에 있는 원래의 쌍극자를 강화시키는 경향을 갖는 전기장을 만들어 낸다. 이 상호작용의 결과는 초기의 사밀직인 요동이 1)서로 끌어당기고 2)두 분자를 정렬시키려는 두 개의 유도 쌍극자로 나타난다는 것이다. 이 힘의 근원이 분자들의 전자구조에서 발생하는 불규칙적인 요동에 있으므로 분산력은 그리 세지 않다. 예로 Maier와 Saupe는 분산력이 거리의 6승에 반비례한다는 것을 지적했다. 거리의 제곱에 반비례하는 두 전하 사이의 힘과 비교하면 거리에 따른 분산력의 감소는 매우 빠르다.

두 분자 사이의 힘으로 표현되었다 할지라도, 마이어-사우페 이론은 수백만 개의 분자들이 이러한 힘을 가지고 서로 끌어당겨 발생하는 결과를 계산하여야 하는 문제를 다루어야만 한다. 이 문제를 극복하기 위하여, 이 이론은 다른 분자들의 바다(sea)에 있는 한 분자는 평균적으로 모든 분자의 경우에 같은 힘을 받아야만 한다는 커다란 가설을 택했다. 즉, 수많은 분자들이 임의로 확산되므로 어느 한 분자에 대한 평균효과는 모든 분자들에서 똑같아야만 한다는 것이다. 이와 같이 이 이론은 다른 분자들의 바다에서 한 분자가 느끼는 힘을 다룬다;그리고 이 힘이 모든 분자에서 같기 때문에 한번의 계산만으로 충분하다. 한 분자가 느끼는 힘은 분자들 사이의 기본적 힘이 분산력이라는 사실과 이 가설을 결합하므로 얻어진다. 이 가설은 만약 주어진 분자의 주위 분자들이 어느 한 방향으로 정렬하면, 그 분자는 이 방향을 따라 정렬하려는 강한 힘을 받을 것이라는 것이다. 만약 이렇게 되면, 한 분자에 작용하는 힘은 질서 매개변수 S에 비례할 것이다. 이것은 한 분자에 작용하는 힘은 다른 모든 분자들에 의한 힘의 평균으로 나타난다는 것이다. 이런 이유로 마이어-사우페 이론은 '평균장 이론(mean field theory)'이라 불리는 이론들과 같은 범주에 속한다.

온도와 함께 질서 매개변수가 어떻게 변하는가를 계산하기 위하여, 마이어-사우페 이론은 다른 모든 분자들에 의해 주어진 분자에 작용하는 힘을 사용하여 $(3\cos^2\theta-1)/2$의 열역학적 평균을 계산한다. 이 평균은 직접 계산될 수 없다. 왜냐하면 이 힘은 이론이 계산하려고 시도하는 미지의 질서 매개변수 S를 포함하기 때문이다. $(3\cos^2\theta-1)/2$ 의 평균은 바로 질서 매개변수 S이다. 따라서 이 평균에 대한 방정식은 실제로 S가 또한 S(온도, 부피 등등에 따른)를 포함하는 어떤 표현과 같다라는 방정식이 된다. 이 방정식으로부터 S는 온도와 그 밖의 매개변수에 관해

풀 수 있다. 이런 방법으로, 마이어-사우페 이론은 네마틱 상에
서 질서 매개변수가 온도에 따라 어떻게 변하는가에 대한 예측
을 하였다. 하지만 마이어-사우페 이론은 한 분자에 작용하는
간단한 평균력을 취급할 때 분자에 대한 자세한 것은 모두 잃어
버리기 때문에, 모든 액정에 대해 단 하나의 예측을 하게 된다.
어떤 액정에 관해서는 마이어-사우페 이론은 질서 매개변수의
측정치와 매우 잘 일치하지만 다른 액정에 관해서는 그렇지 않
다. 그림 10·1에 두 가지 액정의 질서 매개변수에 대한 실험치
가 마이어-사우페 이론에 의한 예측과 비교하여 나타나 있다.

　　1960년 이후로 마이어-사우페 이론에 대한 많은 보완을 하
게 되었다. 예를 들면 하나의 분자가 느끼는 평균력 계산에 분산
력 이외의 다른 힘들도 포함시켰다. 또 다른 예는 역시 분자의
평균력 계산에 분자가 완전한 막대가 아니라 평평한 막대에 가
깝다는 점이 고려되었다. 그리하여 이론의 예측이 여러 가지 힘
의 상대적인 세기나 분자들의 상대적인 차원에 의존하게 되었다.
많은 경우에 있어서 이러한 매개변수를 적절히 선택하여 이론과
측정된 질서 매개변수가 잘 일치하도록 하였다. 이제 남은 유일
한 문제는 연구할 분자에 대한 정보만으로부터 이러한 매개변수
들을 선택하는 것이 어렵고 또한 특정한 액정계에 대한 질서 매
개변수가 어떻게 변화하는가를 예측하는 것이다.

　　상당한 성공을 거둔 또 다른 이론적 결과에 의하면 분자들
사이에는 인력뿐 아니라 척력이 상당히 중요하다는 것이다. 두
분자들이 매우 근접해 있을 때 한 분자의 전자는 다른 분자의
전자와 매우 가까이 있게 되고 이때 이들 전자들 사이에 척력이
두 분자들 사이에 있는 다른 어떤 인력보다 지배적이다. 이들 척
력은 거리가 그다지 작지 않을 때는 상대적으로 약하지만 어떤
근접한 거리 이내에서는 매우 급격히 증가하고 척력은 실제로

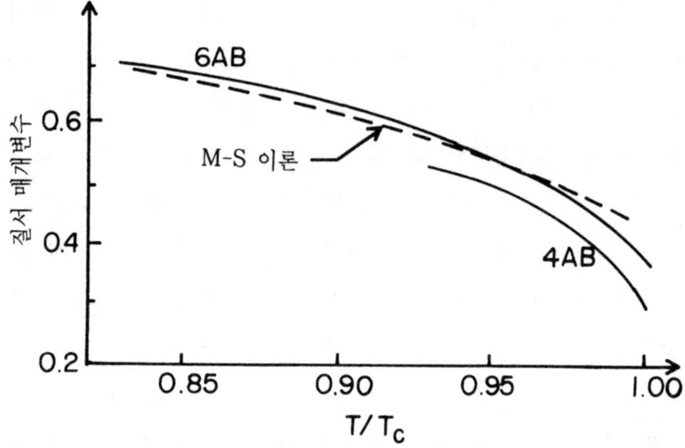

그림 10·1 실험과 이론적 계산에 의한 질서 매개변수 곡선. 점선은 마이어-사우페 이론에 의한 예측이고 두 실선은 PAA 계통의 두 가지 물질의 질서 매개변수의 실험치다. 수평축은 온도를 네마틱-등방상으로의 상전이 온도로 나눈 값이고 상전이 온도는 두 물질에서 서로 다르다.

두 분자가 같은 공간을 점유하지 못하게 한다. 이런 이유로 이들 힘을 '공간력(steric force)'이라 한다. 공간력을 가지고 출발하는 이론들은 서로 투과할 수 없는 막대들로 구성된 계를 기술하려고 하였다. 이런 계는 분자의 장축으로 정렬하려는 경향이 있다. 왜냐하면 그들이 정렬을 하면 할수록 두 분자들이 충돌할 기회는 더욱 적어지기 때문이다.

이러한 접근에서도 역시 엄청난 수의 분자들에 대해 계산을 수행해야 하는 문제를 극복해야만 한다. 예를 들면 계의 에너지를 계산하기 위하여 모든 분자들의 평균을 계산하는 대신에 어떤 이론은 단지 분자들의 쌍(pair)만을 고려한다. 또 다른 이론들은 평균을 계산하기에 어렵지 않은 경우의 상황만을 조사한다. 즉 다른 모든 분자들보다 훨씬 작거나 큰 분자들에 대하여 조사한다. 크고 작은 모든 분자들의 경우에 정확한 행동을 기술하는 중간결과를 나머지 계산에 사용하기 위해 선택하는 것이다. 이 이론의 중요한 면은 힘이 단지 분자의 모양과 그들 사이의 평균 거리에 달려 있다는 사실이다. 여기에서 온도는 전혀 고려되지 않는다. 따라서 이런 이론은 온도 전이형 액정을 기술하기에는 적당하지 않으나 온도가 중요하지 않은 상황에서는 매우 잘 적용된다. 예를 들어 이 이론은 용매 속에 있는 막대 모양의 거대분자의 용액에 대한 측정과 꽤 부합되는 결과를 준다. 이 경우에 거대분자의 농도는 이론에 의해 고려될 수 있는 중요한 양이다. 이론과 실험은 거대분자의 농도가 충분히 높을 때 분자들이 정렬되지 않은 등방상보다 정렬된 액정상을 선호한다는 점에서 일치한다.

연관된 이론의 또 다른 하나는 '격자 모형(lattice model)'이다. 이 이론에서는 액정이 차지하는 공간을 격자점들로 채우는 것이다. 따라서 한 '분자'는 격자점들간의 한 선을 점유한다. 이론 과학자들은 액정 '분자'들이 이 공간에서 격자점들의 한 선을 점유할 수 있는 가능한 모든 방법을 고려한다. 그러나 두 '분자'가 서로 투과할 수는 없다. 2차원 결정의 경우 '분자'들에 대한 예는 그림 10·2에 그려져 있다. 서로 다른 모든 가능성에 대한 평균을 통해(컴퓨터가 필요하다) 이 계의 다양한 특성을 계산할 수 있다. 이 이론에는 유일하게 공간력만이 포함되기 때문에 결과는 농도 전이형 액정계에 매우 적절하다. 컴퓨터 계산이 너무 오랜 시간을 소요하지 않도록 격자 크기는 그다지 클 수 없다. 한 면에 100개 정도의 격자점을 지닌 입방 공간이 현재 계산할 수 있는 한계이다.

또 다른 이론은 '몬테-카를로(Monte Carlo)' 방법을 이용한다. 이것은 모든 가능성을 인공적으로 발생시킴으로써 평균을 계산하는 방법이다. 그러나 이 방법에서는 모든 상대적인 매개변수

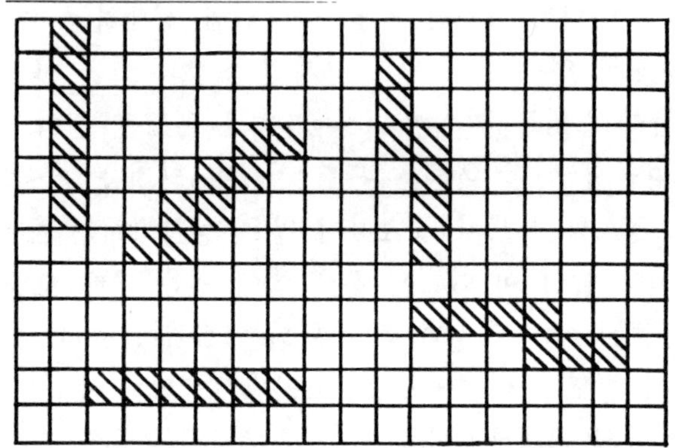

그림 10·2 격자모형에서 분자의 방향변화에 대한 표현의 몇 가지 예.

분포들 사이에서 일관성을 유지해야 한다. 어떻게 이것이 수행되는지는 매우 분명하여 단순한 예로 보일 수 있다. 몬테-카를로 방법을 이용하여 π(3.1416)의 값을 찾는다고 하자. 이것은 그림 10·3에 그려져 있는 정사각형과 단위원을 이용하여 계산할 수 있다. 정사각형의 면적은 4이고 단위원의 면적은 π이다(원의 면적은 반지름의 제곱에 π를 곱한 값이다). 정사각형 전체에 고르게 퍼지도록 점을 찍는다고 가정하면 면적비($\pi/4$)는 단위원 내부로 떨어지는 점의 비율과 같을 것이다. 컴퓨터에서 수의 쌍(각각은 임의로 -1과 1 사이의 값으로)을 만들어 낼 수 있다. 이 쌍들 중 첫번째는 x축이고 두번째는 y축이다. 결국 이 수들은 정사각형을 균일하게 채울 것이다. 각 쌍에 대하여 단위원 내($x^2+y^2<1$)로 떨어지는 점의 비율을 계산한다. 이 수에 4를 곱하면 π를 얻을 수 있다. 이 값이 얼마나 훌륭한 근사인가 하는 것은 1)수행하는 시도의 횟수와 2)난수(random number)의 발생기의 성능에 달려 있다. 사각형 내부의 점은 아무것도 고려하지 않고 임의로 발생되나 원 내부에 떨어지는 점의 확률의 원하는 양을

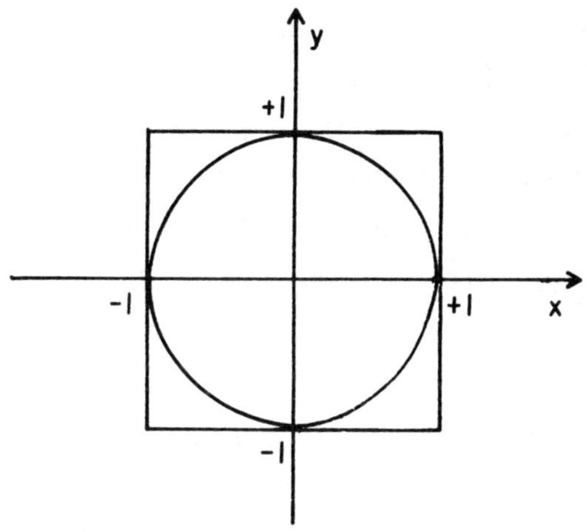

그림 10·3 단위길이가 2인 직사각형과 단위원. 두 그림을 이용해 π의 값을 몬테-카를로 방법으로 알아낼 수 있다.

얻기 위해 발생된 숫자를 사용하는 데 열쇠라는 것을 명심하라.

액정이론에서 사각형 내부의 한 점은 격자 모형을 이용하는 가상적인(hypothetical) 액정에서 모든 분자들이 갖는 하나의 가능한 배열로 대치된다. 그런 배열은 있음직하든 않든 상관없이 발생된다. 알고자 하는 값은(예를 들면 질서 매개변수) 이러한 배열로부터 계산된다. 그 배열은 어떤 경우에는 모든 가능한 방법을 포함하지만 그렇지 않은 경우도 있다. 이는 난수 발생기(random number generator)와 '내기에서 이기는가(win a bet)'에 달려 있다. 여기서 '이기는(winning)'(그래서 계산되는)이라는 조건은 충분한 횟수의 시도를 통해 실제의 분자가 채택하는 배열의 가능성에 따라 그 양이 평균적으로 계산되는 것이다. 만약 많은 배열들이(백만 정도) 발생된다면 결과적으로 구한 평균은 실제로 분자들이 취하는 가능한 배열의 확률을 반영하여 그 양에 대한 각각의 평균을 얻게 된다. 액정상의 몬테-카를로 이론은 분자들 사이의 여러 가지 힘들을 포함시킬 수 있고, 그 결과는 때때로 실험결과와 매우 잘 일치한다.

우리는 가장 빠른 컴퓨터로도 수많은 분자들이 서로 당기거나 밀 때 정확하게 무슨 일이 일어나는지를 계산할 수 없다. 단지 약간 비슷하게 할 수 있을 뿐이다. 모든 상호작용을 고려하면 '그리 많지 않은' 수의 분자들의 '정확한' 운동을 따라가는 것이 가능하다. 분자들의 모습을 실제로 작은 시간 간격마다 계산할 수 있다. 이러한 배열들에 대해 평균하면 원하는 값을 얻을 수 있다. 이러한 '분자 동역학(molecular dynamics)'의 주된 한계는 계산가능한 분자의 수가 단지 천 개 부근이라는 것이다. 더 빠른 컴퓨터가 있다면 분자수를 증가시켜 분자력에서 출발하여 '정확한(exact)' 예측을 이끌어 낼 수가 있을 것이다.

이런 모든 이론적 연구의 결과가 요약될 수 있을까? 사실 몇몇 일반적인 이야기는 가능하다. 무엇보다도 온도 전이형 액정에서는 더 긴 영역의 인력과 더 짧은 영역의 척력 '둘 다(both)' 중요하다는 것이다. 그러나 스멕틱 액정에서는 인력이 네마틱 또는 카이랄 네마틱 액정에서보다 더 중요하다고 의심해야 할 이유가 있다. 이 상황도 공간력이 가장 중요하게 되는 용액상태의 농도 전이형 액정과 고분자 액정에서는 아주 판이하다.

따라서 다시 한 번 우리는 액정상이 문자 그대로 반대되는 힘들 사이의 미묘한 균형으로부터 기인한다는 것을 알게 되었다. 이 균형의 미묘함은 압력하에서 행해진 어떤 실험에서 아름답게 나타났다. 8장의 서두에서 언급했듯이 상의 안정성에 관해서 압력의 증가는 대략 온도의 감소와 같이 작용한다. 보통 등방상에서 압력증가는 네마틱 상으로, 그 다음으로는 스멕틱 상으로 상전이를 유발한다. 그러나 어떤 액정에서는 압력증가에 따른 연속적인 결과가 등방, 네마틱, 스멕틱, 그리고 다시 네마틱으로 나타난다. 두번째 네마틱을 '재진입 네마틱 상(reentrant nematic)' 이라 하고, 이것은 압력의 증가가 분자 사이의 떨어진 거리를 감소시켜 반발하는 공간력을 증가시키기 때문에 나타난 결과이다. 어떤 경우에는 분자기하(molecular geometry)가 그 균형이 네마틱 상을 선호할 정도로 충분히 큰 공간력의 증가를 생기게 한다.

10 · 2 액정 상전이

지난 25년 동안에 걸쳐 이론 물리학과 실험 물리학 영역에서 가장 흥미로운 것들 중 하나는 상전이에 대한 연구였다. 비록 우리가 밀도 또는 굴절률과 같은 물리적 특성이 변하는 상전이에 대해서만 이야기를 해왔지만 다른 물리적 특성이 변하는 상전이도 많이 있다. 예를 들면, 고체의 자기적 특성은 어떤 온도에서 급격하게 변한다. 이 온도 아래에서 고체는 영구 자석이지만 이 온도보다 더 높은 온도에서는 그렇지 않다. 마찬가지로 물질의 자기적, 물리적 특성은 상전도체와 초전도체 사이의 상전이에서 변한다. 최근에 수행된 연구는 이들 많은 상전이가 서로 상당한 공통점을 가진다는 것이다. 실제로 그것들 중 어떤 것은 비록 내포하고 있는 물리적 특성과 상전이를 유발하는 내년의 기작(underlying mechanism)이 완전히 다를지라도 그들 중 일부는 보기에 동일하다. 이 결과들은 이러한 상전이 모두가 많은 수의 상호작용하는 요소를 포함한다는 사실은 계의 자세한 부분들이 중요하지 않다는 것을 암시한다. 대신에, 단지 몇몇 상전이의 특성만이 그들의 성질을 결정한다. 액정에는 여러 가지 가능한 상전이가 존재한다. 이러한 이유로 액정은 일반적인 상전이 연구에 중요한 역할을 담당하고 있다.

상전이의 중요한 특성들 중 하나는 상전이 양측의 '대칭성 (symmetry)'이다. 대칭성은 과학에서 매우 중요한 개념이고 논의할 가치가 있다. 대칭성을 이용하여 과학자들은 한 대상물에 어떠한 연산들(operations)을 적용했을 때 변화하지 않는가를 언급한다. 예를 들면 그림 10·4에 있는 대상물을 생각해 보자. 그림 10·4(a)에 그려져 있는 사각형은 어떠한 3개의 축에 대하여 서로 180° 회전할 수 있으며, 이렇게 하여도 전과 동일하게 보인다. 반사(reflection)는 또 다른 연산이다. 어떤 평면을 통해 반사연산을 하면 평면의 한쪽에 있는 모든 점이 그 평면을 통해 다른 쪽으로 수직으로 똑같은 거리에 있는 점으로 이동한다. 두 평면을 통한 사각형의 반사연산은 사각형을 변화시키지 않고 그대로 두는 것이다. 정사각형에서는 180° 회전이 그것을 동일하게 놓아두는 4개 축을 갖고 있고 또한 90° 회전이 정사각형 자체를 원래대로 돌리는 한 개의 축을 갖고 있다. 게다가 정사각형은 2개가 아닌 4개의 반사면을 갖고 있다. 이것은 그림 10·6 (b)에서는 생략되어 있다. 분명하게 정사각형은 직사각형보다 더 많은 대칭성을 갖고 있다. 그림 10·4(c)는 직사각형 격자의 일부를 보여 준다. 직사각형의 모든 대칭은 직사각형 격자내에 존재한다. 그 이유는 격자가 직사각형으로 이루어져 있기 때문이다. 그러나 전체 격자는 어떤 방향으로 적당한 거리만큼 움직여도 변하지 않음을 주목하라. 따라서 이러한 병진 운동(translation)은 이 격자의 '대칭 연산들(symmetry operation)'인 것이다.

상의 대칭은 그 상이 어떻게 병진(translated), 회전(rotated), 반사(reflected) 등을 할 수 있고 또한 정확히 꼭 같은지에 의해 결정된다. 예를 들면 등방상은 거의 모든 가능한 축에 대하여 연속적인 회전대칭을 갖고 있다. 그래서 등방성 액체의 한 부

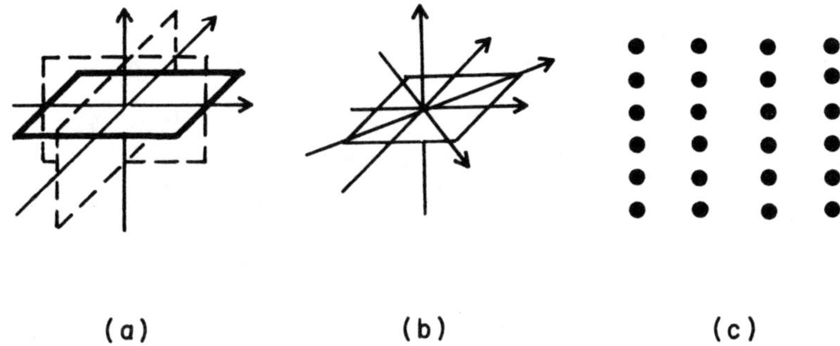

(a)   (b)   (c)

그림 10·4   직사각형과 정사각형의 대칭 연산들. (a) 직사각형에서 세 개의 180° 회전 대칭축과 두 개의 반사 대칭면을 나타낸다. (b) 정사각형에서 4개의 180° 회전 대칭축과 90° 회전 대칭축을 나타낸다. (c) 직사각형 격자를 나타낸다. 그림 (a)에서 나타낸 대칭연산에 추가하여 두 개의 병진 대칭연산이 격자에 존재한다.

분을 어느 축으로 회전시킬 수 있고, 이 회전된 상은 회전 이전의 상태와 똑같아 보인다. 네마틱 상은 아주 판이하다. 여기에는 한 개의 축, 즉 어떤 각만큼 상을 회전시켜 상이 전혀 변하지 않게 되는 방향자가 있다. 그러나 다른 어떤 축에 대한 회전은 보통 다른 방향으로 향하는 방향자를 갖는 네마틱 상이 된다. 이 상은 회전한 후에 더 이상 동일하지 않기 때문에 우리는 그 축에 대하여 연속적인 회전대칭이 존재하지 않는다고 이야기한다. 등방상의 액체가 네마틱 액정으로 변할 때 더 높은 온도의 상에서 존재하던 어떤 대칭은 더 낮은 온도의 상에서는 잃어버린다. 이것은 모든 상전이의 일반적인 모습이다. 그래서 이를 '자발적으로 깨진 대칭(spontaneously broken symmetry)'이라 한다.

　　네마틱에서 스멕틱으로의 상전이가 대칭의 중요성에 대한 또 다른 좋은 예이다. 네마틱 상에서는 공간을 통해(회전없이) 어떤 방향으로 시편을 이동하여도 공간에 고정된 어떤 점에서도 성질이 전혀 변하지 않는 완전한 병진대칭이 존재한다. 그러나 이것은 스멕틱 상에서는 적용되지 않는다. 층평면에 평행한 병진은 모든 점에 있는 특성을 같게 유지하나 층에 수직한 병진은 공간상의 어떤 점의 특성을 바꾸게 한다. 따라서 네마틱 상에 존재하는 대칭은 스멕틱 상으로의 전이에서 없어진다.

상전이의 또 다른 중요한 특성은 포함된 질서 매개변수의 성질이다. 비록 우리가 질서 매개변수라는 용어를 액정에서 방향 질서를 기술하기 위하여 사용했으나, 이것은 더욱 일반적인 용어다. 질서 매개변수가 거의 모든 상전이를 기술할 수 있다. 높은 온도의 상에서 질서 매개변수는 0이다; 낮은 온도의 상에서 질서 매개변수는 0이 아니다. 예를 들면, 자기 상전이에 알맞는 질서 매개변수는 자기화(단위 부피당 자기 쌍극자)다. 어떤 특정한 온도 위에서 물질이 순자기화(net magnetization)가 없기 때문에 질서 매개변수는 0이다. 어떤 상전이 온도에서는 그 물질이 0이 아닌 자기화(0이 아닌 질서 매개변수)를 지녀서 자성을 띠게 된다. 유사한 방식으로 네마틱-스멕틱 A 상전이에 적합한 질서 매개변수는 네마틱 질서 매개변수 S와는 달라야만 한다. 이는 S가 네마틱-스멕틱 A 상전이 위와 아래에서 모두 0이 아니기 때문이다. 적합한 질서 매개변수는 분자의 중심이 스멕틱 상에서는 균일하게 분포되지 않고 무리를 지어 층을 이룬다는 사실을 명확히 기술해야만 한다. 밀도파(분자 중심의 밀도가 높은 지역과 낮은 지역이 교대하는)를 기술하는 질서 매개변수가 바로 그 역할을 한다. 어떤 상전이들(비연속 또는 '1차 상전이'라 부르는)에서, 질서 매개변수는 상전이 점에서 0에서 바로 어떤 유한한 값으로 증가하는 반면 또 다른 상전이(연속 또는 '2차 상전이'라 불리는)에서는 상전이 점에서 질서 매개변수가 0에서 점차로 증가한다. 어떤 액정 상전이(등방상-네마틱)는 1차인 반면 다른 것은 때때로 2차(스멕틱A-스멕틱 C)이다.

이 논의는 일반적으로 왜 액정이 상전이 연구에 중요한가를 보여준다. 다른 액정 상전이는 서로 다른 질서 매개변수를 가진 많은 가능한 형태의 상전이를 제공하고 있다. 현재 연구는 상들의 대칭성과 질서 매개변수의 수학적 특성이 무슨 계가 고려되고 상전이에서 무슨 성질이 변화하든 관계없이 바로 상전이에서 무엇이 일어나는가를 결정짓는 모든 것이라는 사실을 드러내고 있다.

10·3 액정의 결함

네마틱 액정의 시편은 보통의 경우 시편내의 모든 곳에서 같은 방향으로 향하는 방향자를 갖지는 않는다. 시편의 어떤 영역에서는 한 방향을 향하고, 다른 영역에서는 다른 방향을 향할 수 있다. 가끔 이러한 두 영역 사이에서 방향자가 갑자기 바뀌는 지점이 존재한다. 그런데 방향자가 갑자기 바뀌는 곳의 방향을 정의하기는 불가능하다. 이곳이 바로 액정의 질서에 있어서 '결함(defect)'을 나타낸다. 점결함(point defect)과 선결함(line defect)은 액정의 결함들 중 가장 중요한 형태이다. 우리가 살펴보겠시만 현미경 아래에서 서로 교차하는 편광자 사이에서 보이는 액정 시편에 나타난 결함들은 다른 어떠한 요소들보나도 액정의 외향을 더 잘 결정한다.

선호하는 정렬방향의 갑작스런 변화는 항상 결함 부근에서 방향자 배열의 극심한 변형을 의미한다는 것을 깨닫는 것은 중요하다. 이미 방향자 배열를 변형하는 데 힘이 얼마나 필요한지, 그리고 변형이 클수록 드는 힘도 크다는 것을 논의했다. 이런 힘들은 결함이 제거되고 그 영역이 일정한 방향자로 대치된다면 사라질 것이다. 결함이 안정하다는 사실은 방향자 배열에 미치는 외부 영향들(전기장, 인접한 유리표면 등등)이 그 영역 내에서 하나의 일정한 방향자를 갖는 것과 조화를 이루지 못해 결함을 가진 방향자 배열이 가능한 최선의 절충이 되는 것을 암시한다.

점결함은 선결함보다는 덜 일반적이다. 이것은 때때로 가는 모세관과 작은 공모양 방울에서 발생한다. 가장 간단한 예는 분자들이 방울표면에 수직하도록 되어 있는 공모양 방울이다. 점결함은 그 중심에서 생길 수 있다. 6장에서 본 바와 같이 분자들이 방울의 표면에 평행하게 놓인다면 2개의 점결함이 발생한다(그림 6·13을 보라). 재미있는 예가 분자들이 관의 원통표면에 수직하게 향하도록 된 가는 모세관 내에서 일어난다. 그림 10·5(a)에 모세관의 그림이 나와 있는데 거기에는 2개의 점결함이 나타나 있다. 2개의 점결함에 대해 재미있는 것은 위의 결함의 위쪽과 아래 결함의 아래쪽의 방향자 배열이 같다는 것이다. 그것은 두 개의 점결함이 결합하여 서로를 소멸시키는 것이 가능해진다는 뜻이며, 결국에는 그림 10·5(b)에 나와 있는 방향자 배열(결함이 없는)이 된다. 이러한 두 결함의 인력과 그 결과로 생기는 소멸은 두 개의 서로 반대인 전기적 점전하가 끌어당겨서 서로 '상쇄(cancel)'할 때 일어나는 일과 유사하다. 이런 이유로 과학자들은 때때로 이들 결함들 중 하나에 +부호를, 다른 것에는 −부호를 지정한다.

표면에 수직한 방향자를 가진 모세관에서의 또 하나의 다른 가능성은 선결함이 관의 중심에 평행하게 나타날 수 있다는 것이다. 이것이 그림 10·5(c)에 나와 있다. 선결함들은 일찍이 액정 연구가들로부터 특별한 이름—'전경(disclination)'—이 붙여졌다. 그 이름은 그 선이 방향자의 '경사(inclination)'에 있어 '불연속(discontinuity)'을 나타낸다는 사실에서 연유된다. 여러

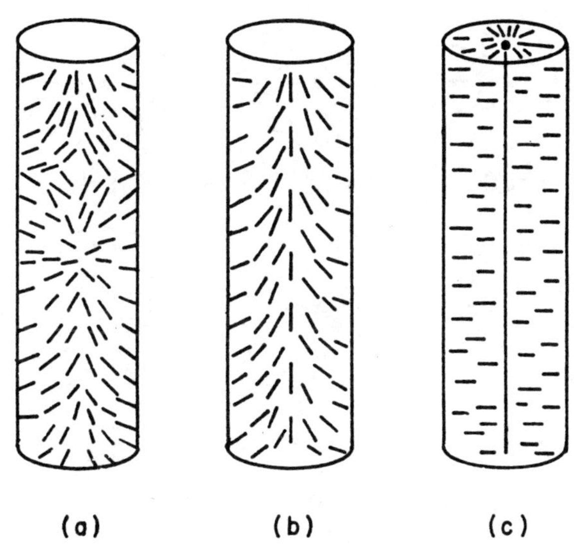

그림 10·5 모세관에서의 결함들. (a) 두 개의 서로 반대인 점결함이 있는 경우, (b) 결함이 없는 방향자의 배열, (c) 선결함이 있는 경우.

가지 다른 전경들이 가능하다. 그것들을 분류하기 위해서, 우리는 간단하게 선의 방향에 수직한 평면에서 방향자 배열을 조사한다. 그림 10·6은 6개의 예들을 포함한다. 부호들이 어느 전경들끼리 반대가 되는지를 나타내기 위해서 붙여져 있음에 유의하라. 숫자늘은 전경의 '강도(strength)'를 표시한다. 그림 10·5(c)를 그림 10·6에 나온 예들과 비교함으로써, 여러분들은 모세관 속의 선결함이 실제로 강도 +1의 전경이라는 결론을 내릴 수 있을 것이다.

전경의 한 가지 중요한 특징은 그림 10·5(b)와 10·5(c)에서 보다 명확해진다. 강도 +1의 전경은 전혀 결함이 없는 그림 10·5(b)의 구조로 언제든지 완화될 수 있다. 이런 의미에서, +1 전경은 완전히 안정하지는 않다. 이것은 그것이 음수이든 양

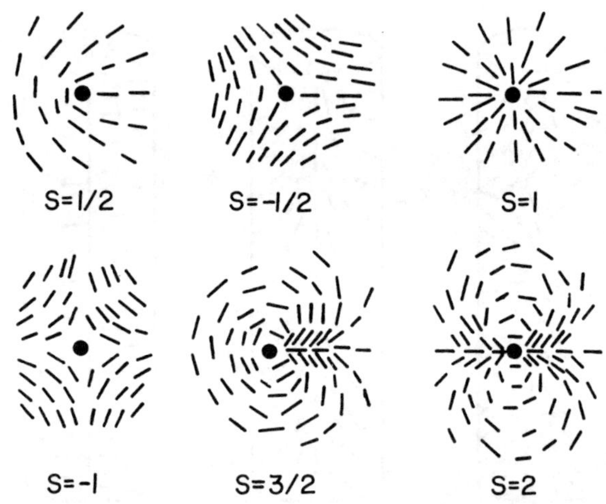

그림 10·6 6개의 다른 형태의 전경들. 여기서 숫자는 전경의 강도를 나타 낸다. 서로 반대부호를 갖는 전경이 결합하면 전경의 강도가 줄어든다.

수이든 관계없이 정수의 강도를 가진 모든 전경에 대해 마찬가 지다.

4장에서 논의된 바와 같이, 방향자가 서로 교차하고 있는 편 광자나 또는 검광자의 축에 평행한 지점은 현미경 아래에서 어 둡게 나타난다. 결함들은 방향자 배열이 바뀌는 영역을 나타내기 때문에, 어두운 영역들은 결함 주위에서 독특한 모양을 가져야만 한다. 이러한 어두운 영역들이 그림 6에 나타난 각각의 전경들에 대해서 어떻게 나타날지 상상하려면, 수평 또는 수직으로 방향자 가 향해 있는 각각의 전경 주위에서 그 영역을 찾아라. 이것은 강도 +1의 전경에 대해서 그림 4·11에 나와 있다. 그림 10·6 에 있는 각각의 전경들은 알아보기 쉬우면서도 유일한 어두운 영역의 형태를 가지고 있음을 유의하라. 많은 사진들이 그러한 특징적인 어두운 영역을 포함한다. 여러분은 그들을 보고 전경의

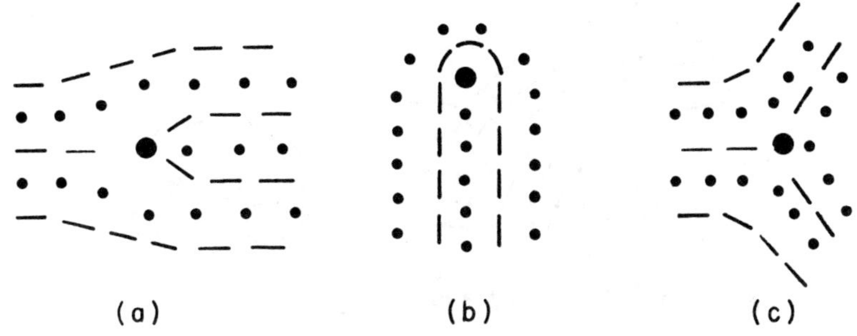

(a)   (b)   (c)

그림 10·7 카이랄 네마틱 액정에서의 세 가시 형대의 전경들. 점은 방향
자의 방향이 지면의 안쪽이나 바깥쪽으로 향하는 영역을 나타낸다. 선은 방
향자가 지면과 평행하게 누운 영역을 나타낸다. 전경은 큰 점으로 나타냈다.

강도를 확인할 수 있겠는가?

카이랄 네마틱과 스멕틱 액정내의 결함들은 비틀린 구조 또
는 층구조로 인해 네마틱에서의 결함과는 다르다. 카이랄 네마틱
과 스멕틱은 여러 가지 방식으로 변형되지만, 가장 어려운 변형
은 카이랄 네마틱의 피치나 스멕틱의 층간격을 바꾸는 것이다.
그러므로 이러한 두 종류의 액정에서 생기는 결함들이 그 변형
들 중에 어느 하나도 포함되지 않는다는 사실은 놀라운 일이 아
니다.

그림 10·7은 카이랄 네마틱 액정에서 발생하는 몇 가지 종
류의 전경을 보여주고 있다. 그림 10·7(a)에 나온 전경은 대단
히 중요한 것이다. 왜냐하면 카이랄 네마틱 나선의 반바퀴가 추
가로 바로 전경의 지점에서 초래되기 때문이다. 이런 종류의 전
경은 표면에 수직한 나선축을 가진 카이랄 네마틱 액정의 쐐기
모양 시편들에서 나타난다. 두 유리 표면 사이의 간격이 커짐에
따라, 더 많은 회전수의 나선이 유리 사이의 공간에 들어찬다.
더 많은 회전수의 나선으로 채우기를 계속해 나가려면, 전경들은

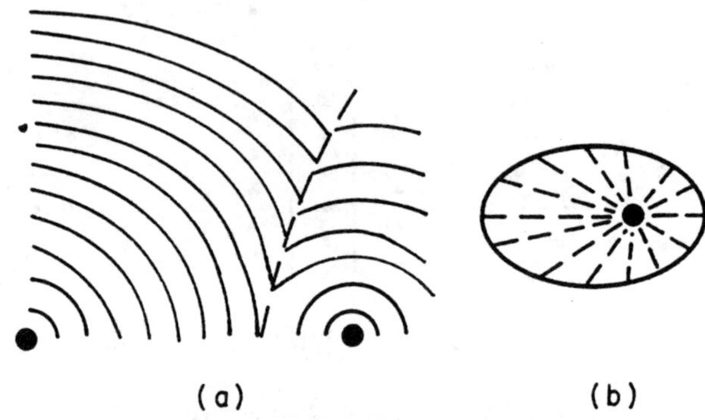

(a)　　　　　　　　(b)

그림 10·8 스멕틱 액정에서 초원추형 조직의 기원. (a) 유리표면 위의 두 점으로부터 자라난 스멕틱 층. 이 점들은 타원모양으로 실제로 전경의 일부분이다. (b) 유리표면 위에서 본 경우로 타원전경은 선으로 나타나 있다. (a)에서 점선으로 보여준 전경은 (b)에서는 점으로 나타나 있다. 사진 4는 이러한 구조들로 이루어진 조직에 대한 것이다.

시편에 규칙적인 간격으로 나타나야만 한다. 5장에서 논의된 바와 같이, 이들 전경은 현미경 아래에서 상당히 잘 보이며 카노선(Cano line)이라 불린다. 그러므로 사진 8에 있는 둥근 선들은 그림 10·7(a)에 나온 형태의 전경들이다.

　어떤 조건에서는 카이랄 네마틱과 스멕틱 액정은 두 유리기판 사이에 놓일 때 매우 재미있는 조직을 형성한다. 두 경우 모두 전경들은 이런 조직의 모양과 관계가 있다. 우선 스멕틱 액정을 생각하자. 카이랄 네마틱 액정에 대해서도 같은 묘사가 적용됨을 명심하라. 단지 다른 점은 스멕틱의 경우 층 간격이 카이랄 네마틱에서 피치와 유사하다는 것이다.

　온도가 내려가면서 네마틱에서 스멕틱 액정으로 되는 영역을 생각해 보자. 스멕틱 상은 성장함에 따라 변형되어질 것이지만, 층 간격은 일정하게 유지될 것이다. 전형적인 방향자 배열은 그림 10·8(a)에 나와 있다. 지면에 수직하게 달리는 두 개의 전경이 있고, 그들 사이에서 지면상에 하나의 전경이 있다. 가끔 지면에 수직으로 달리는 두 개의 전경은 실제로 타원형으로 휘어져 있는, 같은 전경의 일부가 된다. 이것은 그림 10·8(b)에 나와 있는데, 다른 각도에서 본 이 조직에 대한 그림이 나와 있다. 타원을 관통해서 달리는 세번째 전경은 쌍곡선의 모습을 갖고 있다. 이러한 원추 부분들(평면이 원추를 관통해 벤다)의 존재가 이 조직이 '초원추형 조직(focal conic texture)'으로 불리는 이유이다.

10·4 유체 격자

1888년에 Reinitzer가 콜레스테릴 벤조에이트(cholesteryl benzoate)의 녹는 행동을 기술했을 때, 그는 그것이 투명한 상태에서 불투명한 상태로 바뀜에 따라 그 물질이 단순히 파란색으로 바뀌었다고 말했다. 카이랄 네마틱 액정에 대해 연구하는 사람들은 이런 현상에 주목했음에 틀림없지만 80년 이상에 걸친 과학적 문헌에는 극히 소수만이 언급되었을 뿐이다. 몇몇의 실험 보고서들이 60년대 후반 그리고 70년대 초반에 걸쳐서 출판되었지만, 자세한 실험들이 푸른색은 적어도 두 가지의 새로운 액정 상들에 기인한다는 사실을 밝혀내자 상황은 극적으로 바뀌었다. 갑자기 이러한 '청색상(blue phase)'들이 유행처럼 번져나가 흥미의 대상이 되자, 여러 가지 실험들은 곧 이런 상의 구조가 다른 모든 액정상들과는 매우 다른 것이라는 사실을 보여주었다. 새로운 이론적인 개념들이 나타났으며 모든 가능한 종류의 새로운 실험들이 액정에서 수행되었다. 우리가 앞으로 보게 될 것이지만, 이러한 청색상들에서는 결함들이 단순히 여러 점들에서 발생하는 것이 아니다; 그것들이 사실상 이 구조의 핵심이다.

청색상을 이해하는 데 진전이 있기 전에, 과학자들은 옛날의 가정들이 항상 타당한 것은 아니라는 사실을 인식해야만 했다. 카이랄 네마틱 액정의 나선구조는 그 분자가 다른 분자들과 평행하기보다는 약간의 각도를 선호하기 때문이라고 이미 논의하였다. 거의 100년 동안, 과학자들은 이런 구조(방향자가 회전하는 단일 나선축을 포함하는)가 그러한 분자들에 대해서 가장 안정한 구조라고 가정했다. 하지만 또 다른 구조가 더 안정할 수도 있음이 밝혀졌다. 단일 나선축 대신에 달리 택할 수 있는 다른 구조에서는 방향자가 어떤 선에 수직한 모든 축에 대해 나선형으로 회전한다. 그러한 구조에서는 실제로 무한대의 나선축이 존재하지만 '이중 비틀림(double twist)'이라 한다. 그림 10·9는 이중 비틀림 구조를 보여준다. 나선축을 포함하는 면은 그림 10·9(a)에서 지면이 된다. 방향자는 중심에서 지면 안으로 들어가거나 밖으로 나오며, 여러분이 어느 방향이든지 중심으로부터 밖으로 이동함에 따라 회전한다. 지면 안으로 들어가거나 밖으로 나오는 방향자에 있어서는 아무런 변화가 없다. 이 구조에 대한 투시도가 그림 10·9 (b)에 나와 있다. 그 물체의 외부에 있는 곡선들은 방향자가 중심에서 외부로 나아갈 때 4.5°로 회전한다는 사실을 나타낸다.

이 구조가 정상 나선구조나 단일 비틀림(single twist) 구조보다 안정할지라도 이것이 자주 나타나지 않는 데는 타당한 이유가 있다. 이중 비틀림 구조는 중심에 있는 선으로부터 작은 거리 내에서만 안정하기 때문이다. 이 말은 대형 이중 비틀림 구조가 대형 단일 비틀림 구조보다 덜 안정하다는 것을 뜻한다. 이런 작은 거리는 대략 카이랄 네마틱 액정의 피치(약 0.0005mm)와 같기 때문에, 그리고 대부분의 액정시편들은 이것보다 아주 크기

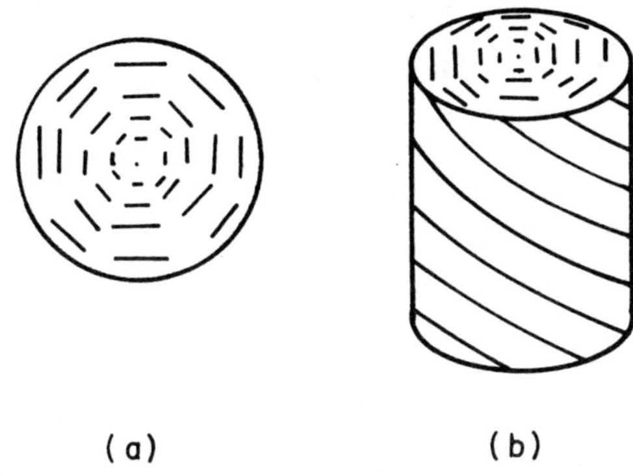

(a)   (b)

그림 10·9 이중 비틀림 원통의 두 방향에서의 모양. 단면 (a)는 중심에서 방향자가 원기둥 축과 평행하다는 것을 보여준다. 방향자는 중심으로부터 어느 방향으로 멀어져도 비틀린다. 그림 (b)에서 방향자는 원통 중심과 바깥 사이에서 45°만큼 비틀려 있다.

때문에, 이중 비틀림 구조가 아주 드물게 생긴다는 것이 결코 놀라운 일은 아니다. ´

청색상은 이중 비틀림 구조가 큰 부피를 완전히 채운 특별한 경우이다. 만약 중심선으로부터 모든 방향으로 방향자가 45°만큼 비틀린 점들에서 이중 비틀림 구조를 끝내면, 그림 10·9 (b)에 나와 있는 '이중 비틀림 원통(double twist cylinder)'이 나타난다. 그것의 반경은 작기 때문에, 이런 원통은 동일한 체적의 단일 비틀림 카이랄 네마틱보다 더 안정하다. 큰 구조는 이들 이중 비틀림 원통들로부터 만들어질 수 있지만, 문제는 원통들 사이의 규칙적인 점들에서 결함이 발생한다는 것이다. 이러한 결함들은 그 구조를 보다 불안정하게 만들지만, 자연의 가장 미묘한 절충의 하나로서, 결함이 있는 이중 비틀림 원통으로 된 구조는 결함이 없는 단일 비틀림 구조보다 약간 더 안정하다. 그러나 그것은 오직 카이랄 네마틱 상에서 등방상으로의 전이점 바로 아래에서 대략 1℃의 온도 구간에 대해서만 안정하다. 이중 비틀림 원통을 사용한 구조에 대한 두 가지 예가 그림 10·10에 나와 있다.

　이러한 구조들에서는 다른 방향자들을 가진 이중 비틀림 원통들이 만나는 위치에서 규칙적으로 결함들이 배열된다는 사실을 유의하라. 그림 10·10의 구조에서 결함들은 정육면체 배열을 가진다. 그림 10·10(a)에서 그 결함들은 쌓아 놓은 정육면체들의 꼭지점들에서 위치한다;그림 10·10(b)에서는 결함들은 쌓아 놓은 정육면체의 꼭지점과 정육면체 중간에서 생긴다. 그러므로 이런 결함들은 마치 결정 내에 있는 분자들처럼 격자에 배열되어 있다. 그러나 결정과 이런 결함들의 격자들 사이에는 큰 차이가 있다. 결정 내에서 물리적 구성인자(분자)는 각각의 격자점을 차지하는 반면 이러한 구조들에서는 단지 방향자 배열의 결함만이 각 격자점에 있을 뿐 아무런 물리적 구성인자도 존재하지 않는다. 청색상은 바로 이러한 결함으로 된 유체 격자들이다.

　결정이 X-선을 반사하는 이유가 왜 청색상이 한 가지 색깔(단지 어떤 청색상만이 청색이다)을 반사하게 되는지를 설명할 수 있다. 청색상에서 결함들간의 거리는 대략 가시광선의 파장과 같다. 다양한 결함의 평면들로부터의 빛의 반사에서 보강 간섭(constructive interference)은 원자 사이의 간격이 X-선의 파장과 같은(5장을 보라) 결정에서와 마찬가지로 발생한다. 보통 청색상의 시편은 결함 격자들이 서로 다른 방향으로 향하는 영역을 가질 것이다. 여러분이 반사광을 이용한 현미경 아래에서 그러한 청색상들을 관찰한다면, 이러한 서로 다른 영역들은 서로 다른 색깔들을 반사한다. 왜냐하면 보강 간섭을 일으키는 파장은 격자면들간의 간격뿐 아니라 광선과 격자면들간의 각도에 의존하기 때문이다.

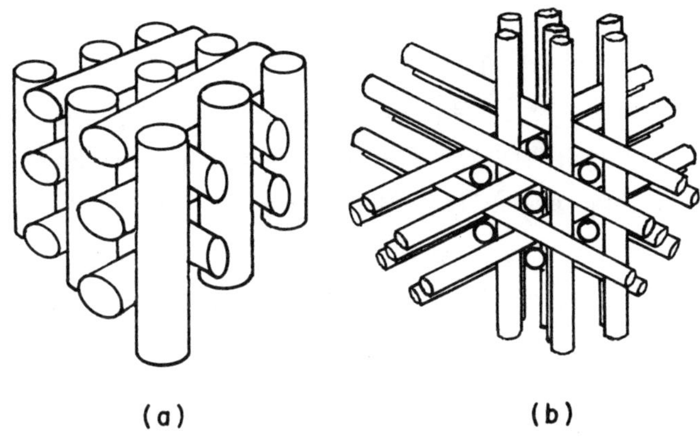

그림 10·10 이중 비틀림 원통으로 이루어진 두 가지 구조. 두 개의 원통
이 접촉하는 점에서 방향자의 방향은 두 원통에서 같다. 결함은 세 개의 원
통이 만나는 영역에서 나타난다. 이 결함들은 (a)에서 단심 입방 격자(simple cubic lattice)이고 (b)에서는 체심 격자(body centered lattice) 격자이
다.

이러한 유체 격자들은 결정과 극히 유사한 성질을 가진다.
청색상을 가진 물질이 아주 천천히 식어서 청색상 격자가 매우
천천히 형성된다면, 그 격자는 정육면체 배열을 나타내어 단일결
정처럼 보일 것이다. 격자면들이 보는 방향에 수직하다면 단일결
정은 정사각형의 모습을 하게 된다. 사진 14는 제1청색상으로
불리는 것의 단일 결정에 대한 사진이다. 이러한 결정의 정육면
체 격자는 보는 방향에 따라 회전하게 되므로 이 단일결정들은
정사각형이 아니다. 이런 단일결정의 각각의 면이 눈에 보이는
경우가 있다. 한 가지 청색상에서 다른 것으로 전이하게 되면 단
일결정은 그것의 방향과 격자 간격을 바꾸게 된다. 이것은 단일
결정에서 변형과 규칙적인 결함들(격자를 구성하고 있는 결함들
과 혼동하지 말 것)을 생기게 한다. 사진 15가 보여주는 결정에
서 그 사실을 명확히 알 수 있다. 사진에 보이는 결정은 본래 정

사각형이고 균일한데, 이는 제2청색상의 경우도 마찬가지다. 그러나 온도를 내리면 제1청색상으로 전이를 하게 되며, 그것은 사진에 분명하게 나오는 결함들의 뒤엉킨 모양을 형성한다. 이러한 사진들은 분명히 단일결정들이 어떻게 행동하는지에 대한 것을 상기시켜 준다. 이런 사진을 보고 분자들이 갇혀 있지 않다고 하기는 어렵다. 분자들은 단일결정 안팎으로 확산되지만, 분자의 방향 질서는 하나의 상(단일 결정)에서 다른 상(액정상)으로 변해갈 때 갑자기 바뀐다.

이러한 단일결정들을 보기 위한 새로운 방법은 최근에 사용되고 있으며, 그것은 다양한 청색상들의 구조에 관한 많은 정보들을 제공한다. 이 방법에서는 현미경의 렌즈들을 약간 다른 방식으로 사용하였다. 정상적으로는, 현미경의 대물렌즈가 시편 가까이에 위치하여 확대된 상이 대물렌즈의 반대쪽 면에 형성되도록 한다. 그래서 대안렌즈는 이 상 위에 초점을 맞추고, 그것을 더욱 확대해서 보게 된다. 새로운 방법에서는, 보기 위해 확대된 상은 대물렌즈의 확대된 상이 아니라 초점면(focal plane)이라 불리는 대물렌즈 뒤에 있는 한 점의 빛이다. 시편에 입사된 빛이 단일 파장으로만 이루어지고 수렴하지 않는다면, 이 초점면(중심이 아닌)의 어떤 부분에 빛이 도달할 수 있는 유일한 방법은 시편 내의 격자면들에 의한 보강 간섭으로 인해 빛이 다른 각도로 나가도록 한다. 초점면의 한 점에서 성립하는 일단의 격자면과 빛이 일 대 일(1:1) 대응관계가 된다면 이 새로운 방법을 아주 유용하도록 만든다.

초점면에서 빛이 만드는 사진은 보통 일단의 선들로 구성된다. 이러한 선들은 '코셀라인(Kossel lines)'이라 불리며, 이는 1925년경에 X-선 실험에서 유사한 방법을 사용한 독일 물리학자의 이름을 딴 것이다. 청색상 단일결정에 있어서의 한 예는 사진 16에 나와 있다. 격자면의 대칭성을 사진이 어떻게 보여주고 있는지를 보라. 마찬가지로, 다른 격자면들은 다른 파장의 빛을 사용하여 조사될 수 있다. 이런 방법은 전기장이 청색상 단일결정에 있는 격자를 어떻게 변형시키는지를 연구하는 데 효과적으로 사용되어 왔다.

마치 서로 다른 두 가지 형태의 유체 격자들을 가진 두 청색상으로는 충분하지 않은 듯이, 자연은 이중 비틀림 구조와 결함들간의 미묘한 균형을 찾아내는 세번째 가능한 방법을 만들어 내는 것 같다. 제3청색상이 존재하지만, 그것이 다른 두 청색상들과 같이 동일 형태의 정육면체 격자를 가진 것 같지는 않다. 이 제3청색상이 다른 두 청색상의 몇 가지 성질을 지니고 있음을 보여주는 실험결과가 있기는 하지만, 제3청색상은 규칙적인 격자를 가지고 있지 않다는 다른 실험적 결과도 있다. 아마도 그것은 격자점들이 매우 무질서한 배열을 가진 비정질 고체와 유사한 유체 격자일 것이다. 이 제3청색상의 구조는 오늘날의 과학자들을 당혹케 하는 문젯거리로 남아 있다. 왜냐하면 그것은 다른 어떠한 액정상들보다 질서도가 낮은 것 같으나, 다른 많은 액정상들처럼 등방적 액체상과 다르다는 좋은 증거가 있기 때문이다. 연구가들은 제3청색상의 구조를 결국에는 알게 되겠지만, 이를 위해서는 아마도 몇 가지 새로운 이론적 개념과 독창적인 실험들이 필요할 것이다.

제 11 장
액정의 생물학적 중요성

대부분의 사람들은 생체기관의 90%가 물로 되어 있다는 말을 들었을 것이다. 이런 말을 들었을 때 우리들 중 얼마나 많은 사람들이 유기체가 어떻게 어느 정도의 단단함(rigidity)을 지닌 구조를 만들어 낼 수 있는지 의문을 갖고 있을까? 무엇보다도 물은 전혀 단단하지 않지만, 생물계에서는 상당히 단단한 구조들이 예외없이 기준이다. 여기서 단단하다라는 말이 아주 일반적인 의미로 사용되었다는 것을 이해하는 것이 중요하다. '단단한'이란 말은 '굳은(stiff) 혹은 모양이 바뀌지 않는(unyielding)'의 일반적인 의미에 덧붙여 생물학적 구조에 적용될 때에는 물질의 이동을 제한하거나 분자의 질서를 주기 위한 기판을 제공하는 능력을 기술한다. 물이 풍부한 환경에서 단단한 구조를 만드는 유기체의 능력은 단세포 분열(development)과 세포집단 분화(specialization) 모두의 일부분이다. 단세포나 어떤 분화된 기능을 수행하는 세포의 집단 또는 기관이 생체구조의 대표적인 예이며 그런 구조들이 어떻게 형성되는가가 바로 생물학의 중요한 관심사이다. 우리는 이 장에서 액정이 분화된 구조의 형성에서뿐만 아니라 모든 세포의 작용에 결정적인 역할을 한다는 것을 살펴볼 것이다.

11·1 생체구조

모든 생물학적 구조는 물이 풍부한 '수성(aqueous)' 환경에서 형성되어야만 한다. 이런 제한은 사실상 그리 심각한 것은 아니다. 예를 들어 물속에서 물질의 농도가 포화점에 이르게 되면 많은 물질들이 결정구조를 만들 수 있다. 물속에서의 화학반응은 용해되지 않는 물질을 만들어 내어 침전물을 형성한다. 어떤 조

건 아래서 침전물은 단단한 구조를 형성한다. 그러한 과정은 사
실 생물학적으로 중요하며, 특히 뼈와 조개 껍질과 같은 고체구
조의 형성에서 그러하다. 그러나 이러한 구조는 생물학적으로 중
요한 전형적인 구조는 아니며, 거기에는 중요한 근거가 있다. 고
체 구조는 생존에 필요한 모든 화학적, 물리적 과정이 일어날 수
있도록 분자가 확산되는 것을 허용하지 않기 때문이다.

그래서 대부분의 생물학적 구조의 두번째 요구사항은 그들
이 유동적(fluid)이냐 하는 것이다. 단지 액체에서 분자들이 다
른 분자들과 상호작용 하도록 이곳에서 저곳으로 움직인다. 몸속
에 있는 모든 효소와 단백질의 경우를 생각해 보자. 이들 분자들
은 한 구조에서 생겨나고, 그 구조로부터 다소 움직여 나오고,
몸의 다른 부분으로 이동하고, 다른 구조 속으로 확산되어 마침
내 어떤 세포의 내부나 근처에서 적절한 위치를 찾게 된다. 이런
작용이 충분히 빨리 일어나기 위해서는 주변 환경이 매우 높은
유동성을 가져야 한다. 이와 동일한 반응들이 각각의 세포 내부
에서 보다 작은 규모로 일어난다. 많은 물질들이 세포내의 다양
한 구조로 들어오기도 하고 나가기도 한다. 이들 구조들〔세포핵,
미토콘드리아, 소포체(endoplasmic reticulum), 골기체(Golgi ap-
paratus) 등〕은 인체의 다른 기관들이 함께 작용하는 것과 마찬
가지로 세포가 적절하게 기능하도록 함께 작용한다. 따라서 생물
학적 기관들이 수성환경에서 다소의 단단함을 지니는 유체구조
(fluid structure)를 형성하는 능력이 이 행성(지구)에서 생명을
존재하게 하는 핵심이다.

우리가 이미 논의해 온 바로부터 여러분은 아마 액정이 자
연스러운 그러한 구조라는 사실을 짐작했을 것이다. 물이 풍부한
환경이기 때문에 8장에서 논의한 모든 구조들을 다시 생각해 보
자. 양친매성 화합물은 자발적으로 물과 같은 극성 용매에서 높

은 질서도를 갖는 구조를 형성하고, 이 구조들은 고체가 아니고 액정상태(유체)이다. 이 말은 바로 구조 전체를 통하여 양친매성 분자와 물 모두가 구조 안과 밖으로 일정하게 확산한다는 것을 의미한다. 이러한 구조들의 단단함은 넓은 범위에 걸쳐 변화한다. 원통형 마이셀의 비틀린 사상체(filaments)는 아주 단단할 수 있지만 반면 인지질 분자의 이중막은[그림 8·3(b)] 전혀 단단하지 않다. 두 가지 모두 아주 중요한 생물학적 필요성을 만족시킨다.

요약하면 생물학적 구조들은 적절한 기능을 하기에 충분히 단단해야 하고 모든 필요한 과정들이 일어날 수 있도록 충분히 유동적이어야 한다. 그런 구조를 위한 후보들이 많이 존재하는 것은 아니다. 이 장에서는 단단함(rigidity)과 유동성(fluidity) 사이의 미묘한 균형이 액정 구조에 의해 부분적으로 달성된다는 것을 알 수 있을 것이다.

11·2 세포막

모든 동물세포의 바깥쪽 막은 두 가지 기능을 제공한다. 세포의 내용물들을 한정된 부피로 제한시키고 세포의 안과 밖으로 이온과 분자들의 흐름을 조절한다. 식물 세포 또한 세포막을 갖는다. 그러나 세포벽이라고 불리는 덧붙은 구조가 세포막을 둘러싸서 일반적인 의미의 단단함을 제공한다. 세포막이 세포의 내용물들을 제한하고 세포의 모양을 유지하기 위해서는 다소의 단단함을 가져야 한다. 세포 안이나 밖으로 물질의 이동을 조절하기 위해서 세포막은 다소 질서도를 갖고 정렬되어야만 한다. 무질서한 구조는 다양한 물질들을 서로 구별할 수 없고 따라서 주어진 분자들의 이동을 조절할 능력이 없다. 결국 세포막은 물질의 이동과 세포막 부근에서 일어나는 반응들을 아주 신속하게 조절해야 한다. 이것은 세포막에서 분자들이 빠르게 확산될 수 있을 경우에만 이루어질 수 있고 세포막이 유동적일 경우에만 가능하다. 액정구조가 이러한 특성들을 가지고 있고, 세포막이 액정구조라는 사실은 생물학 분야에 대한 액정의 가장 중요한 연관이기도 하다.

세포막에 대한 표준 모형은 '유동 모자이크 모형(fluid mosaic model)'이라 불린다. 그림 11·1에서 보여 주는 바와 같이 막의 주된 구성 성분은 인지질 분자의 이중층이다. 이중층에 다소 불규칙하게 파묻혀 있는 것이 단백질들(아미노산의 긴 사슬)이고, 그들은 세포막의 부근에서 일어나는 많은 반응을 책임지고 있다. 예를 들면 어떤 단백질들은 효소로서 작용하는 데 반해 다른 단백질들은 세포의 안과 밖으로 물질을 운반하는 펌프와 같은 기능을 한다. 이러한 단백질의 일부는 표면의 안쪽 혹은 바깥쪽에 위치하고 다른 일부는 이중층 안을 통하여 있다. 이 후자의 단백질들은 이중층에 걸쳐 있기 위해서 소수성과 친수성 부분 둘 다를 가지고 있어야 한다. 세포막에서 발견되는 다른 두 가지 주요 물질은 콜레스테롤(cholesterol)과 물이다. 콜레스테롤은 극성을 띤 머리그룹 사이의 소수성 영역에서 발견되는 데 반하여 거의 모든 물은 머리그룹 부근에서 발견된다. 식물 세포막은 콜레스테롤(다른 스테로이드) 대신 사이토스테롤(sitosterol)과 스티그매스테롤(stigmasterol)을, 인지질(다른 머리 그룹) 대신 당지질(glycolipid)을 갖고 있다.

인지질이 액정상이라는 것은 머리부분들이 어떤 배열로 정렬되지 않고 탄화수소 사슬이 단단하지 않다는 것을 의미한다. 인지질 분자들은 단백질이 그렇듯이 (비록 훨씬 느리지만) 세포

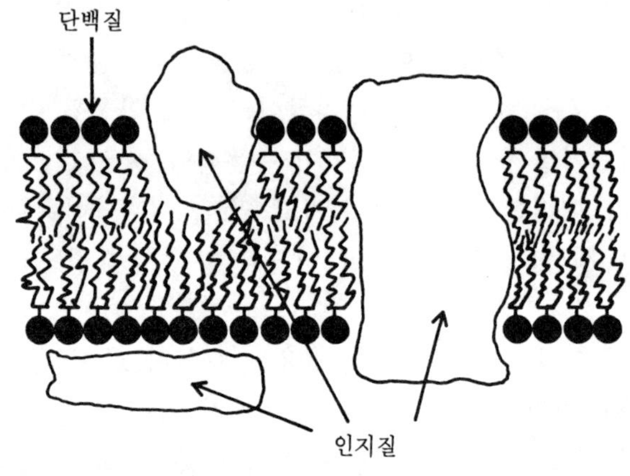

그림 11·1 세포막의 도식적 그림. 인지질 이중층에 파묻힌 단백질을 보여 준다.

막 주위로 확산한다. 모든 이런 운동이 세포가 적절한 기능을 수행하는 데 필요한 반응과 상호작용을 허용한다. 동시에 그 정렬된 구조는 단백질이 특정한 방법으로 배열할 수 있는 기판으로 제공되는데, 이것은 단백질이 제기능을 하기 위하여 필요하다.

단지 어떤 형태의 인지질들만이 동물 세포막에서 발견된다. 'diphosphatidylethanolamine'이 박테리아의 세포막에서 우세한 반면 'diphosphatidylcholine'은 동물 세포막의 주요한 성분이다. 그림 11·2에서 보듯이 이들 두 인지질은 서로 다른 머리 그룹을 가지고 있다. 게다가 탄화수소 사슬은 대개 짝수개의 탄소원자를 가지며, 16, 18, 20개의 원자를 가진 사슬들이 동물 세포막의 인지질의 98%에 달한다. 탄소원자들간의 대부분의 결합들은 탄소원자들이 전자 하나를 공유하는 단일결합들이다. 두 개의 전자를 공유하는 이중결합의 경우도 때로는 존재한다.

독창적인 실험들이 이중층의 액정성이 어떻게 세포의 적절한 기능에 얼마나 결정적으로 영향을 미치는지 보여 주었다. 우

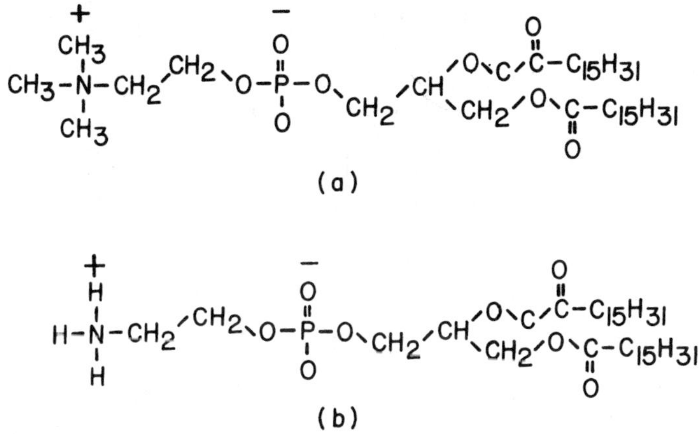

$$(a)$$

$$(b)$$

그림 **11·2** 세포막에서 발견되는 대표적인 두 가지 종류의 인지질. (a) diphosphatidylcholine, (b) diphosphatidylethanolamine.

리는 8장에서 어떻게 인지질 이중층이 액정상 아래의 온도에서 겔 상이라 불리는 상을 갖는가를 논의하였다. 액정상에서 겔 상으로 전이할 때 유동적인 탄화수소 사슬은 펴지고 극성 머리 그룹들은 육각형 배열로 정렬된다. 실험들은 단순히 초생의(primitive) 유기체를 어떤 온도에서 성장하게 한 다음, 어느 온도에서 액정상이 겔 상으로 전이하는지 조사하기 위해 세포막을 추출하는 것이다. 만약 그 유기체가 35℃의 온도에서 성장하도록 만들면, 세포막은 35℃보다 약간 낮은 전이 온도를 갖는다. 만약 30℃의 환경에서 그 유기체가 성장한다면 세포막은 30℃보다 약간 낮은 전이온도를 갖는다. 세포막이 주변온도 바로 아래의 전이온도를 갖기 때문에 세포막은 항상 액정상이다. 상전이 온도 이하로 온도를 낮추는 것은 항상 세포막의 기능을 변화시키고 때로는 유기체의 죽음을 초래한다. 압력이 대기압보다 훨씬 높은 깊은 해양에서 사는 박테리아에 대한 연구는 액정성 세포막에 대한 필요성을 잘 설명해 준다. 높은 압력은 전이온도를 상승시키는 경향이 있다. 따라서 고압하에서 성장한 유기체는 고압에서는 주변온도 바로 아래의 전이온도를 갖는 세포막을 만들지만 압력이 대기압으로 감소하면 주변온도보다 훨씬 낮은 전이온도를 갖는다. 그러므로 이러한 많은 유기체들은 해수면으로 가져오면 죽게 된다. 이것은 겔에서 액정으로의 전이온도가 주변온도보다 낮아야 할 뿐 아니라 주변온도에 아주 근접해야 한다는 중요한 사실을 암시하고 있다.

어떻게 유기체가 세포막의 전이온도를 조절할까? 여러분은 다른 상전이 온도를 갖는 여러 가지 액정들을 떠올릴 것이다. 동일한 극성 머리 그룹을 갖는 인지질은 탄화수소 사슬의 길이와 탄화수소 사슬의 이중결합 수에 의존하여 다른 전이온도를 갖는다. 탄화수소의 사슬이 짧을수록 또 이중결합의 수가 많을수록 더 낮은 전이온도를 갖는다. 생물학적 유기체들은 성장하는 동안 적절한 인지질 분자들을 선택하여 이중층의 전이온도가 주변온도 바로 아래에서 일어나도록 한다.

비록 세포막 내에서 콜레스테롤의 존재에 기인한 물리적 변화를 알고 있다고 해도 이런 효과들의 생물학적 중요성은 여전히 이해되지 않고 있다. 일반적으로 인지질 이중층에 콜레스테롤을 첨가하면 겔에서 액정상으로의 전이온도는 낮아지고 이 전이의 급격함(sharpness)을 줄이며 분자들이 이중층 주위로 확산되는 비율을 변화시킨다. 콜레스테롤의 농도가 높아짐에 따라 세포막의 단백질들이 임의로 분포되어 있기보다는 덩어리를 이루려는 경향을 보인다.

세포막들이 대칭적이 아니라는 것이 지적되어야 한다. 즉, 바깥쪽과 안쪽은 서로 다르다. 예를 들면 일부 단백질들은 세포막 표면들 중 한쪽에 존재하며, 바깥쪽 표면에 있는 단백질들은 안쪽 표면에 있는 단백질들과는 다르다. 동일한 단백질이 양쪽면에 모두 있다 하더라도 그 방향(따라서 그 기능)은 두 표면에서 정확히 일치하지는 않는다.

인지질 이중층이 세포내에 있는 단백질의 적절한 기능에 중요한 역할을 한다는 좋은 증거가 있다. 단백질들은 긴 일단의 아미노산을 매우 특별한 방법으로 접음으로써 그들의 다양한 기능을 수행한다. 종종 단백질이 어떤 기능을 수행하지 못하게 하기 위해서는 단지 어떻게 단백질을 접는가에 있어서 아주 작은 정도의 재배열을 하는 것이다. 단백질과 인지질 분자 사이의 상호 작용은 어떻게 단백질의 아미노산 순서가 접혀 있느냐에 영향을 주고 그래서 어떻게 단백질이 기능하는지에 영향을 준다. 이런 상호작용이 일어난다는 것은 실험을 통해 단백질 부근의 인지질 분자들이 아주 높은 질서도를 가지고 배열되어 세포막의 나머지 부분에서처럼 자유롭게 확산되지 않는다는 것을 알 수 있다.

11·3 다른 구조들

바깥쪽 세포막은 하나의 세포에서 생긴 많은 이중막 중의 하나일 뿐이다. 세포내의 막들은 세포내부를 다양한 기능적 단위로 구획화시킨다. 예를 들어 세포의 핵은 바깥쪽 세포막과 비슷한 인지질 막에 의해 둘러싸여 있다. 내부막에 포함되어 있는 인지질의 형태 사이에는 약간의 차이가 있고 존재하는 몇 가지 단백질들은 명백히 다르다. 예를 들면 세포가 기능을 수행하는 데 필요한 에너지는 미토콘드리아를 둘러싼 내부막에서 합성되는 'adenosine triphosphate(ATP)'라는 물질에 의해 세포내의 각 부분들로 운반된다. 이와 유사하게 광합성은 식물세포에서 엽록체를 둘러싼 내부막에서 일어난다. 내부막의 마지막 예는 '소포체

(endoplasmic reticulum)'이다. 소포체는 길고 평평한 이중층 구조로 여기에는 '리보좀(ribosomes:RNA를 만드는 곳)'이 붙어 있다.

이러한 중요한 세포구조들의 일부분으로부터 인지질 이중층은 세포내의 서로 다른 구조들을 세포의 나머지 부분들로부터 분리시키는 주요한 수단이라는 것이 분명해진다. 이러한 점에서 액정구조가 동식물 세포내에서 분화된 구조를 이루는 중요한 단위 중의 하나임을 알 수 있다.

분화된 세포의 기능은 때때로 액정구조에 기인하기도 한다. 척추동물의 시각세포는 빛감지 분자를 포함한 평평한 이중층 소포가 쌓여져 있는 구조를 포함하고 있다. 이러한 세포가 빛에 대해 높은 감지도를 갖는 것은 쌓여진 정렬구조 때문에 빛 감지 분자들이 많이 존재할 수 있기 때문이다. 자극은 '미엘린(mye-lin)'으로 만들어진 원통형 투관에 의해 둘러싸인 아주 긴 신경세포를 따라 전달된다. 미엘린 투관은 신경세포를 여러번 휘감고 있는 세포(인지질 이중층을 포함한 단백질을 가진)들로 만들어진다. 이 구조의 역할은 신경세포를 주변환경으로부터 분리시켜서 신경세포들이 제 기능을 할 수 있도록 하는 것이다. 이런 점에서 미엘린 투관의 기능은 전선을 둘러싼 절연체의 역할과 같다. 2장에서 언급한 바와 같이 1850년 초에 이런 투관들이 물에서 택하는 형태['미엘린 형(myelinic forms)'이라 불리는]가 현미경으로 관찰되었다.

많은 중요한 생물학적 기능들은 세포 안에 있는 미세섬유(microfilament)와 미세소관(microtubule)들의 질서정연한 배열에 의해서 수행 가능하다. '미세섬유'는 단백질이 쌓여져서 이루어진 길고 가느다란 구조이다. 이런 의미에서 미세섬유는 중합체와 유사하다. 이 경우 '단량체'는 단백질 분자이다. 세포들의 모

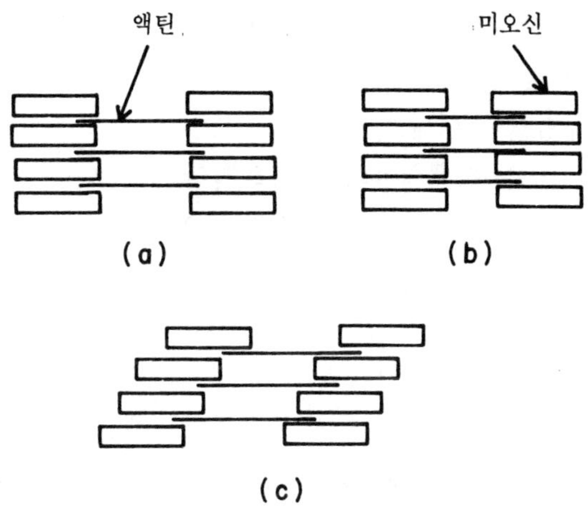

그림 11·3 근육섬유의 도식적 그림. 액틴과 미오신 섬유들을 보여 주고 있다. 줄무늬근의 (a) 이완상태와 (b) 수축상태. 민무늬근 섬유의 배열상태가 (c)에 나와 있다.

양과 이동은 세포막 바로 아래에 있는 이 미세섬유의 방향배열에 의해 결정된다. 근육세포들은 네마틱과 스멕틱 액정을 연상시키듯이 배열된 두 가지 종류의 미세섬유들로 쌓여 있다. 그림 11·3에서 볼 수 있듯이 더 가는 '액틴(actin)' 섬유는 더 두꺼운 '미오신(myosin)' 섬유 사이에 위치하고 있다. 미오신 섬유는 다량의 단백질을 포함하고 있는데 이것이 활성화되면 액틴 섬유와 더 밀접하게 연관하려고 한다. 미오신 섬유에 이 단백질이 활성화되면 그림 11·3(b)에서 묘사한 것과 같이 근육세포의 수축을 일으킨다. 예를 들어 팔과 다리 근육의 줄무늬근에서 액틴 섬유는 미오신에 대해 상대적으로 미끄러진다. 수축은 매우 빠르게 일어난다 해도 수축범위와 시간에는 한계가 있다. 심장근과 같은 민무늬근에서는 액틴과 미오신의 질서가 스멕틱보다는 네마틱처럼 하고 있으며 그림 11·3(c)와 같다. 이 세포들이 수축하는 동안 액틴 섬유는 미오신에 대해 상대적으로 움직이고 미오신들은 서로에 대해 움직이게 되어 더 많이 수축되고 이 수축상태를 더 오랫동안 유지할 것이다.

'미세소관'은 미세섬유와 유사하지만 더 크며, 작고 단단한 원통인 대신에 단백질이 선형적으로 쌓인 속 빈 원통이다. 또한 미세소관은 단백질이 나선형으로 배열되어 있어서 상당히 단단하다. 미세소관은 세포의 크기나 모양을 결정하는 세포들의 '골격'을 형성하는 것으로 생각된다. 미세소관은 세포 안에서 일어나는 느린 운동의 일부분에서 중요하다. 예를 들어 '유사분열 (mitosis)' 동안에(세포분열) 미세소관은 염색체와 두 '중심체 (centrioles)'들 중 하나 사이에서 형성된다. 염색체는 이 미세소관을 따라 움직여 각 중심체 부근에서 염색체들이 반으로 분리되며 이 과정은 그림 11·4에 나타나 있다. 이 염색체들 각각에 대한 염색체 쌍이 형성되고 세포막이 생기면 세포분열 과정은 완성된다.

염색체 내에서의 DNA 배열은 액정의 특성을 가지고 있는 것처럼 보인다. DNA의 긴 가닥은 염색체의 긴 축에 수직한 평면에서 앞뒤로 감겨 있고, 이 축을 따라 한 평면에서 다음 평면으로 스스로 나아간다. 콜레스테릭 액정이 물질 전반을 통해 특정방향에 대해 회전하는 것처럼 DNA의 앞뒤로 감긴 방향은 염색체의 긴 축을 따라 회전한다. 염색체 측면 부근에서 DNA 가닥은 한 바퀴 돌아야 하며, 머리는 염색체 속으로 되돌아간다. 이전에 논의한 것과 같이 이중나선 구조는 꽤 강해서 180° 회전이 극단적으로 단단할 수는 없다. 이 말은 염색체의 측면은 명확하게 정의될 수 없다는 것을 암시한다. DNA 가닥의 고리들은 염색체의 근처까지 확장된다. 따라서 염색체 측면은 액정상과 등방상 사이의 경계와 비슷하다. DNA 가닥은 염색체 내에서 고도

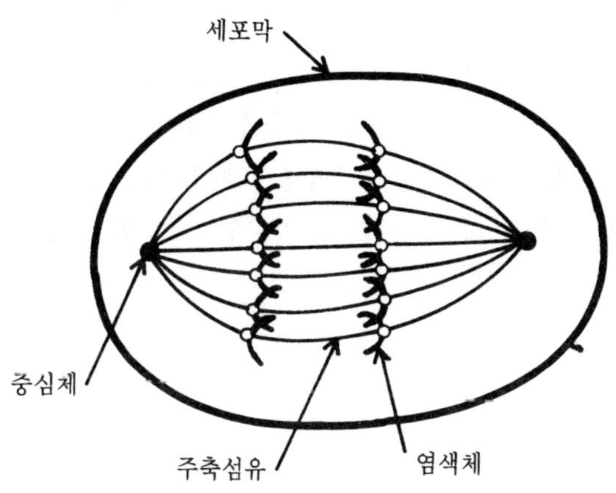

그림 11·4 세포분열 중의 세포. 염색체가 주축섬유(spindle fiber)를 따라 두 중심체를 향해 이동한다.

의 질서를 갖고 있고 염색체 밖에서는 상당히 무질서하다. 그러나 앞에서처럼 두 가지 상이 모두 유동적임을 명심해야 한다. DNA 가닥은 자유롭게 방향을 바꾸거나 움직인다. 그러나 염색체 내에서는 DNA 가닥의 나머지 부분과 일제히 평균방향을 유지하려고 한다. 염색체 바깥에 있을 때는 훨씬 덜 제한을 받게 되고 평균적으로 위치 질서나 방향 질서가 거의 없이 요동하게 된다.

고분자 물질과 단백질의 액성 질서는 표피의 뼈 같은 매우 단단한 생물학적 구조를 만드는 첫번째 단계임을 보여주는 증거가 있다. 그 질서는 층에서 층으로 가면서 약간씩 회전하는 각 층의 선호하는 방향을 가지고 층내에 존재하는 것처럼 보인다. 처음에는 액정 질서이지만 고분자나 단백질의 농도가 증가하면서 물질은 겔의 형태가 된다. 서로 평행인 고분자들의 결정 다발 또한 물질을 단단하게 만든다. 그런 기판은 광물질(mineral)을 축적하는 데 필수적이다. 따라서 조개껍질, 뼈, 이빨 등을 형성하도록 한다.

혈액의 응고는 적혈구 세포들을 가는 그물 모양에 가둘 수 있도록 만들어진 긴 가닥들의 '섬유소(fibrin)'의 생산과 연관된다. 섬유소는 혈액 속에 있는 '피브로겐(fibrogen)' 단백질로부터 만들어진다. 혈액이 응고될 때 일어나는 복잡한 반응은 피브로겐을 중합하고 길고 잘 배열된 섬유소 가닥을 형성하게 한다.

11·4 질병

만약 액정구조들이 많은 생물학적 과정들에 필수적이라면 이 구조들의 액정성을 바꾸는 조건들은 유해한 결과들을 초래하게 된다. 한 가지 예로 다발성 경화증(multiple sclerosis)은 신경 축색돌기(nerve axon) 주위의 미엘린 덮개(myelin sheath)가 부분적으로 붕괴한 결과라고 설명된다. 많은 요인들이 이 병에 대한 원인들로 암시되는데 그 모든 것들이 어떻게든 미엘린 덮개의 나선세포 구조의 안정성에 영향을 미치고 있다. 그런 구조가 안정하게 되는 물리적, 화학적 조건들을 확실히 설명할 수 있다는 희망을 가지고 기초적인 연구가 계속되고 있다.

이미 논의한 바와 같이 액정구조들은 세포들의 모양과 크기를 제어한다. 보통의 경우 적혈구는 가운데가 가장자리보다 얇은 원판모양으로 되어 있다. 이 같은 모양은 큰 표면적을 갖게 되고 이것은 세포와 주변의 플라스마들간의 기체교환을 빠르게 증진시킨다. 겸상적혈구 빈혈증(sickle-cell anemia)을 앓고 있는 사람들의 피는 낫 모양으로 변형된 적혈구를 갖고 있다. 그러한 모양은 기체교환의 효율을 떨어뜨릴 뿐만 아니라 이러한 세포들은 혈액의 점도를 높이게 되어 몸 전체에서 혈액의 흐름을 감소시킨다. 겸상적혈구 빈혈증은 유전적이고 비정상적 헤모글로빈 (hemoglobin) 생성이 그 원인이다. 이 형태의 헤모글로빈은 길고 가는 분자들의 잘 배열된 상들을 형성하려는 경향을 가지고 있어서 정상적인 헤모글로빈보다 높은 점성을 갖는다. 이렇게 좀 더 배열이 잘된 구조의 존재는 적혈구를 잡아 늘이게 되어 다른 형태의 안정한 모양을 가지게 한다. 직접적이든 간접적이든 이것은 피의 흐름을 둔화시킨다. 두 가지 형태의 헤모글로빈에 대한 물리적 특성에 대한 이해는 분명히 겸상적혈구 빈혈증에 대한 계속적인 연구를 요구하고 있다.

동맥 경화증(atherosclerosis)은 액정구조와 관계된 또 다른 질병이다. 이 병은 심장, 두뇌 그리고 다른 중요한 기관에 피를 공급하는 동맥의 벽들이 지역적으로 비대해져 피의 흐름을 방해하는 것이다. 비대화를 초래하는 장애 기관에 대한 연구들은 비대한 동맥벽들이 건강한 동맥벽들보다도 더 많은 비율의 콜레스테롤 에스테르를 포함하고 있음을 보여 준다. 콜레스테롤과 콜레스테롤 에스테르의 차이는 대단히 중요하다. 콜레스테릴 미리스테이트(지방산)는 콜레스테롤 에스테르이다(그림 1·10을 보아라). 콜레스테롤은 지방산의 $C_{13}H_{27}COO-$반응기 대신 단지 HO-반응기를 가진 더 짧은 분자이다. 많은 콜레스테롤 에스테르는 체온에서 액정상이지만 반면에 콜레스테롤은 액정상을 갖지 않는다. 유해한 동맥벽들을 현미경으로 보면 편광된 빛에서 고전적인 '솔(brushes)' 모양을 한 방울들임을 밝혔는데 이것은 액정방울들을 연상시킨다. 이러한 병해에서 생성되는 콜레스테롤 에스테르는 액정상임이 분명하다. 콜레스테롤 에스테르가 생기는 이유는 아직 밝혀지지 않고 있다. 나이에 따라 동맥벽들에 있는 콜레스테롤의 양이 꾸준히 증가하는 것처럼 보인다. 많은 콜레스테롤이 용액으로부터 결정화되기 전에 물과 인지질들과 결합한 상태로 존재할 수 있다. 콜레스테롤이 용해될 수 있는 콜레스테롤 에스테르 방울들의 생성은 결정으로 추출되지 않고도 많은 양의 콜레스테롤이 함유되도록 하는 방법일 것이다. 동맥 경화증이 상당히 발전된 경우에는 장애 기관이 사실 결정화된 콜레스테롤을 갖고 있다. 문제는 장애 기관과 피 사이에 다양한 물질을 주고받는 비율이 아주 느리다는 것인데, 이것은 신체가 한번 축적된 콜레스테롤이나 콜레스테롤 에스테르를 용해하기가 어렵다는 것을 의미한다. 이런 장애 기관들에 존재하는 상들에 대한 지식은 상황을 역전시키는 조건을 찾는 데 중요하다. 콜레스테롤이 액체나 액정상에 포함되어 있는 한 그것들이 신진대사들에 의해 제거될 수 있는 가능성을 지니고 있다. 결정성 콜레스테롤은 콜레스테롤 분자들과 주변물질들과의 상호작용이 훨씬 더 느리기 때문에 더 큰 문제를 야기시킨다. 일부 연구가들은 콜레스테롤 에스테르 방울들로부터 질병의 진행을 역전시킬 가능한 방법으로 콜레스테롤을 제거하는 방법을 연구하고 있다.

액정구조는 암의 경우에도 어떤 역할을 하는 것처럼 보인다. 악성 종양 세포막 주위의 미세섬유들은 정상세포들보다 덜 배열되어 있다. 정상세포에서는 이들 미세섬유들의 조직이 세포 표면 주위로 조화를 이루고 있다. 이런 방법으로 세포의 운동은 조절되고 세포는 이웃하는 세포들에 대하여 적절히 반응한다. 정상세포가 악성세포가 되면 이들 미세섬유의 방향의 조화가 깨진다. 세포의 어떤 영역에서 미세섬유들이 아주 무질서해진다. 이들 영역들은 조절이 불가능할 정도의 운동을 하는 형태를 보인다. 이렇게 세포 표면에서 제어할 수 없도록 움직이게 되어 결과적으로 이 세포들이 주변의 조직들을 침입하려고 한다.

미세섬유들이 이렇게 부조화를 이루는 원인은 아직 알려지지 않았지만, 전체 세포막이 관련되어 있는 것은 틀림없다. 예를 들면 세포가 악성이 되는 첫번째 신호들 중 하나는 그것과 다른 세포들 사이의 응집성(adhesiveness)이 줄어드는 것이다. 이것은 악성 종양 세포와 주위 세포들 사이의 작은 간격으로 나타난다. 세포막들 사이의 상호작용의 감소는 바깥 표면이 있는 단백질과 연관이 있고, 이는 악성세포들이 바깥 표면에 있는 단백질의 구성이나 구조를 변화시킨다는 것을 가리키고 있다. 악성 세포막들은 대체로 정상세포보다 많은 양의 콜레스테롤을 포함하고 있어서 이미 알아 본 바와 같이, 이것은 이중층 구조에서 질서의 정도를 변화시킨다. 악성세포 세포막에 있는 단백질이 정상세포의 막에서보다 더욱 덩어리지려고 하는 증거가 있다. 이것이 단순히 비정상 세포막 내부의 질서가 변한 결과인지 아니면 보다 직접적인 연관이 있는 어떤 것의 징후인지는 아직 미해결 문제로 남아 있다.

11·5 요약

명확한 것은 액정상의 미묘한 성질이 많은 생물학적 과정에 대단히 중요하다는 것이다. 생물학적 구조의 정상적인 기능은 모든 액정을 특징짓는 질서와 무질서 사이의 절충에 의존한다. 이런 미묘한 반응이 일어나는 모든 작용과 반응을 조절하는 데 필수적인 반면, 이것은 또한 아주 조그만 환경변화를 초래하는 것에 대해 극단적으로 영향을 받는다. 이러한 미묘한 균형은 새로운 물질의 첨가, 정상적인 물질의 작은 변화, 이온농도의 작은 변화, 심지어 약간의 온도변화에 의해 깨질 수 있고, 이것은 훌륭하게 조정된 계가 비정상 기능을 하도록 한다. 생물학의 어떤 분야에서는 연구가들이 어떻게 유기체들이 필수적인 기능을 수행하는가에 대한 새로운 개념을 발견할 희망으로, 중요한 분자의 물리적 상태에 대한 질문을 하기 시작한다. 많은 경우에 바로 그것들은 액정들, 자연계의 미묘한 물질상을 다루게 될 때 가장 적절해 보인다.

더 읽을거리

액정에 관한 책의 대부분은 이 분야의 전문가들을 위한 것이다. 그러므로 아래에 열거한 책들은 상당히 고급수준이다. 이 책을 읽은 독자들은 고급수준을 충분히 이해할 만큼 액정의 화학과 물리에 대한 기초지식을 습득하였겠지만, 수학적 전개와 과학적인 용어들이 이해에 다소 어려움을 줄지도 모른다.

Electro-optical and Magneto-optical Principles of Liquid Crystals, by L. M. Blinov, John Wiley and Sons, 1983.

Liquid Crystals, by S. Chandrasekhar, Cambridge University Press, 1977.

The Physics of Liquid Crystals, by P.G. deGennes, Oxford University Press, 1974.

Physical Properties of Liquid Crystalline Materials, by W. H. deJeu, Gordon and Breach Science Publishers, 1980.

Texture of Liquid Crystals, by D. Demus and L. Richter, VCH Publications, 1978.

Smectic Liquid Crystals, by G.W. Gray and J.W.G. Goodby, Leonard Hill, 1984.

Handbook of Liquid Crystals, by H. Kelker and R. Hatz, Verlag Chemie, 1980.

Introduction to Liquid Crystals, by E. B. Priestley, P. J. Wojtowicz, and P. Sheng, eds., Plenum Press, 1974.

Thermotropic Liquid Crystals, Fundamentals, by G. Vertogen and W. H. deJeu, Springer-Verlag, 1988.

찾아보기